职业教育建筑类专业系列教材

建筑力学

第 2 版

主　编　钟世昌
副主编　史　磊　唐兴菊
参　编　陈小林　陈　科

U0239401

机械工业出版社

本书按照最新的《中等职业学校土木工程力学基础教学大纲》以及中国建设教育协会中等职业教育专业委员会的基本要求，结合西南地区职业院校"土木工程力学基础"课程以及工程实际精心组织编写。本书本着"够用"的原则，尽量删减不必要的公式及推导，力求教学有核心、自学有重点。本书共 10 章，内容包括静力学基本概念、平面力系的合成与平衡、材料力学的基本知识、杆件的内力、杆件的应力和强度、杆件的变形计算、压杆稳定、平面体系的几何组成分析、静定结构的内力、超静定结构简介。

　　全书按照理实一体化的要求进行编写，每一章包括知识要点及学习程度要求、每节"想一想"、本章回顾，按照工作页编排思路，配套了《建筑力学试验报告与习题》，单独成册，方便练习使用。此外，本书运用了"互联网＋"的模式，将部分难点知识做成了微课视频，扫描二维码即可观看，方便读者理解，以便深入地学习难度较高的建筑力学知识。

　　本书可作为职业院校建筑施工、市政工程施工、道路与桥梁工程施工、建筑装饰、工程造价等专业的教材，也可供其他从事建筑工程的专业技术人员参考使用。

　　为方便教学，本书配有 PPT、习题答案、课程微课视频资源等立体化资料。凡选用本书作为授课教材的老师，均可登录 www.cmpedu.com，以教师身份注册下载。此外也可以咨询相关编辑，编辑电话：010-88379934，或者加入机工社职教建筑群（221010660）进行咨询、索取。

图书在版编目（CIP）数据

建筑力学/钟世昌主编. —2 版. —北京：机械工业出版社，2019.9
（2023.2 重印）
职业教育建筑类专业系列教材
ISBN 978-7-111-63846-9

Ⅰ.①建… Ⅱ.①钟… Ⅲ.①建筑科学 – 力学 – 高等职业教育 – 教材
Ⅳ.①TU311

中国版本图书馆 CIP 数据核字（2019）第 213167 号

机械工业出版社（北京市百万庄大街22号　邮政编码100037）
策划编辑：刘思海　　　　　责任编辑：刘思海
责任校对：张晓蓉　佟瑞鑫　封面设计：马精明
责任印制：单爱军
北京虎彩文化传播有限公司印刷
2023 年 2 月第 2 版第 5 次印刷
184mm×260mm・15.5 印张・378 千字
标准书号：ISBN 978-7-111-63846-9
定价：39.80 元

电话服务　　　　　　　　网络服务
客服电话：010-88361066　机　工　官　网：www.cmpbook.com
　　　　　010-88379833　机　工　官　博：weibo.com/cmp1952
　　　　　010-68326294　金　书　网：www.golden-book.com
封底无防伪标均为盗版　　机工教育服务网：www.cmpedu.com

第2版前言

本书是在《建筑力学》的基础上，按照最新的《中等职业学校土木工程力学基础教学大纲》以及中国建设教育协会中等职业教育专业委员会的基本要求，结合西南地区职业院校"土木工程力学基础"课程以及工程实际修订而成。

《建筑力学》自2011年出版以来，得到了全国多所建筑类职业院校师生的欢迎和认可。为适应职业教育的发展，满足职业教育新特点和教学改革新形势的需求，编写团队对《建筑力学》进行了修订，主要包括以下三个方面：

1）删除了陈旧的理论、过时的知识，依据当前课程实际和相关教学方案重新编写了静力学基本概念、杆件的内力、静定结构的内力等关键知识，方便教师教学和学生自学。

2）重新编写了《建筑力学试验报告与习题》并配套了答案，方便考核和检验学习成果。

3）为适应互联网教育的新发展，制作了PPT课件和相应的微课视频。其中微课视频供教师、学生扫码观看。

各学校可以根据本校具体情况，酌情选择内容进行教学，以形成少学时课程体系。

本书由钟世昌任主编，史磊、唐兴菊任副主编，此外参与编写的还有陈小林、陈科。

由于编者水平有限，书中难免存在不足之处，敬请读者提出宝贵意见。

编　者

第1版前言

近年来，我国中等职业教育事业迅猛发展，中等职业教育的教学改革工作也在不断深化之中，各个学校都有自己的一些成果和经验。但老师们普遍感受到，职业学校建筑类专业迫切需要一套与目前学制和生源相配套的教材，以加强学生的动手能力，使学生能更好地适应社会和经济发展的需求。为此，本着共享成果、交流经验的目的，中国建设教育协会中等职业教育专业委员会西南分会特组织编写了本书。

本书编写中，考虑当前教学改革的要求，本着"够用"的原则，将静力学、材料力学和结构力学的部分内容，按照力学知识的内在规律进行了整合，形成了新的课程体系。在编写时尽量做到概念叙述简明扼要，减少公式推导。各章前附有知识要点及学习程度要求，绝大部分节前安排有本节学习要求和课题导入，节后附有大量的思考题，书末附有单独成册的试验报告与习题，适当加大了基本概念的习题量，便于老师教学，加强学生对基本概念的理解和掌握。

本书的课时分配建议见下表：

课时分配表

序　号	课 程 内 容	课时分配		
		总学时	理论	实验
0	绪论	2	2	
1	静力学基本概念	12	12	
2	平面力系的合成与平衡	22	22	
3	材料力学的基本知识	2	2	
4	杆件的内力	14	14	
5	杆件的应力和强度	22	20	2
6	杆件的变形计算	6	6	
7	压杆稳定	6	6	
8	平面体系的几何组成分析	6	6	
9	静定结构的内力	12	12	
10	超静定结构简介	4	4	
	总学时数	108	106	2

各学校可以根据本校具体情况，将书中带有"＊"的内容作为选学内容，以形成少学时的课程体系。

　　本书由钟世昌任主编，陈科、许胜、赵海琼任副主编。编写分工如下：钟世昌编写绪论、第 5 ~ 7 章、附录；陈科编写第 1、2 章；许胜编写第 9 章；赵海琼编写第 8 章；陈小林编写第 3、4 章；史磊编写第 10 章。

　　由于编者水平和经验有限，书中不足之处，敬请读者和老师提出宝贵意见。

编　者

微课视频列表

序号	适用章节	二 维 码	名 称
1	第1章1.1		力的变形与状态
2	第1章1.1		基本力学单位的形象体验
3	第1章1.3		力的平行四边形公理
4	第1章1.3		谁先断
5	第1章1.4		固定铰支座定义及实际应用
6	第1章1.4		可动铰支座定义及实际应用

（续）

序号	适用章节	二维码	名称
7	第1章1.4		固定端支座定义及实际应用
8	第1章1.6		桁架的结构计算简图
9	第2章2.1		力系的合成与分解
10	第2章2.2		力偶与力偶矩
11	第2章2.3		力的平移
12	第3章3.1		弹性变形与塑性变形
13	第3章3.2		杆件的基本受力形式（一）
14	第3章3.2		杆件的基本受力形式（二）
15	第4章4.1		杆件内力的实际存在演示

（续）

序号	适用章节	二 维 码	名　　称
16	第4章4.3		平面弯曲
17	第4章4.3		截面法计算
18	第7章7.1		压杆稳定试验演示
19	第7章7.2		支座约束对压杆稳定性的影响
20	第8章8.5		刚架超静定次数的确定
21	第9章9.2		刚架的位移
22	第9章9.2		平面刚架的几何分析

目　录

绪　论

0.1 建筑力学的任务

任何一栋建筑物都是由许许多多构件组合起来的。如一栋普通民用砖混结构房屋，是由楼板、梁、墙（柱）及基础等构件组成。建筑物从开始建造时起，就会受到各种力的作用。例如，楼板在施工过程中除要承受自身重量外，还要承受施工人员和施工机具的重量；墙体要承受楼板传来的力和风力；基础要承受墙身（柱）传来的力等。工程上将这些直接施加在建筑物上的力称为**荷载**。在建筑物中承受和传递荷载起骨架作用的部分称为**结构**。组成结构的单个部件，如墙、梁、板、柱等称为**构件**。图0-1为一个民用房屋示意图，它由楼板、梁、墙体及基础等构件组成，每一个构件都起着承受和传递荷载的作用。如楼板承受着楼板上的荷载，并将荷载传递给梁和墙体，梁承受楼板传来的荷载，并将荷载传递给墙体，墙体承受楼板和梁传来的荷载，并将荷载传递给基础，最后基础将其上荷载传递给地基。

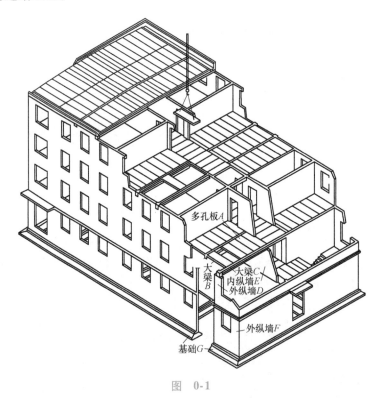

图 0-1

在正常情况下，建于地面上的建筑物相对于地球是静止的，这种状态工程上称为**平衡状态**。当结构承受和传递荷载时，各构件都必须能够正常工作，这样才能保证整个结构的正常使用。因此，首先要求构件在承受荷载作用时不发生破坏。如图0-1所示的大梁B，当板传来的荷载过大时，它就会断裂，如果墙体承受不了大梁B传来的压力，墙体就会倒塌，也就是梁和墙体失去了平衡。但只是不发生破坏并不能保证构件的正常工作，例如，吊车梁的变形如果超过一定的限度，吊车就不能正常地行驶；楼板变形过大，其上的抹灰层就会脱落。此外，有一些构件在荷载作用下，其原来形状的平衡可能丧失稳定性。例如，细长的轴心受压柱子，当压力超过某一限定值时，会突然地改变原来的直线平衡状态而发生弯曲，以致结构倒塌，这种现象称为"失稳"。由此可见，要保证正常工作构件必须同时满足三个要求：

1）强度：即在荷载作用下构件不发生破坏。

2）刚度：即在荷载作用下构件所产生的变形在工程的允许范围内。

3）稳定性：即在荷载作用下，构件在其原有形状下应保持稳定的平衡。

构件的强度、刚度和稳定性统称为构件的承载能力。承载能力的高低与构件的材料性质、截面的几何形状及尺寸、受力性质、工作条件及构造情况等因素有关。在结构设计中，如果把构件截面设计得过小，构件会因刚度不足导致变形过大而影响正常使用，或因强度不足而破坏；如果构件截面设计得过大，其能承受的荷载过分大于所受的荷载，则又会不经济，造成浪费。因此，结构和构件的安全性与经济性是矛盾的，如何合理地解决这对矛盾就是建筑力学的任务。即

1）研究作用在结构（或构件）上的力与平衡的关系。

2）研究构件的承载能力。

3）研究材料的力学性能。为保证结构和构件安全可靠及经济合理提供理论基础和计算方法。

0.2　建筑力学的研究对象

工程结构中构件的形状是多种多样的。根据构件的几何特征，可以将各种构件归纳为以下四类：

（1）杆　如图 0-2a 所示，杆的几何特征是细而长，即长度远远大于其宽度和厚度。杆又可分为直杆和曲杆。

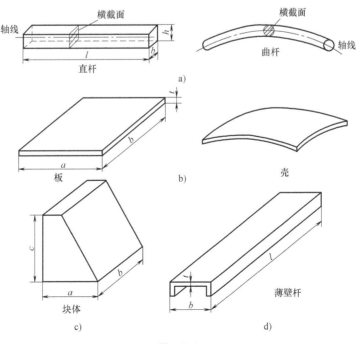

图　0-2

（2）板和壳　如图0-2b所示，板和壳的几何特征是宽而薄，即其长度和宽度远远大于厚（高）度。平面形状的称为板，曲面形状的称为壳。

（3）块体　如图0-2c所示，块体的几何特征是长、宽、高三个方向的尺度相近。

（4）薄壁杆　如图0-2d所示，薄壁杆的几何特征是长、宽、高三个方向的尺度相差很悬殊。

由杆件组成的结构称为杆系（件）结构，如图0-1中的梁和板及图0-3所示的梁、柱、屋架、刚架、排架、组合结构等。它是建筑工程中应用最广的一种结构，本书**研究对象就是杆件或由杆件组成的杆系结构**。

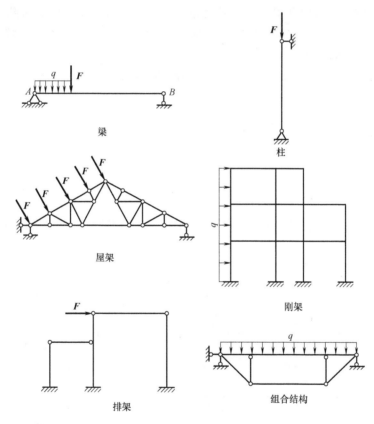

图　0-3

0.3　建筑力学的研究内容

下面通过图0-4来说明建筑力学研究的内容。

（1）研究梁的受力以及力与平衡的关系　梁 AB 搁置在砖墙上，受到荷载 F_1、F_2 作用，首先分析出梁受到了 F_1、F_2 和支承力 F_{RA}、F_{RB} 的作用，其中 F_1、F_2 是已知的，F_{RA}、R_{RB} 是未知的，梁 AB 在这四个力的作用下而保持静止状态（平衡）。进而研究 F_1、F_2 与支承力 F_{RA}、F_{RB} 要满足什么条件才使梁 AB 处于平衡状态，这个条件称为平衡条件。若知道了平衡条件，便可由荷载 F_1、F_2 求出支承力 F_{RA}、F_{RB}。

解决这一问题的关键就在于对物体进行受力分析和研究力的平衡条件。

（2）研究外力与内力之间的关系　作用在梁 AB 上的荷载 F_1、F_2 与支承力 F_{RA}、F_{RB}，称为梁 AB 的外力。当梁的全部外力求出后，便可根据一定的条件，建立起外力与内力之间的关系，求得梁 AB 内的最大内力，从而进一步研究这些力是怎样使梁发生破坏或变形的。如图 0-4 所示的 AB 梁在 F_1、

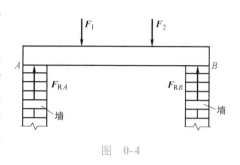

图　0-4

F_2 和 F_{RA}、F_{RB} 作用下会产生弯曲，同时梁的内部有内力产生，内力过大就会造成梁的破坏。

解决这一问题的关键就在于研究外力与内力的关系，它是分析承载能力的依据。

（3）研究梁的破坏因素与抵抗破坏能力之间的关系　求出了梁中的最大内力，就知道了梁的破坏原因。为了使梁不发生破坏，就需要进一步研究引起梁破坏的因素和梁抵抗破坏的能力之间的关系，从而合理地选择梁的材料和截面尺寸，既使梁具有足够的承载能力，又使材料用量为最少。

各种不同的受力方式会产生不同的内力，相应就有不同承载能力的计算方法，这些方法的研究构成了建筑力学的内容。

0.4　建筑力学的学习意义及方法

建筑力学是研究建筑结构的力学理论计算和方法的一门学科，是建设类专业的一门重要专业基础课，掌握了建筑力学的原理和方法，不仅可以分析和计算结构中的内力、位移等有关数据，而且还可以对结构的受力性能、优缺点等问题有较深入的认识，从而对工程中的有关问题作出正确的判断，并为学习有关专业课程做好准备。

作为施工技术及施工管理人员，也要掌握建筑力学知识，知道结构和构件的受力情况，什么位置是危险截面，各种力的传递途径以及结构和构件在这些力的作用下会发生怎样的破坏等。这样才能很好地理解设计图纸的意图及要求，科学地组织施工，制定出合理的安全和质量保证措施。在施工过程中，要将设计图变成实际建筑物，往往要搭设一些临时设施和机具，确定施工方案、施工方法和施工技术组织措施。如对一些重要的梁板结构施工时，为了保证梁板的形状、尺寸和位置的正确性，对安装的模板及其支架系统必须要进行设计或验算；进行深基坑（槽）开挖时，如采用土壁支撑的施工方法防止土壁塌落，对支撑特别是大型支撑和特殊的支撑必须进行设计和计算等。因此，只有懂得力学知识才能很好地完成任务，避免发生质量和安全事故，确保建筑施工正常进行。

学习时应注意以下几点：

（1）注意和其他课程的关系　在建筑力学的学习过程中，经常会遇到数学、物理学课程的知识，因此在学习中应根据需要对上述课程进行必要的复习，并在运用中得到巩固和提高。在后续课程中，建筑力学又是建筑结构、地基基础和施工技术等课程的基础。如果建筑力学学不好，将会给后续课程的学习带来困难。

（2）注意理论联系实际　建筑力学的发展也同其他科学一样，是由生产发展所推动的，同时它反过来也对生产实践起着重要的指导作用，因此在学习中必须理论联系实际。实际的

研究对象往往是比较复杂的，要注意观察，了解它们的性能和使用情况，并考虑怎样用我们所学的理论知识来解决实际问题。

（3）注意分析方法和解题思路　在建筑力学中讲述的是各种具体的计算方法，学习时要着重掌握它们的解题思路，特别是要学会从这些具体算法中分析问题的一般方法。即如何从已知领域过渡到未知领域的方法，如何将整体划分成局部再由局部合成整体的方法等。

（4）注意多练习　建筑力学是一门理论性和实践性都很强的课程。做题练习，是学习建筑力学的重要环节。不做一定数量的习题，是很难掌握其中的概念、原理和方法的。但是，做题也要避免各种盲目性。例如：①不看书，不复习，只埋头做题。②贪多求快，不求甚解。③只会对答案，不会自己校核。④错误不改正，不会从中吸取教训等。这些做法都是不可取的。做题前一定要先看书、复习，把概念弄懂后再做题。这样，往往会收到事半功倍的效果。做题有很多规律和技巧，需要自己去分析、归纳。通过思考，发现规律，掌握解题技巧。做题中出现错误是难免的，学会校核是发现、改正错误的最好方法。另外，对做错的题要认真分析，找出错误原因，从中吸取教训，避免再出现类似的错误。

第 1 章

静力学基本概念

知识要点及学习程度要求

- 静力学基本概念（掌握）
- 静力学基本公理（运用）
- 约束与约束力（重点掌握）
- 受力分析与受力图（重点掌握）
- 结构计算简图及分类（了解）

静力学是研究"静"的力学。什么是"静"？静力学中的"静"不仅仅是静止不动这一层意思，全面地讲，是指"平衡"。何谓"平衡"？

平衡，一般是指物体相对地面的静止状态或作匀速直线运动的状态。静力学要研究的就是在力作用下，物体保持平衡的条件，即平衡条件。所以，静力学主要研究以下三方面的问题：

（1）物体的受力分析

（2）力系的合成

（3）力系的平衡条件及其应用

建筑物中的构件在正常情况下都处于平衡状态，也只有处于平衡状态的构件才能在建筑中正常使用。因此，研究物体的平衡问题成了建筑力学的首要问题。

1.1　力和刚体的概念

📥 课题导入

人推车，只要劲够大，车就会动，为什么呢？灯用绳子吊在天花板上，灯就不会掉下来，这又是为什么呢……很多的为什么都可以用力及力的作用解释。首先就要了解力到底是什么。

【**学习要求**】　掌握力的概念及其三要素；掌握刚体的概念。

1.1.1　力的概念

1. 力的定义

力是物体间相互的机械作用，这种作用使物体发生外效应的改变（即运动状态的改变），或使物体产生内效应的变化（即变形）。力不可能脱离物体而单独存在。有受力体时必定有施力体。

力的概念是人们在长期的生产劳动和日常生活中逐渐形成并建立的。例如，一个人静止不动，另一人从远处跑来冲撞了他，原来静止不动的人因为冲撞可能会发生原地摇晃或者被撞离原地，撞人者也会感到一阵反弹。又比如人拉物体时，人对物体施加了力，使物体动了起来，或者使本来运动着的物体的速度发生了变化，同时人会感到物体也在拉人……很多实例都说明力的产生必然有施力和受力两方面因素存在。（想想生活中有什么例子可以说明这点？）

2. 力的三要素

实践证明，力对物体的作用效应主要取决于三个要素：

1）力的大小。力的大小表示力作用的强度。在国际单位制中，力的单位是 N 或 kN。

2）力的方向。力的方向是指力的方位（如水平方位）和指向（如向右）。

3）力的作用点。力的作用点是指力在物体上的作用位置。

实践证明，这三个要素中如果任何一个有变动，都会直接影响力对物体的作用效应。

例如，一个长条状橡皮泥，用手分别捏其上部和下部时，其形状的改变显然是不同的，这就是力的作用点发生了变化，从而引起橡皮泥条这个物体发生不同变形，即其内效应发生了不同改变。又如在水平面上推动一个小车（见图1-1），作用在小车上的四个力，

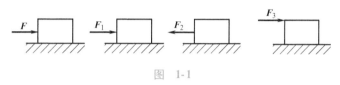

图　1-1

F 和 **F₁** 大小不同，但方向和作用点相同，若 **F** 比 **F₁** 大，那么车子在 **F** 作用下的运动速度会比在 **F₁** 作用下的速度快；**F** 和 **F₂** 方向不同，大小和作用点相同，结果车子的运动方向大不相同；**F** 和 **F₃** 作用点位置不同，大小和方向相同，作用的结果是 **F₃** 作用时车子不仅向右移动，同时产生一个转动趋势。由此可见，这些不尽相同的力对小车产生的作用效果是不一样的。所以，要表述两个力是相同的，一定是要表述清楚两个力的三要素均分别相同。在对力进行描述时，要注意不光描述它的大小，也要描述清楚它的方向和作用点。力既有大小又有方向，所以它是一个矢量。

1.1.2　刚体的概念

我们知道，日常生活中的物体在外力作用下都会产生变形，典型的例子有橡皮泥和弹簧。也有很多物体产生了变形，但是因为变形不大，让人们的肉眼没有明显观察到，例如书放在课桌上，书在自身重力作用下压了课桌，但是在书和课桌接触处我们却难用肉眼看见课桌的变形。这种**在任何外力作用下，大小和形状都保持不变的物体**（其实会发生很小变形，但其变形对研究和计算没有太大影响），称为**刚体**。在静力学部分，我们将讨论的所有物体都视为刚体。从大量实验和计算得知，以刚体为对象研究得出的关于力系的平衡条件，一般都可以推广应用于那些变形很小的变形体的平衡情况。

 想一想

1. 为什么说只要改变力的任一要素，都会改变力对物体的作用效应？

2. 在静力学中，为什么可以将物体视为刚体？

1.2　力系和平衡的概念

课题导入

有的物体受到的力很少，有的物体受到的力很多，有的物体是运动的，有的物体是静止不动的，它们的受力情况有区别吗？

【学习要求】 掌握力系的概念及其按特点进行的分类；理解平衡的概念。

1.2.1 力系的概念

力系，是指作用于同一个物体上的很多力。工程中，根据一个力系中各个力的作用线分布情况不同可分为平面力系和空间力系：平面力系是指该力系中各力的作用线在同一平面内；如果不在同一平面内的力系则称为空间力系。

本书静力学部分中提到的力系未做特别说明均为平面力系。平面力系又包括：

1）汇交力系：是指力系中各力的作用线汇交于同一点。

2）一般力系：即力系中各力的作用线分布杂乱无章。

3）平行力系：是指力系中各力的作用线都相互平行。

4）力偶系：是指若干个力偶作用于同一物体上且各力偶均位于同一平面内。

若有两个作用于同一物体上的力系，它们对物体的效应是相同的，那么作用在同一物体上的这两个力系互为等效力系。用等效力系可以将一个复杂的力系用一个简单的力系代替，为工程计算和分析提供有利的条件。若原力系用一个力就可以等效替换，那么这个力就称为原力系的合力，组成原力系的各个力就称为这个合力的分力。如果力系作用在物体上使物体处于平衡状态，那么这样的力系就称为平衡力系。

1.2.2 平衡的概念

平衡，一般是指物体相对地面的静止状态或作匀速直线运动的状态。静力学要研究的就是在力系作用下，物体保持平衡的条件，即平衡条件。

 想一想

1. 什么是合力？什么是分力？

2. 平衡力系有什么特点？

1.3 静力学基本公理

 课题导入

日常生活经验告诉我们，打人者其实和被打者承受着同样大小的力的作用；两个人用同样大小的力，一个拉车，一个推车，车子就会原地不动……那么，人类长期的生产和生活实践还告诉了我们些什么呢？

【学习要求】 掌握静力学公理及推论，并能对其进行熟练运用。

什么是公理？公理是在长期的生产和生活实践中，人们经过反复观察和实验总结出来的普遍规律，是没有理论推导过程的。人们对力的基本性质的概括和总结就形成了静力学公理，它是研究静力学的基础。

1.3.1　作用力与反作用力公理

两个物体间的作用力和反作用力，总是大小相等，方向相反，沿同一直线，并分别作用在这两个物体上。

强调： 存在两个物体，两个力是分别作用在两个物体上的。

这个公理说明了物体之间相互的作用关系。契合了力的定义中，力的产生必然有施力和受力两方面因素这一点。

【例 1-1】　天花板上用绳索吊一小球，小球受重力 G 作用（见图 1-2a），绳重不计。试分析各物体间相互的作用力和反作用力。

解： 小球与地球之间有一对作用力 G 和反作用力 G'，它们分别作用于小球中心和地球中心（见图 1-2b、c），且 $G' = G$，其方向相反，并沿同一直线。

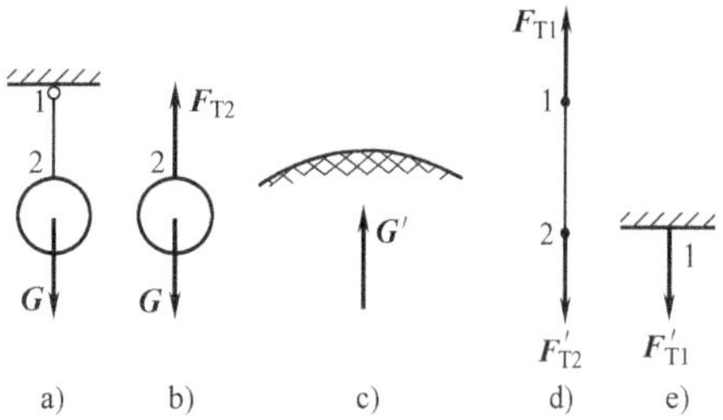

小球与绳索之间有一对作用力 F_{T2} 和反作用力 F'_{T2}，分别作用于绳索的 2 点和小球的 2 点（见图 1-2b、d），且 $F'_{T2} = F_{T2}$，其方向相反，并沿着绳的中心线。

同样，绳索对天花板有向下的作用力 F'_{T1}，作用在板的 1 点，其反作用力 F_{T1}，作用在绳的端点 1（见图 1-2d、e）。

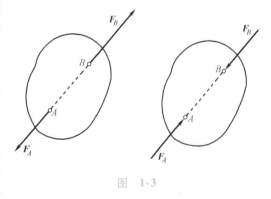

图　1-2

1.3.2　二力平衡公理

刚体在两个力作用下保持平衡的充要条件是：此二力大小相等，方向相反，且作用在同一直线上（见图 1-3）。

强调： 一个刚体，两个力是同时作用在这个刚体上的。（注意和作用力与反作用力公理作对比）

这个公理说明一个刚体上如果只受到两个力的作用而刚体平衡，那么这两个力一定是大小相等，方向相反，且作用线是在同一直线上。反之，如果一个刚体只受到两个力作用，而这两个力大小相等，方向相反，且作用线是在同一直线上，那么这个刚体必然处于平衡状态。只受两个力作用而处于平衡状态的一般物体，称为**二力构件**。二力构件所受的这两个力必然等值、反向且这两个力的作用线必然在该二力作用点的连线上，如图 1-4 所示。应用二力构件这一性质可以方便地找出某些未知力的方向和大小。如果该二力构件是一根直杆，则叫做**二力杆**。

图　1-3

1.3.3　加减平衡力系公理

在作用于同一刚体上的已知力系中，加上或去掉一个平衡力系，并不会改变原力系对刚

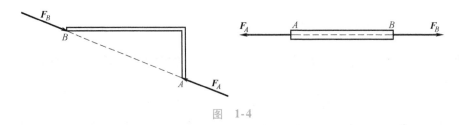

图 1-4

体的作用效应。

强调：加上或去掉的是一个平衡力系，而且该原理只适用于刚体。

因为平衡力系对刚体的作用效应为零，也就是说平衡力系是不会改变刚体运动状态的，所以加上或去掉平衡力系对原来的效应不会发生任何影响。这个公理只对刚体成立，因为增加或减去一个平衡力系，对变形体来说改变了其各处的受力状态，必将引起其外效应或内效应的变化。

推论：力的可传性原理

作用在刚体上的力可沿其作用线移动到刚体内任意一点，而不改变力对刚体的作用效应。

强调：该结论只在力沿其作用线上移动才能成立，且该结论只适用于刚体的外效应。

证明：

1）力 F_O 作用在物体 O 点（见图 1-5a）。

2）在力 F_O 的作用线上任取一点 A，在 A 点处加上一个平衡力系 F_1 和 F_2，并使 $F_1 = -F_2 = F_O$（见图 1-5b）。

3）可以看出，力 F_O 和 F_2 是一个平衡力系，可以去掉，剩下作用在 A 点的力 F_1（见图 1-5c）。相当于把作用在 O 点的力 F_O 沿其作用线移到 A 点。

由力的可传性原理可知，力的三要素可改为：力的大小、方向和作用线。该结论对变形体不适用。例如，直杆 AB 的两端受到大小相等、方向相反、作用线在同一直线上的两个力 F_A 和 F_B 作用，处于平衡状态（见图 1-6a）；如果将这两个力沿其作用线移到杆的另一端（见图 1-6b），显然，直杆 AB 仍然处于平衡状态，但是直杆的变形不同了。图 1-6a 的直杆的变形是伸长，而图 1-6b 的直杆的变形是缩短，这就说明当研究物体的内效应时，力的可传性原理就不适用了。

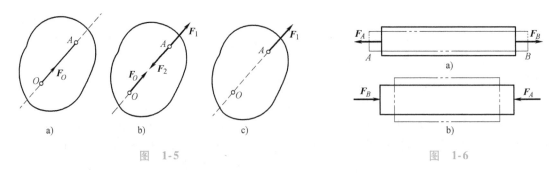

图 1-5　　　　　　　　　　图 1-6

1.3.4　力的平行四边形公理

作用于物体上同一点且不共线的两个力，可以合成为作用于该点的一个合力。合力的大小和方向，由以这两个力为邻边构成的平行四边形的对角线确定，合力的作用点为这两个力的交点。如图 1-7 所示。以 $\boldsymbol{F}_R$ 表示合力，以 $\boldsymbol{F}_1$ 和 $\boldsymbol{F}_2$ 分别表示原来的两力（称为分力），则有

$$\boldsymbol{F}_R = \boldsymbol{F}_1 + \boldsymbol{F}_2$$

强调：合力的作用点是两个力的交点。

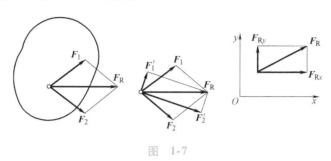

图 1-7

这个公理说明力的合成是矢量的相加，不仅是合成大小，还要合成方向。特别情况：当两个力共线时，才能简化为代数相加。两个共点力可以合成为一个力，这叫力的合成。反之，一个力也可以分解为两个力。但是，经验告诉我们：以一条已知线段作为平行四边形的对角线作平行四边形，可以作出无数个符合要求的平行四边形。由此可见，将一个已知力分解为两个分力会得出无数种解答，具有不确定性。因此，在工程中，为了统一和简便，在求一个力的分力时，我们都把它放在平面直角坐标系中进行分解（本书后面的解析法中将会讲到）。在利用作图法求两共点力的合力时，利用平行四边形对边相等的性质，我们只需画出力平行四边形的一半即可，这称为力的三角形法则。（学生可自行推演三角形法则。）

推论：三力平衡汇交定理

一刚体受共面不平行的三个力作用而平衡时，这三个力的作用线必汇交于一点。

强调：三个力共面不平行。

证明：如图 1-8 所示，设在刚体上作用有三个不平行的力 $\boldsymbol{F}_1$、$\boldsymbol{F}_2$、$\boldsymbol{F}_3$，刚体处于平衡，根据力的可传性原理，可以将力 $\boldsymbol{F}_1$、$\boldsymbol{F}_2$ 移到其汇交点 O，然后根据力的平行四边形法则，得 $\boldsymbol{F}_1$ 和 $\boldsymbol{F}_2$ 的合力 $\boldsymbol{F}_R$。因为刚体处于平衡状态，所以力 $\boldsymbol{F}_3$ 应与 $\boldsymbol{F}_R$ 是一对平衡力，由二力平衡原理可知，$\boldsymbol{F}_3$ 要与 $\boldsymbol{F}_R$ 平衡，那么力 $\boldsymbol{F}_3$ 的作用线必通过 O 点，于是定理得证。

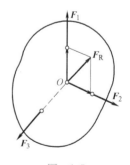

图 1-8

我们常常可以利用三力平衡汇交定理来确定当物体在共面不平行的三个力作用下处于平衡状态时其中某些未知力的方向。

想一想

1. 两个相同大小的物体叠放在桌面上，试分析其中的作用力和反作用力，以及其中的平衡力系。

2. 试对比分析作用力与反作用力公理和二力平衡公理的异同点。

3. 什么是二力构件？什么是二力杆？它们的受力有什么特点？

4. 在几个静力学基本公理中，哪些公理适用于一般物体？哪些公理只适用于刚体？

1.4 约束与约束力

课题导入

　　正如法律法规的制定是为了约束违法违纪人员的行为一样，物体是自由的，但是我们在实际工程中需要梁、板、柱等物体按照我们的意愿排列摆放以及承受力和传递力，因此要对它们的自由进行有效的约束。

【**学习要求**】 掌握约束和约束力的概念，并能熟练画出几种基本约束类型的约束力。

1.4.1 约束与约束力的概念

　　我们把能够自由运动的物体称为自由体。反之如果物体的运动受到了一定的限制，使它不可能在某些方向上运动，这种物体被称为非自由体。在工程实际中，任何构件都由于受到这样那样的限制不能自由运动，这些限制就称为该构件的约束。

　　物体受到的力可以分为两类。一种叫主动力，它是使物体运动或使物体具有运动趋势的力（如重力和外力），通常主动力都是已知的。另一种叫约束力，它是由主动力的作用引起的，是为了抵抗主动力的作用而产生的，阻碍物体运动或运动趋势的力。工程上的约束有很多种，为了研究方便，静力学中把常见的约束理想化，抽离出来，归纳出几种基本类型。

1.4.2 工程中常见的约束类型及约束力

1. 常见约束类型

　　（1）柔性约束 由柔软而不计自重的绳索、胶带及链条等形成的约束称为柔性约束。这类约束的特点是只能限制物体沿柔索伸长方向的运动和运动趋势。所以这类约束的**约束力是沿着柔索的中心线，方向是背离被约束的物体，为拉力，常用符号 F_T 表示**，如图1-9所示。

　　（2）光滑接触表面约束 此类约束发生在互相接触的两个表面，且接触处的摩擦力很小可以略去不计。这种约束的特点是只限制物体沿着接触面（点）的公法线作指向接触面的运动，而不能限制物体沿着接触面（点）的公切线运动或作离开接触面（点）的运动。所以，**光滑接触表面的约束力沿着过接触点的公法线，方向指向被约束物体，为压力，通常用 F_N 表示**，如图1-10所示。

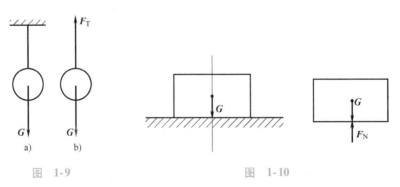

　　　图 1-9　　　　　　　　　　图 1-10

【例1-2】 重力为 G 的光滑杆 AB 置于半圆光滑槽中（见图 1-11a），画出杆 AB 所受到的约束力。

解：将杆 AB 独立出来进行分析，杆 AB 有重力 G，同时杆 AB 在 A、B 处受到光滑接触面约束，其约束力沿着接触面的公法线，所以，B 处的约束力 F_{NB} 作用于 B 点，其方向沿着半径 BO 且为压力，A 处的约束力 F_{NA} 作用于 A 点，其方向垂直于杆 AB，也是压力（见图 1-11b）。

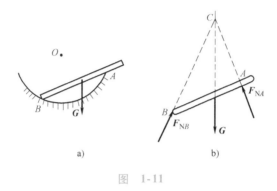

图 1-11

（3）光滑圆柱铰链约束 物体 A 和 B 被钻上直径相同的圆孔，用同样直径的圆柱销钉 C 联接起来，不计销钉与销钉孔壁之间的摩擦，这类约束称为光滑圆柱铰链约束，简称铰链约束（见图 1-12a）。它可用图 1-12b、c 所示力学简图表示。

销钉 C 不能限制 A、B 两个物体绕销钉相对转动和沿销钉 C 轴线的相对滑动，但是可以限制物体 A、B 在垂直于销钉轴线的平面内沿任意方向的相对移动。所以圆柱铰链的约束力存在于垂直销钉轴线的平面内，通过销钉中心，而方向不定。这种约束力可以用一个大小和方向都是未知的力 F_R 来表示（见图 1-12b）；也可用把它在直角坐标系中分解所得的两个互相垂直的分力 F_{Rx} 和 F_{Ry} 来表示（见图 1-12c）。

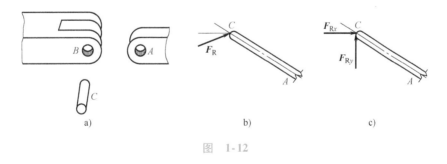

图 1-12

（4）链杆约束 链杆是指两端各用光滑铰链与不同物体相连而中间不受力的直杆，如图 1-13a 所示的 AB 杆。由概念知链杆只在两端受力而处于平衡，故链杆是二力杆。由二力平衡公理可知，链杆的约束力必然沿着链杆中心线而指向未定。链杆可以受拉，也可以受压，它只能限制物体离开或靠近链杆中心线的运动和运动趋势，而不能限制其他方向的运动。链杆约束的简图及约束力如图 1-13b、c 所示。

2. 常见支座

（1）固定铰支座 图 1-14a 所示是固定铰支座的结构简图。用光滑圆柱销钉把构件固

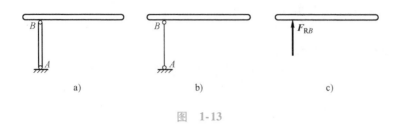

图　1-13

定在基础或平衡状态的构件上，就形成了固定铰支座。这种支座限制了构件除绕销钉处铰心的转动外任意方向的运动，经比较可知，固定铰支座与光滑圆柱铰链约束的约束性能相同，所以它的支座约束力与光滑圆柱铰链的约束力也相同，通过销钉处铰心而方向不定，可以用一个大小和方向都未知的力 F_R 来表示，也可以用两个互相垂直的分力表示，如图 1-14b、c 所示。

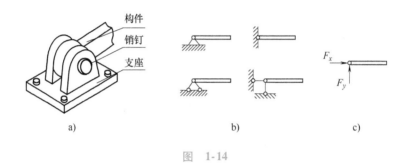

图　1-14

（2）可动铰支座　在固定铰支座与基础面之间装上一排辊轴，便构成了可动铰支座（见图 1-15a），其力学简图如图 1-15b、c 所示。

由可动铰支座固定的构件，除可绕销钉处铰心转动外，还可以沿着基础面作平行于基础的相对移动，故可动铰支座对物体的约束力通过销钉中心并垂直于支承面，指向不定。可动铰支座也可视为用一根垂直于基础面的链杆将构件与基础联接起来。

（3）固定端支座　一般建筑中外挑阳台的挑梁和梁、柱交接处的支座就是固定端支座的典型代表，其力学计算简图如图 1-16a 所示，这种支座同时限制了物体之间的相对移动和转动。因此，固定端支座的支座约束力除了水平和竖向的约束力外，还有一个限制转动的约束力偶（如图 1-16b 所示）。

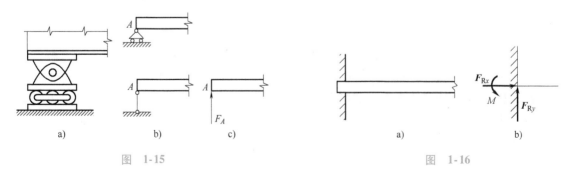

图　1-15　　　　　　　　　　　图　1-16

想一想

试归纳常见约束类型及其约束力的画法。（可以用表格方式进行，便于梳理头脑中的知识。）

1.5 受力图

物体究竟处于什么运动状态是由它所受力的作用效应决定的；梁、板、柱能否稳定地承受力和传递力，也是由它们所受力的作用效应决定的。因此，要判断力的作用效应，首先应确定物体到底受到了哪些力的作用。

【学习要求】 掌握受力图的画法；熟练对物体及物体系统进行受力分析，作出受力图。

1.5.1 画受力图的步骤

在进行工程研究和计算时，首先要对物体进行受力分析，即分析物体受了哪些力的作用，其中哪些力是已知的，哪些力是未知的。

在工程实际中，所遇到的几乎都是几个物体或构件相互联系的情况。例如，楼板搁在梁上，梁支承在墙上，墙支承在基础上，基础搁在地基上。因此，要明确对哪一个物体进行受力分析，即需要明确**研究对象**。为了分析研究对象的受力情况，往往把该研究对象从与它有联系的周围物体中脱离出来。被脱离出来的研究对象称为**脱离体**。在脱离体上画出周围物体对它的全部作用力（包括主动力和约束力），这样的图形称为物体的**受力图**。画受力图是解决力学问题的关键，是进行力学计算的依据，必须认真对待，切实掌握。画受力图的步骤归纳如下：

1）确定研究对象（即被分析物体），将其脱离出来。

2）画主动力。这里说的主动力主要包括重力和研究对象所受的已知外力。

3）画约束力。根据约束类型，将约束一一解除，画出其对应的约束力。

画系统中各物体的受力图时，要注意物体与物体之间的相互作用，画出物体之间的力，画的时候一定要符合作用力与反作用力的关系，注意方向的对应。（如果画整个系统的受力分析图，则系统内各物体间的相互作用力不用画出。）

1.5.2 单个物体的受力图

画单个物体的受力图，首先需明确研究对象，弄清研究对象受到哪些约束作用，然后解除研究对象上的全部约束，而单独画出该研究对象的简图，在简图上画上已知的主动力并根据约束类型在解除约束处画上相应的约束力。必须注意，约束力一定要和被解除的约束的类型相对应，不可根据主动力的方向来简单推断。

【例 1-3】 画出图 1-17 所示小球的受力图（绳自重不计）。

解：（1）取小球作为研究对象，将其隔离出来进行受力分析。

（2）先画作用在小球上的主动力，只有重力 **G**。

（3）再画作用在小球上的约束力，因小球通过绳和天花板连接，故小球在 B、C 两点受到柔索约束，解除柔索约束，画出约束力 F_{TBA}、F_{TCA}。即为小球的受力图。

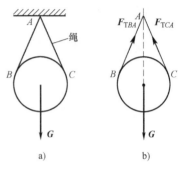

【例 1-4】 画出图 1-18a 所示梁 AB 的受力图（梁自重不计，各接触面光滑）。

解：（1）选梁 AB 为研究对象，将其隔离出来进行受力分析。

图 1-17

（2）先画梁 AB 受到的主动力，梁 AB 上受到了集中力 **F**，均布荷载 q，画出这两个主动力。

（3）再画梁 AB 受到的约束力。梁在 A、B 两端分别由固定铰支座（A 点）、可动铰支座（B 点）与基础固定，现将这两处约束解除，画出对应的支座约束力。图 1-18b 即为梁 AB 的受力图。

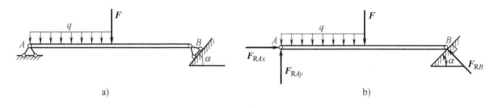

图 1-18

1.5.3 物体系统的受力图

物体系统是指由两个及两个以上的物体组成的系统。画物体系统受力图的方法基本上与画单个物体受力图的方法相同，只是研究对象可能是整个物体系统或系统的某一部分或某一物体。画整体的受力图时，只需把整体作为单个物体一样对待；画系统的某一部分或某一物体的受力图时，要注意被拆开的相互联系处有相应的约束力，且约束力是相互间的作用，一定遵循作用力与反作用力公理。

【例 1-5】 画出图 1-19a 所示结构各部分及整体受力图（结构自重不计）。

解：（1）画曲杆 AC 部分受力图：取曲杆 AC 为研究对象，隔离出来进行受力分析。因结构自重不计，故 AC 上主动力只有外力 **F**。曲杆 AC 在 A 点通过一固定铰支座与基础相连，拆除支座，在 A 点用一个水平向右的力 F_{RAx} 和一个竖直向上的力 F_{RAy} 表示该处支座约束力。曲杆在 C 点通过铰 C 与 BC 相连，现拆去铰 C，C 点是光滑圆柱铰链约束，用假设的水平向左 F_{RCx} 和竖直向上 F_{RCy} 表示。图 1-19b 即为曲杆 AC 受力图。

（2）画曲杆 BC 部分受力图：取曲杆 BC 为研究对象，隔离出来进行受力分析。因结构自重不计，故 BC 上无主动力。曲杆 BC 在 B 点通过一固定铰支座与基础相连，拆除支座，在 B 点用一个水平向左的力 F_{RBx}，一个竖直向上的力 F_{RBy} 表示该处支座约束力。曲杆在 C 点通过铰 C 与 AC 相连，现拆去铰 C，C 点是光滑圆柱铰链约束，用假设的水平向右的力 F'_{RCx} 和竖直向下的力 F'_{RCy} 表示（注意：F_{RCx}、F'_{RCx} 和 F_{RCy}、F'_{RCy} 要符合作用力和反作用力原理，大小相等方向相反）。图 1-19c 即为曲杆 BC 受力图。

（3）画整体受力图：取整体为研究对象，因为以整体作为研究对象时，C 点未断开，故 C 点内力没有暴露出来，因此不用画出。图 1-19d 即为整体的受力图。

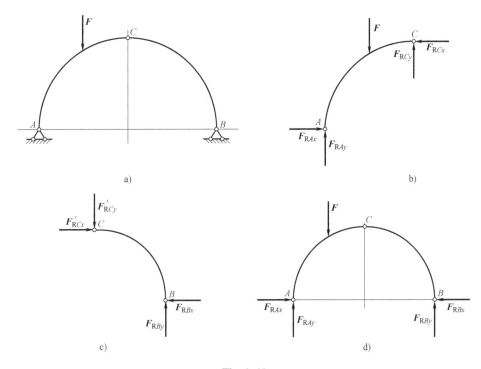

图　1-19

 **想一想**

1. 为什么要对物体进行受力分析？
2. 什么是脱离体？什么是受力图？

1.6 结构计算简图及荷载、平面杆件结构的分类

课题导入

实际工程的情况有千千万万种，但是作为实际工程的理论基础研究，模拟或计算千千万万的情况，是没必要也是不可能的。为了理论研究，需要我们抓住实际工程的主要方面，忽略或暂时不考虑次要方面。

【学习要求】　了解结构计算简图的确定；了解荷载的分类；了解平面杆件结构的分类。

1.6.1　结构计算简图

实际工程中的结构情况是非常复杂和不确定的，所以在研究和计算中要抽象出完全符合实际的模型是不可能也是没必要的。因此，在研究和计算中，我们抓住影响受力和变形的主要因素，忽略掉次要的影响因素，作出一些理想化、简化的假设，为研究和计算打下基础。这种理想化、简化的模型就是结构的计算简图。正确选择计算简图，既要尽可能反映实际工程的情况，又要兼顾研究和计算的需要。如果计算简图选择错误，就会导致计算结果与实际产生大的误差，甚至造成工程事故。因此，一定要认真对待计算简图的选择。

结构计算简图的确定，通常要进行以下几个内容的简化：

1. 结构体系的简化

简单说，即是将工程中实际结构确定为空间力系还是平面力系，如若是平面力系，又是哪种平面力系。

2. 杆件的简化

各种杆件都用其轴线表示。直杆简化为一条直线，曲杆简化为一条曲线。

3. 结点的简化

杆件结构中，各杆件相联接的地方称为结点。根据结构的受力特点和结点的构造情况，在计算简图中通常将其简化为以下两种：

（1）铰结点　铰结点的特点是它联接的各杆件都可以绕着该结点自由转动，传递轴力和剪力。只有木屋架的结点比较接近理想的铰结点，图1-20为一个木屋架的结点和它的计算简图，当其受力时，各杆的夹角是可以改变的。

（2）刚结点　刚结点的特点是当结构受力变形时，它所联接的各杆件

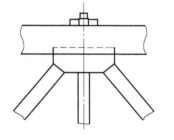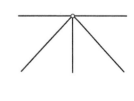

图　1-20

在结点处轴线的夹角保持不变（如现浇的钢筋混凝土梁柱结点），它既传递轴力和剪力，也要传递弯矩。

4. 支座简化

实际工程结构中，各种支撑的装置随着结构形式或者材料的差异而各不相同。在选取计算简图时，根据实际构造和约束情况，对照1.4节内容进行恰当简化。

5. 荷载简化

荷载是作用在结构或构件上的主动力。实际结构受到的荷载，一般是作用在构件内各处的体荷载（如自重），以及作用在某一面积上的面荷载（如风力）。在计算简图中，常把它们简化为作用在构件纵向轴线上的线荷载、集中力和集中力偶。

1.6.2　荷载的分类

在工程实际中，作用在结构上的荷载是多种多样的。为了便于力学分析，下面从不同的角度，将它们进行分类。

1. 按《建筑结构荷载规范》（GB 50009—2012）分为永久荷载、可变荷载、偶然荷载

（1）永久荷载　永久荷载是指在结构使用期间，其值不随时间变化，或其变化与平均值相比可以忽略不计，或其变化是单调的并趋于限值的荷载，也称恒载，如结构构件自重、

土压力、预应力等。构件的自重可根据结构尺寸和材料的重力密度（即单位体积的重量，单位为 N/m³ 或 kN/m³）进行计算。如长为 6m，截面为 300mm × 600mm 的钢筋混凝土梁，若已知钢筋混凝土重力密度为 25kN/m³，则该梁的自重为：$G = (25 \times 0.3 \times 0.6 \times 6) kN = 27kN$。

将总重量除以长度，即可得到该梁每米长度的重量，单位为 kN/m 或 N/m，一般用符号 q 表示，即 $q = (27/6) kN/m = 4.5kN/m$。

在建筑工程中，对于楼板的自重，一般是以单位面积的重量 p 来表示，单位为 kN/m² 或 N/m²。如 100mm 厚的钢筋混凝土楼板，其单位面积的重量 $p = (25 \times 0.1) kN/m² = 2.5kN/m²$，即 100mm 厚的钢筋混凝土楼板每 1m² 的重量为 2.5kN。

（2）可变荷载　可变荷载是指在结构使用期间，其值随时间变化，且其变化与平均值相比不可忽略不计的荷载，也称活载，如楼面活荷载、屋面活荷载、积灰荷载、风荷载、吊车荷载、雪荷载、温度作用等。这种荷载有时存在，有时不存在，它们的作用位置和作用范围可能是固定的（如风荷载、雪荷载、会议室的人群荷载等），也可能是移动的（如吊车荷载、桥梁上行驶的汽车荷载等）。不同类型的房屋建筑，因其使用情况的不同，可变荷载的大小也就不同。在《建筑结构荷载规范》（GB 50009—2012）中，各种常用的可变荷载，都有详细的规定。如住宅、办公楼、托儿所、医院病房等一类民用建筑的楼面可变荷载，目前规定为 2.0kN/m²；而教室、食堂、餐厅的可变荷载，则规定为 2.5kN/m²。

（3）偶然荷载　偶然荷载是指在结构使用期间不一定出现，一旦出现，其值很大但持续时间很短的荷载，如爆炸力、撞击力等。

2. 按荷载作用在结构上的分布情况分为分布荷载和集中荷载

（1）分布荷载　分布荷载是指满布在结构某一表面上的荷载，根据其具体作用情况还可以分为均布荷载和非均布荷载。如果分布荷载在一定范围内连续作用，且其大小在各处都相同，这种荷载称为均布荷载。如上面所述梁的自重，若每米长度均匀分布，则称为均布线荷载；上面所述的楼面荷载，若每单位面积均匀分布，则称为均布面荷载。反之，如果分布荷载不是均布荷载，则称为非均布荷载，如水压力，其大小与水的深度有关（成正比），荷载为按三角形规律变化的分布荷载，即荷载虽然连续作用，但其各处大小不同。

（2）集中荷载　作用在结构上的荷载，若其分布的面积远远小于结构的尺寸，则将此荷载认为是作用在结构的某点上，称为集中荷载。上面所述的吊车轮压，即认为是集中荷载。其单位一般用 N 或 kN 表示。

3. 按荷载作用在结构上的性质分为静力荷载和动力荷载

（1）静力荷载　当荷载从零开始，逐渐缓慢地、连续均匀地增加到最后的定值后，其大小、作用位置以及方向都不再随时间变化，这种荷载称为静力荷载。如结构的自重、一般可变荷载等。静力荷载的特点是，该荷载作用在结构上时，不会引起结构振动。

（2）动力荷载　如果荷载的大小、作用位置、方向随时间而急剧变化，那么这种荷载称为动力荷载，如动力机械产生的荷载、地震力等。这种荷载的特点是，该荷载作用在结构上时，会产生惯性力，从而引起结构显著振动或冲击。

1.6.3　平面杆件结构的分类

平面杆件是本书的研究对象，按照不同的构造特征和受力特点，平面杆件结构可分为下列几类：

（1）梁 梁是一种典型的受弯杆件。它可以是单跨的（见图1-21a、b），也可以是多跨连续的（见图1-21c、d）。建筑中单跨梁的常见基本形式有简支梁、外伸梁、悬臂梁。

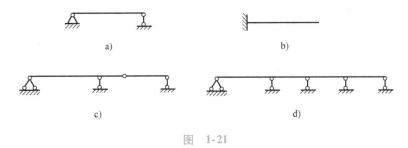

图 1-21

（2）拱 拱的轴线通常为曲线，它与梁相比特点在于拱在竖向荷载作用下会产生水平约束力。这种水平约束力使拱的弯矩远小于跨度、荷载及支承情况相同的梁的弯矩（见图1-22）。

图 1-22

（3）桁架 桁架是由若干杆件在两端用理想铰相互联接而成的结构（见图1-23）。桁架各杆的轴线都是直线，当仅受到作用于结点的荷载时，各杆只产生轴力。

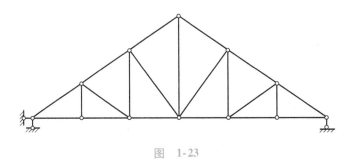

图 1-23

（4）刚架 刚架是由梁和柱组合而成的结构（见图1-24）。刚架中各杆件常同时承受弯矩、剪力及轴力，但以弯矩为主。刚架的结点多为刚结点，也可以有少部分铰结点或铰结点和刚结点的组合结点。

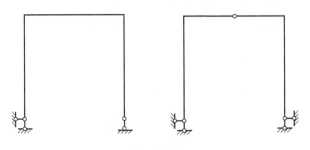

图 1-24

（5）组合结构 这种结构中，部分杆件只承受轴力，部分杆件同时承受轴力、剪力和弯矩。所以该结构可以看作由只承受轴向力的链杆和主要承受弯矩的梁或刚架组合形成的结构。

 想一想

1. 在计算时，为什么要选取计算简图？
2. 梁和拱有什么异同点？

本 章 回 顾

本章主要学习了静力学的基础知识，内容有静力学的基本概念、静力学公理、常见的约束类型及物体的受力分析。

1. 静力学的基本概念

（1）平衡：物体相对于地球保持静止或作匀速直线运动的状态。

（2）力：物体间相互的机械作用，这种作用使物体产生外效应的改变（即运动状态的改变），或使物体产生内效应的变化（即变形）。力的三要素：大小、方向和作用点（或作用线）。

力系：指作用于同一个物体上的很多力。本书中提到的力系指平面力系，即该力系中各力的作用线在同一平面内。平面力系又包括：

平行力系：指该力系中各力的作用线都相互平行。

一般力系：即力系中各力的作用线分布杂乱无章。

汇交力系：指力系中各力的作用线汇交于同一点。

力偶系：指若干个力偶作用于同一物体上且各力偶均位于同一平面内。

（3）刚体：在任何外力作用下，大小和形状都保持不变的物体。

（4）约束力：阻碍物体运动或运动趋势的力。约束力的方向根据约束的类型来决定，它总是与约束所能阻碍物体运动的方向相反。

（5）常见约束：柔性约束、光滑接触表面约束、光滑圆柱铰链约束、链杆约束。常见支座：固定铰支座、可动铰支座、固定端支座。

2. 静力学公理

（1）作用力与反作用力公理：两个物体间的作用力和反作用力，总是大小相等，方向相反，沿同一直线，并分别作用在这两个物体上。

（2）二力平衡公理：刚体在两个力作用下保持平衡的充要条件是：此二力大小相等，方向相反，且作用在同一直线上。

注意以上两个公理的区别。

（3）加减平衡力系公理：在作用于同一刚体上的已知力系中，加上或去掉一个平衡力系，并不会改变原力系对刚体的作用效应。

推论：力的可传性原理。

（4）力的平行四边形公理：作用于物体上同一点的不共线的两个力，可以合成为作用于该点的一个合力。合力的大小和方向，由以这两个力为邻边构成的平行四边形的对角线确定，合力的作用点为这两个力的交点。

推论：三力平衡汇交定理。

3. 受力图

了解单个物体受力图的画法和物体系统受力图的画法及注意事项。

4. 结构计算简图及分类

（1）结构计算简图的确定需要进行以下方面的简化，包括结构体系的简化、杆件的简化、结点的简化、支座的简化、荷载的简化。

（2）荷载的分类：荷载有多种分类方法，根据《建筑结构荷载规范》（GB 50009—2012）分为永久荷载、可变荷载和偶然荷载，根据分布情况可分为集中荷载和分布荷载，根据作用的性质，可分为静力荷载和动力荷载。

（3）平面杆系结构的分类：梁、拱、桁架、刚架、组合结构。

第 **2** 章

平面力系的合成
与平衡

知识要点及学习程度要求

- 平面汇交力系的合成与平衡（掌握）
- 力在坐标轴上的投影（熟练计算）
- 合力投影定理（掌握）
- 力矩（熟练计算）
- 力偶的性质（掌握）
- 力的平移定理（熟悉）
- 平面一般力系向作用平面内任意点的简化（了解）
- 运用平面力系的平衡方程解决相关的平衡问题（熟练掌握）

2.1 平面汇交力系

课题导入

　　一个物体上所受的力可能不止一个，当物体受到多个力作用时，如何判断它的实际运动情况呢？力系有很多种，在平面汇交力系作用下物体的运动状态怎么判断呢？

　　【学习要求】 理解平面汇交力系合成的几何法；理解平面汇交力系平衡的几何条件；掌握力在坐标轴上的投影；熟练计算力在坐标轴上的投影；掌握平面汇交力系合成的解析法；熟练运用解析法对平面汇交力系进行合成；掌握合力投影定理的内容及运用；掌握平面汇交力系平衡的解析条件及其应用。

2.1.1　平面汇交力系合成与平衡的几何法

　　力系中各力的作用线汇交于一点，并且各力的作用线都在同一个平面内，这样的力系就称为平面汇交力系（如图 2-1a 所示）。它是最简单的基本力系，是研究一般力系的基础。本章从几何法和解析法两种角度分别讨论平面汇交力系的合成和平衡问题。

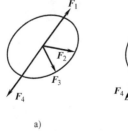 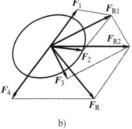 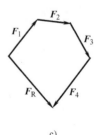

| a) | b) | c) |

图　2-1

1. 平面汇交力系合成的几何法——力的多边形法则

假设刚体上作用了一个平面汇交力系（如图 2-1b 所示），由力的平行四边形法则我们

可以求出 F_1 和 F_2 的合力 F_{R1}，即用 F_{R1} 等效替换掉 F_1 和 F_2，同样，可以求出 F_{R1} 和 F_3 的合力 F_{R2}，F_{R2} 和 F_4 的合力 F_{R3}。经过多次合成后，力 F_1、F_2、F_3、F_4 最后合成为 F_R，即 F_R 为该平面汇交力系的合力。

这种方法可以推广到任意个汇交力的情况，其表达式为

$$F_R = F_1 + F_2 + \cdots + F_3 = \sum F \tag{2-1}$$

若力系没有汇交到一点，则可以运用力的可传性原理先将各力汇交到同一点，再用此方法进行合成。

由上面的合成过程可以看出，F_{R1}、F_{R2} 只是起过渡作用，可以不用画出，则合成过程即是从任意一力开始，将各力依次首尾相连（与原力平行等值），而该力多边形的最后一条闭合边即是该平面汇交力系的合力（方向：始点指向终点，如图 2-1c 所示）。（学生可自行推演：选择不同的力作为起始，得到不同的力多边形，但对合成结果无影响。）

综上可得：**平面汇交力系合成的结果是一个合力，其大小和方向等于原力系各力的矢量和（即力系各力组成的力的多边形的封闭边），该合力作用点在原力系的汇交点。**

【例 2-1】 物体受四个共面力作用（如图 2-2a 所示），用几何法求其合力。

解：选定比例尺，按力的多边形法则，任取一点 O，作 $Oa = F_3$，$ab = F_2$，$bc = F_4$，$cd = F_1$，如图 2-2b 所示，则 Od 即为所求合力 F_R。经量得，$F_R = 3.284\mathrm{kN}$，$\alpha = 26.34°$。

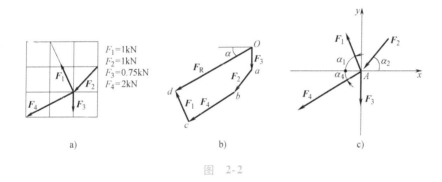

图 2-2

2. 平面汇交力系平衡的几何条件

由力的多边形可以看出，汇交力系合力的大小和方向是由封闭边代表的，所以如果力系平衡，那么其合力为零，即力多边形的封闭边的长度为零，也就是说力的多边形中不存在封闭边，最后一个力的终点与第一个力的起点重合。所以**平面汇交力系平衡的几何条件是力多边形各边首尾相连，自行封闭。**即

$$F_R = \sum F = 0 \tag{2-2}$$

几何法简单直观，但是因需要作图求解，在作图过程中难免会有误差，所以这一特点限制了几何法在工程计算中的实际运用，取而代之的是一种更为准确的方法——解析法。

2.1.2 平面汇交力系合成与平衡的解析法

解析法的第一步是要将力分别投影到直角坐标系的两个坐标轴上，所以有时候解析法也被称为投影法。

1. 力在坐标轴上的投影

力在坐标轴上投影的求法如图 2-3 所示（图中 α 为力作用线与 x 轴所夹锐角）：

1）从力的起点 A 作一条线垂直于坐标轴 x，得一垂足 a。

2）从力的终点 B 作一条线垂直于坐标轴 x，得一垂足 b。

3）两个垂足 a、b 之间的线段即是力 F 在 x 坐标轴上的投影，大小 $F_x = F\cos\alpha$。

4）y 轴上的投影与 x 轴上投影作法类似。

5）投影有正负号，其规定为：当从起点垂足 a 指向终点垂足 b，这一指向与坐标轴（x）的正方向（向右）相同，则该投影为正，反之为负。

$$F_x = \pm F\cos\alpha \tag{2-3a}$$

$$F_y = \pm F\sin\alpha \tag{2-3b}$$

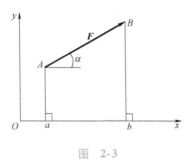

图 2-3

注意力的投影和分力的区别：分力是矢量，既有大小，又有方向，而力在坐标轴上的投影是标量，只有大小，没有方向。

【例 2-2】 已知 $F_1 = 100\text{N}$，$F_2 = 50\text{N}$，$F_3 = 60\text{N}$，$F_4 = 80\text{N}$，各力的方向如图 2-4 所示，试分别求出各力在 x 轴和 y 轴上的投影。

解：由式（2-3）得：

$$F_{1x} = F_1\cos30° = 100\text{N} \times \frac{\sqrt{3}}{2} = 86.60\text{N}$$

$$F_{1y} = F\sin30° = 100\text{N} \times \frac{1}{2} = 50\text{N}$$

$$F_{2x} = F_2 = 50\text{N}$$

$$F_{2y} = 0$$

$$F_{3x} = 0$$

$$F_{3y} = 60\text{N}$$

$$F_{4x} = -F_4\cos45° = -80\text{N} \times \frac{\sqrt{2}}{2} = -56.57\text{N}$$

$$F_{4y} = F_4\sin45° = 80\text{N} \times \frac{\sqrt{2}}{2} = 56.57\text{N}$$

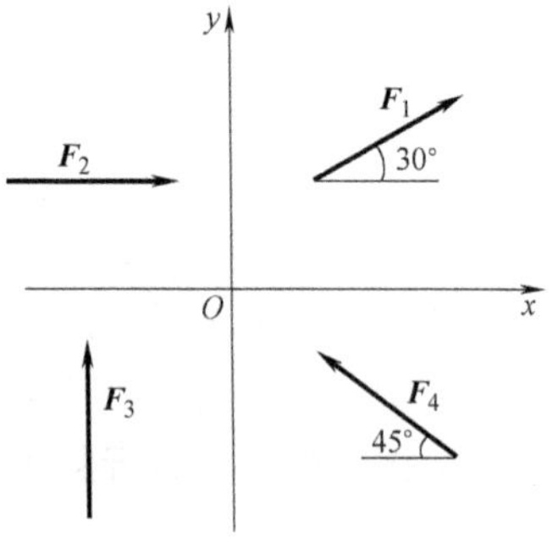

图 2-4

2. 合力投影定理

合力投影定理表述为：平面汇交力系的合力在任一坐标轴上的投影，等于各分力在该坐标轴上投影的代数和。即

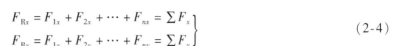

$$F_{Rx} = F_{1x} + F_{2x} + \cdots + F_{nx} = \sum F_x \atop F_{Ry} = F_{1y} + F_{2y} + \cdots + F_{ny} = \sum F_y \Bigg\}$$
　　　　(2-4)

（学生可自行推导）

3. 平面汇交力系合成与平衡的解析法

（1）平面汇交力系合成的解析法　由合力投影定理可以求得力系的合力 $\boldsymbol{F}_R$ 在两直角坐标系上的投影 F_{Rx} 和 F_{Ry}，再由几何关系可知合力 $\boldsymbol{F}_R$ 的大小和方向可以由以下公式求得：

$$F_R = \sqrt{F_{Rx}^2 + F_{Ry}^2} = \sqrt{\left(\sum F_x\right)^2 + \left(\sum F_y\right)^2}$$

$$\tan\alpha = \frac{|F_{Ry}|}{|F_{Rx}|} = \frac{|\sum F_y|}{|\sum F_x|}$$
　　　　(2-5)

式中，α 为合力作用线与 x 轴所夹锐角。合力所在象限由 $\sum F_x$、$\sum F_y$ 的正负号判断，即 $\sum F_x$、$\sum F_y$ 均为正时，合力在第一象限；$\sum F_x$ 为负、$\sum F_y$ 为正时，合力在第二象限；$\sum F_x$、$\sum F_y$ 均为负时，合力在第三象限；$\sum F_x$ 为正、$\sum F_y$ 为负时，合力在第四象限。

【例 2-3】　用解析法求例 2-1 中各力的合力。

解：以 A 点建立直角坐标系（如图 2-2c 所示），由图 2-2a、图 2-2c 和式（2-4）计算合力 $\boldsymbol{F}_R$ 在 x、y 轴上的投影为：

$$\begin{aligned}
F_{Rx} = \sum F_x &= -F_1\cos\alpha_1 - F_2\cos\alpha_2 + 0 - F_4\cos\alpha_4 \\
&= \left(-1 \times \frac{1}{\sqrt{5}} - 1 \times \frac{1}{\sqrt{2}} - 2 \times \frac{2}{\sqrt{5}}\right)\text{kN} \\
&= \left(-\sqrt{5} - \frac{\sqrt{2}}{2}\right)\text{kN} \\
&= -2.943\text{kN}
\end{aligned}$$

$$\begin{aligned}
F_{Ry} = \sum F_y &= F_1\sin\alpha_1 - F_2\sin\alpha_2 - F_3 - F_4\sin\alpha_4 \\
&= \left(1 \times \frac{2}{\sqrt{5}} - 1 \times \frac{1}{\sqrt{2}} - 0.75 - 2 \times \frac{1}{\sqrt{5}}\right)\text{kN} \\
&= \left(-0.75 - \frac{\sqrt{2}}{2}\right)\text{kN} \\
&= -1.457\text{kN}
\end{aligned}$$

故合力 $\boldsymbol{F}_R$ 的大小为

$$F_R = \sqrt{F_{Rx}^2 + F_{Ry}^2} = \sqrt{(-2.943)^2 + (-1.457)^2}\text{kN} = 3.284\text{kN}$$

合力 $\boldsymbol{F}_R$ 的方向为

$$\tan\alpha = \frac{|F_{Ry}|}{|F_{Rx}|} = \frac{1.457}{2.943} = 0.495$$

$\alpha = 26.34°$（因 $\sum F_x$、$\sum F_y$ 均为负值，故合力在第三象限）

（2）平面汇交力系平衡的解析条件　由式（2-5）可以看出，平面汇交力系要平衡，则该力系的合力为零，即

$$F_R = \sqrt{F_{Rx}^2 + F_{Ry}^2} = \sqrt{\left(\sum F_x\right)^2 + \left(\sum F_y\right)^2} = 0$$

即　　　　　　　　　　　$$\sum F_x = 0; \quad \sum F_y = 0$$　　　　(2-6)

由此可见，平面汇交力系平衡的解析条件是：**力系中所有力在平面直角坐标系两坐标轴**

上投影的代数和同时为零。这也是平面汇交力系的平衡方程。实际计算中，我们可以利用这两个平衡方程求解两个未知力。

【例 2-4】 如图 2-5a 所示起吊双曲拱桥的拱肋，求平衡时钢索 AB 和 AC 的拉力。设 $G = 40kN$。

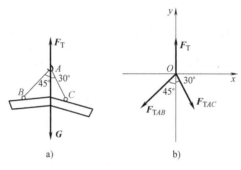

图 2-5

解：（1）取拱肋和钢索为一整体，显然 $F_T = -G$。

（2）取 A 点作为研究对象，画出其受力图如图 2-5b 所示，因整个系统平衡，故 A 点处三个力 F_T、F_{TAB}、F_{TAC} 的合力为零。以 A 点为原点建立直角坐标系。

（3）列平衡方程

$$\sum F_x = 0：F_{TAC}\sin30° - F_{TAB}\sin45° = 0$$
$$\sum F_y = 0：F_T - F_{TAC}\cos30° - F_{TAB}\cos45° = 0$$
$$F_T = G = 40kN$$

（4）解方程

联立三个方程可求得：

$$F_{TAB} = 20.71kN$$
$$F_{TAC} = 29.29kN$$

由此可见，利用解析法求平面汇交力系未知力的解题步骤可归纳如下：

1）确定研究对象，画出其受力图，并建立适当的坐标系。

2）将所有力分别投影到 x 轴、y 轴，求出所有力在 x 轴、y 轴上投影的代数和 $\sum F_x$、$\sum F_y$。

3）利用平面汇交力系平衡条件，列出平衡方程。

4）求解平衡方程得到未知力。

想一想

1. 平面汇交力系合成的方法有哪两种？试述其合成过程。

2. 用几何法求平面汇交力系的合力时，选择不同的力作为起始，所作出的力多边形的形状一样吗？对合成结果有无影响？

3. 力在坐标轴上投影的正负符号是如何规定的？

4. 分力与力的投影有何区别？

5. 用解析法求平面汇交力系的合力后，如何判断其方向？

6. 试述利用解析法求平面汇交力系未知力的解题步骤。

2.2　力矩、平面力偶系

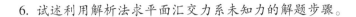课题导入

　　力除了可以使物体产生移动效应，还会产生什么效应呢？拧紧螺母时，人转动扳手，扳手没有移动，而是带动螺母绕螺栓中心转动，这是力的作用效应吗？人开车时，转动转向盘，转向盘没有移动，而是绕轴转动起来，从而带动车子左转右转，这也是力的作用效应吗？

　　【学习要求】　理解力矩的概念；掌握合力矩定理；熟练计算力矩；理解力偶的概念；熟练计算力偶矩；掌握力偶的性质；掌握平面力偶系的合成方法并能进行平面力偶系的合成；掌握平面力偶系的平衡条件。

　　日常生活中，刚体在力作用下除了在平面上作移动外，还会作绕某一点的转动，描述物体转动效应的物理量有两个，一个是力矩，一个叫力偶。本章中主要介绍这两个量是如何影响刚体的运动状态的。

2.2.1　力对点之矩、合力矩定理

1. 力对点之矩——力矩

　　人们很早以前就掌握了杠杆原理，给棍子一个支点，在棍子的一端施加一个向下的力，棍子会绕支点转动，棍子的另一端会向上撬起一个重物。还有滑轮、扳手拧螺母等实例都说明，力的作用会使物体产生转动的效应。

那么，转动效应是如何来衡量的呢？它与哪些因素有关呢？现在以扳手拧螺母为例来探讨一下，如图 2-6 所示在扳手上施加一个力 $\boldsymbol{F}$，在该力作用下，扳手带动螺母绕螺栓中心转动，从而拧紧（或拧松）螺母，这就是力 $\boldsymbol{F}$ 带给扳手的转动效应。由

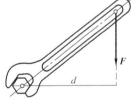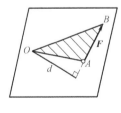

图　2-6

日常生活经验可以体会到，转动效应除了和力 $\boldsymbol{F}$ 的大小成正比，还与螺栓中心到力 $\boldsymbol{F}$ 作用线的垂直距离成正比，而且力 $\boldsymbol{F}$ 绕螺栓中心作用方向不同，产生的转动方向也不同（拧松螺母和拧紧螺母的区别）。通常，假设平面内作用一个力 $\boldsymbol{F}$，同时在该平面内有一个转动中心 O（即为矩心），O 点到力 $\boldsymbol{F}$ 作用线的距离用 d 表示，称为力臂，那么力 $\boldsymbol{F}$ 使刚体绕 O 点的转动效应被称为力对点之矩，用 $M_O(\boldsymbol{F})$ 表示，即

$$M_O(\boldsymbol{F}) = \pm Fd \tag{2-7}$$

　　通常规定：当力使物体绕矩心逆时针转动时，力矩为正；反之，力矩为负。

　　由公式可以看出：

　　1）对不同的转动中心，因为其到力的作用线的距离不同，所以力臂不同，故力矩不同。即力矩与矩心的选择有关。

2）力矩在以下情况为零（即力对物体的转动效应为零）：一是力臂为零（即力的作用线通过矩心），二是力等于零。

3）力矩等于力与力臂的乘积，所以力矩常用的单位是 N·m 或 kN·m。

【例2-5】　计算图2-7中力 F 对 O 点的力矩。

解：将力 F 的作用线反向延长，过 O 点作 OA 垂直于力 F 的作用线，线段 OA 的长度即为力臂 d，由三角形知识得：

$$d = 2m \times \sin30° = 2 \times 0.5m = 1m$$

所以，力 F 对 O 点之力矩

$$M_O(F) = 4 \times 1kN·m = 4kN·m$$

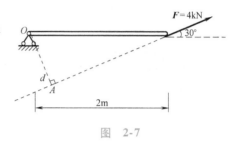

图　2-7

2. 合力矩定理

合力矩定理是指：**平面汇交力系的合力对该平面内任意一点的力矩，等于组成该力系的各分力对同一点力矩的代数和。**

我们知道，任意方向上的力可以分解成两个相互垂直方向上的分力，那么，合力对点之矩与该合力各分力对同一点之矩有什么关系呢？这就是平面汇交力系的合力矩定理：

$$M_O(F_R) = M_O(F_1) + M_O(F_2) + \cdots + M_O(F_n) = \sum M_O(F) \tag{2-8}$$

【例2-6】　如图2-8所示，力 $F = 80kN$ 作用在一物体上 A 点，求该力对点 O 的矩。

解：由图2-8可知，如果按照力矩的定义求力矩，O 点到力 F 作用线的力臂 d 不易求得。因此，我们可以用合力矩定理先将力 F 分解，求得其两个分力对 O 点力矩，这两个分力矩的代数和即为 F 对 O 点之矩。

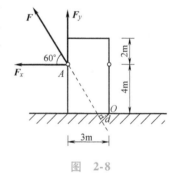

$$F_x = -F\cos60° = -80 \times \frac{1}{2}kN = -40kN$$

$$F_y = F\sin60° = 80 \times \frac{\sqrt{3}}{2}kN = 40\sqrt{3}kN$$

$$M_O(F_x) = -40 \times 4kN·m = -160kN·m$$

图　2-8

$$M_O(F_y) = 40\sqrt{3} \times 3kN·m = 120\sqrt{3}kN·m = 207.85kN·m$$

所以　　$M_O(F) = M_O(F_x) + M_O(F_y) = (-160 + 207.85)kN·m = 47.85kN·m$

【例2-7】　求图2-9所示各分布荷载对 A 点的力矩。

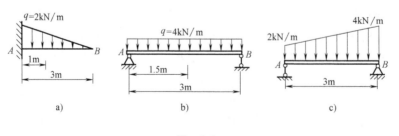

a)　　　　　　　　b)　　　　　　　　c)

图　2-9

解：分布荷载可以合成一个合力。合力的大小等于分布荷载图形的面积，方向与分布荷载相同，作用线通过荷载图形的形心。

由合力矩定理可知，分布荷载对某点之矩就等于其合力对该点之力矩。

（1）计算图 2-9a 三角形分布荷载对 A 点之矩

$$M_A(q) = -\frac{1}{2} \times 2 \times 3 \times \frac{1}{3} \times 3 \text{kN} \cdot \text{m} = -3 \text{kN} \cdot \text{m}$$

（2）计算图 2-9b 矩形分布荷载对 A 点之矩

$$M_A(q) = -4 \times 3 \times \frac{1}{2} \times 3 \text{kN} \cdot \text{m} = -18 \text{kN} \cdot \text{m}$$

（3）计算图 2-9c 梯形分布荷载对 A 点之矩

$$M_A(q) = \left(-2 \times 3 \times \frac{1}{2} \times 3 - \frac{1}{2} \times 2 \times 3 \times \frac{2}{3} \times 3 \right) \text{kN} \cdot \text{m} = -15 \text{kN} \cdot \text{m}$$

2.2.2　力偶及其性质

1. 力偶

力偶是指一对大小相等、方向相反、作用线平行不共线的力，记为 (F, F')，如图 2-10a 所示。两个力作用线之间的距离用 d 表示，称为力偶臂。这两个力的作用线所在的平面称为力偶的作用面。日常生活中用两只手握住转向盘开动汽车，正是属于力偶对物体的作用效应（如图 2-10b 所示）。由此可见，力偶只对物体产生转动效应，不产生移动效应。

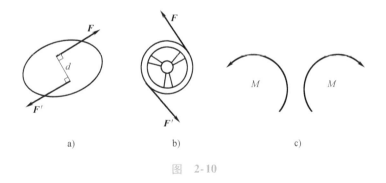

图　2-10

如何衡量力偶对物体的转动效应呢？由实践经验可知，力偶对物体转动效应的影响与组成该力偶的力的大小成正比，与这两个力作用线间的垂直距离 d（称为力偶臂）成正比。我们用力偶中力的大小 F 与力偶臂长度 d 的乘积，并加上适当的正负号后得到的代数量来表示力偶的转动效应，称之为力偶矩，用 M 表示，则有

$$M = \pm Fd \tag{2-9}$$

式中，d 代表力偶臂的长度（如图 2-9 所示），正负号规定为：当力偶使物体逆时针转向转动时取正号，反之取负号。

力偶矩的单位与力对点之矩的单位相同，也为 $\text{N} \cdot \text{m}$ 或 $\text{kN} \cdot \text{m}$。力偶也可以用带箭头的弧线来表示，如图 2-10c 所示，其中箭头表示力偶的转向，M 表示力偶矩的大小。

2. 力偶的性质

性质一：力作用在刚体上有可能使刚体移动也有可能使刚体绕某点转动，但是力偶作用在刚体上，只能使刚体产生转动效应，由此可见力偶与力的作用效应是不同的，因此**力偶不**

能用一个力来代替，即力偶不能与一个力相互平衡，力偶只能与力偶相互平衡。观察力偶中两个力在坐标轴上的投影可以发现，力偶中的两个力在同一轴上的投影总是等值、反号，因而力偶在任意坐标轴上的投影为零。（可以由读者自行证明）

性质二：**组成力偶的两个力对其作用面内任意一点之力矩恒等于力偶矩而与所选矩心的位置无关。**这也是力偶矩与力对点之矩（它与矩心的位置有关）的主要区别，即力偶对刚体的转动效应，用力偶矩来度量，与力的大小和力偶臂的长度有关，而与矩心的选择无关。

性质三：由性质一和性质二可知，力偶只能使物体转动，而且转动效应完全取决于力偶矩。由此可见：**当保持力偶矩大小和转向不变时，力偶可在其作用平面内任意移动，而不改变它对物体的转动效应；保持力偶矩大小和转向不变时，可同时改变力偶中力的大小和力偶臂的长度，而不影响力偶对刚体的转动效应。**同一平面内的两个力偶，若这两个力偶的力偶矩大小相等、转向相同，那么这两个力偶称为**等效力偶**。例如，在图 2-11 中，为了转动方向盘，既可用力偶（F_1，F_1'）作用于它，也可用力偶（F_2，F_2'）作用于它。只要这两个力偶之矩相等，则它们使方向盘转动的效应就完全相同。再例如当用丝锥攻螺纹时（如图 2-12 所示），无论以力偶（F_1，F_1'）或（F_2，F_2'）作用于丝锥上，只要满足力偶矩不变的条件（即 $F_1 d_1 = F_2 d_2$），则它们使丝锥转动的效应就相同。

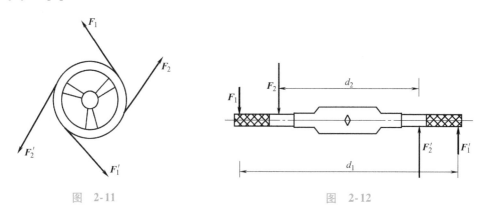

图 2-11   图 2-12

由上述力偶的性质可知，对于一个力偶而言，它对刚体转动效应的影响取决于力偶矩的大小、力偶的转向和力偶的作用面，这也被称为**力偶的三要素**。

2.2.3 平面力偶系的合成与平衡

若干个力偶作用于同一物体上且各力偶均位于同一平面内，称为平面力偶系。

1. 平面力偶系的合成

力偶作用在刚体上，使刚体产生的只有转动效应，而且该转动效应仅与力偶矩的大小、转向有关，所以当刚体上作用不止一个力偶，所有力偶对刚体都只有转动效应的影响，影响大小只与所有力偶的力偶矩大小和转向有关。因此，平面力偶系对刚体的作用实际上可以看作一个力偶对刚体的作用效应，即**平面力偶系可以合成为一个力偶（该力偶称为力偶系的合力偶），且该合力偶的力偶矩等于原力偶系中各力偶矩的代数和**，即

$$M = M_1 + M_2 + \cdots + M_n = \sum M \tag{2-10}$$

式中，M 表示合力偶之矩，而 M_1、M_2、$\cdots$、M_n 则分别表示原力偶系中各力偶之矩。

【例 2-8】　如图 2-13 所示，一个物体的某平面内受四个力偶作用，已知 $F_1 = 100\text{N}$，$F_2 = 300\text{N}$，$F_3 = 50\text{N}$，$M_4 = 100\text{N} \cdot \text{m}$，求其合成结果。

解：四个共面力偶合成的结果是一个合力偶，各分力偶矩为

$$M_1 = -F_1 \times d_1 = -100 \times 0.4\text{N} \cdot \text{m} = -40\text{N} \cdot \text{m}$$

$$M_2 = -F_2 \times d_2 = -300 \times 0.2\text{N} \cdot \text{m} = -60\text{N} \cdot \text{m}$$

$$M_3 = F_3 \times d_3 = 50 \times 0.4\text{N} \cdot \text{m} = 20\text{N} \cdot \text{m}$$

$$M_4 = 100\text{N} \cdot \text{m}$$

由公式 2-10 得

$$M = \sum M = M_1 + M_2 + M_3 + M_4$$
$$= (-40 - 60 + 20 + 100)\text{N} \cdot \text{m} = 20\text{N} \cdot \text{m}$$

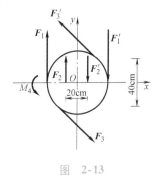

图　2-13

2. 平面力偶系的平衡

刚体受平面力偶系作用，要保持平衡需各力偶对刚体的转动效应互相抵消，即该力偶系的合力偶之矩为零。故平面力偶系平衡的充要条件是：**力偶系中各力偶矩的代数和为零**，即

$$\sum M = M_1 + M_2 + \cdots + M_n = 0 \qquad (2-11)$$

上式称为平面力偶系的平衡方程。在工程计算中，我们可以利用该平衡方程求解一个未知力。

【例 2-9】　梁受荷载作用，如图 2-14 所示，已知 $F = 8\text{kN}$，梁重不计，求支座 A 的支座约束力。

解：由图 2-14 知，梁 ABC 上只受到两个力 F 作用，而两个力组成一对力偶，即梁上仅受到一对外力偶作用而处于平衡。因为力偶只能与力偶平衡，又因 A 点是一固定端支座，所以可以判断出 A 点支座约束力必然是一个力偶，假设为 M_A，由式（2-11）知：

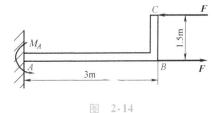

图　2-14

$$M_A + F \times 1.5 = 0$$

$M_A = -8 \times 1.5\text{kN} \cdot \text{m} = -12\text{kN} \cdot \text{m}$（负号表示 A 支座处约束力偶方向与假设相反，应该为顺时针方向）

 想一想

1. 力矩和力偶有何区别？
2. 如何求分布荷载对某点的力矩？

2.3　平面一般力系

课题导入

实际工程中，作用在物体上的力，形成平面汇交力系或者单纯的平面力偶系的情况是很少的，一般是杂乱无章分布的平面一般力系。那么，怎样才能从杂乱无章的平面一般力系判定出它作用下物体的状态呢？

【**学习要求**】 熟悉力的平移定理；了解平面一般力系向作用平面内任意点简化的结果；熟练掌握运用平面力系的平衡方程解决相关的平衡问题。

各力的作用线在同一平面内但分布杂乱无章，即其作用线既不全部汇交于一点也不全部互相平行，这样的力系称为平面一般力系。在实际工程中，很多构件的受力情况都可以简化成平面一般力系，所以平面一般力系的研究和学习很有必要。

前面学过平面汇交力系和平面力偶系的性质和计算，由此想到，要解决平面一般力系问题，能不能利用前面学过的知识呢？即想办法把平面一般力系的问题转化为平面汇交力系和平面力偶系求解。要实现这一转化，关键是实现将平面一般力系各力的作用线移到同一点，而不改变原力系对刚体的作用。这就必须解决力向作用平面内一点平移的问题。

2.3.1 力的平移定理

刚体上有一力 F 作用于 A 点（见图 2-15a），现在该刚体上 O 点处加一对平衡力 F' 和 F''，使 $F' = F = -F''$（见图 2-15b），并且让 F'、F'' 的作用线与力 F 作用线平行，由于所加力系为平衡力系，故不会改变原力系对刚体的作用效应。由图 2-15b 可以看出，力 F'' 和 F 组成一对力偶，现用 M 代替这对力。可以看出，因为 $F = -F'$，所以这个过程相当于把力 F 从 A 点移到了 O 点，只是同时附加产生了一个力偶 M（见图 2-15c）。

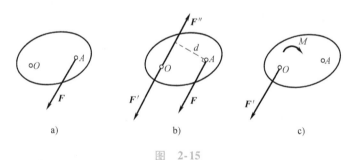

图 2-15

由此可见，**作用于刚体上某点的力可以平行移动到该刚体上的任意一点，但必须同时附加一个力偶，此力偶之矩等于原来的力对于新作用点（即平移到的那点）之力矩，这就是力的平移定理**。强调，此定理只适用于刚体。力的平移定理实现了将一个力转化为与之平行的一个力和附加产生的一个力偶。反之，在同平面内的一个力 F 和一个力偶矩为 M 的力偶也可化为一个合力（读者自行思考）。

【**例 2-10**】 如图 2-16a 所示，牛腿在 A 点受到吊车梁传来的荷载 $F = 50\text{kN}$。现将力 F 向柱轴线上的 O 点平移，分析平移前后柱的受力情况。

解：由力的平移定理，力 F 从 A 点平移到 O 点，同时附加产生一个力偶 M，如图 2-16b 所示，即：

$$M = M_O(F) = -50 \times 0.3\text{kN} \cdot \text{m} = -15\text{kN} \cdot \text{m}$$

可以看出，偏心受压柱与中心受压柱相比，偏心受压柱多受了一个力偶的作用，所以现实工程中，

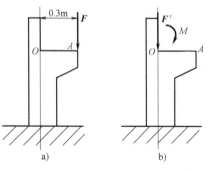

图 2-16

偏心受压柱比中心受压柱更易倾斜、更易产生裂缝。

2.3.2　平面一般力系向作用平面内任一点简化

1. 平面一般力系向作用面内任一点简化

有了力的平移定理，我们就可以把平面一般力系中各力平行移动到平面内任一点，只是附加产生一系列力偶。由此可见，可以运用力的平移定理将平面一般力系转化为一个平面汇交力系和一个平面力偶系。由前面知识可以得出，平面汇交力系最后可以简化为一个力，即合力，平面力偶系可以合成为一个合力偶。因此，平面一般力系简化的最后结果是一个力和一个力偶。过程如下：

设在某刚体上作用有一个平面一般力系 F_1，F_2、$\cdots$、F_n（见图 2-17a）。于力系所在平面内任选一点 O，并根据力的平移定理将力系中各力平行移动到 O 点去，于是原力系便与作用在 O 点的一个平面汇交力系 F_1'、F_2'、$\cdots$、F_n'和一个力偶矩为 M_1、M_2、$\cdots$、M_n 的附加平面力偶系等效（如图 2-17b 所示），且有

$$F_1 = F_1', F_2 = F_2', \cdots, F_n = F_n'$$
$$M_1 = M_O(F_1), M_2 = M_O(F_2), \cdots, M_n = M_O(F_n)$$

O 点称为简化中心。

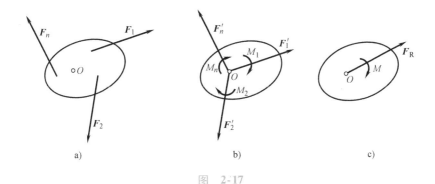

图　2-17

将 O 点处的平面汇交力系进行合成，得到一合力 F_R，称为平面一般力系的主矢（求主矢的大小和方向可以用解析法）；将平面力偶系合成得到一合力偶 M，称为平面一般力系的主矩（见图 2-17c）。

$$F_R = F_1 + F_2 + \cdots + F_n = \sum F = \sqrt{\left(\sum F_x\right)^2 + \left(\sum F_y\right)^2}$$
$$M_O(F_R) = M_O(F_1) + M_O(F_2) + \cdots + M_O(F_n) = \sum M_O(F) = \sum M_O \qquad (2\text{-}12)$$

由此得出结论：**平面一般力系向作用平面内任一点的简化结果，是一个力和一个力偶。这个力作用在简化中心，它的矢量称为原力系的主矢，并等于这个力系中各力的矢量和；这个力偶的力偶矩称为原力系对简化中心的主矩，并等于原力系中各力对简化中心力矩的代数和。**

2. 平面一般力系向作用面内任意点简化结果讨论

平面力系向任一点 O 简化后得到主矢 F_R 和主矩 M，根据两者为零或不为零，可以出现下列几种不同的情况：

1）$F_R = 0$，$M_O \neq 0$。这时原力系与一个力偶等效，此力偶称为原力系的合力偶，其力偶

矩等于原力系对简化中心的主矩。又因为力偶矩的大小与所选点的位置无关，所以在此情况下，主矩（即合力偶之矩）与简化中心的选择无关。

2）$F_R \neq 0$，$M_0 = 0$。这时原力系与一个作用线通过简化中心的力等效，此力称为原力系的合力，其大小、方向与原力系主矢 F_R 相同。

3）$F_R \neq 0$，$M_0 \neq 0$。将力的平移定理逆向演算，可以实现将不为零的主矢和主矩转化成一个力，这个力大小、方向与原力系的主矢相同，只是力的作用线不在简化中心了，而是到简化中心有一定距离，用 d 表示，可知，$d = M/F_R$。而这个力与转动中心的相对位置由其与主矩 M 的转向一致来确定。

4）$F_R = 0$，$M_0 = 0$。刚体没有移动效应也没有转动效应，刚体处于平衡状态。

3. 平面一般力系的合力矩定理

由前面平面汇交力系的合力矩定理，可以推导出平面一般力系的合力矩定理：**平面一般力系的合力对作用面内任一点的矩，等于力系中各力对同一点的矩的代数和。**其表达式为

$$M_0 = M_0(\boldsymbol{F}_1) + M_0(\boldsymbol{F}_2) + \cdots + M_0(\boldsymbol{F}_n)$$

利用合力矩定理可以简便地求出合力的作用线位置。

【例2-11】 一构件受力如图2-18所示，已知 $\boldsymbol{G}_1 = 3\text{kN}$，$\boldsymbol{G}_2 = 2\text{kN}$，$\boldsymbol{G}_3 = 3\text{kN}$，$\boldsymbol{G}_4 = 5\text{kN}$，试求四个力的合力。

解：建立直角坐标系 xOy 如图，由于 $\sum F_x = 0$

$$\sum F_y = (-3 - 2 - 3 - 5)\text{kN} = -13\text{kN}$$

由式（2-5）得这四个力的合力 $F_R = \sqrt{(\sum F_x)^2 + (\sum F_y)^2} = \sqrt{0^2 + (-13)^2} = 13\text{kN}$

又因为 x 方向合力为零，所以合力 F_R 方向为竖直向下。现确定合力 F_R 作用线的位置。由合力矩定理，取 O 点为矩心，则：$\sum M_0(\boldsymbol{F}_R) = (-2 \times 0.5 - 3 \times 1 - 5 \times 1.8)\text{kN} \cdot \text{m} = -13\text{kN} \cdot \text{m}$，即

$$M_0(\boldsymbol{F}_R) = -F_R \times d = -13\text{kN} \cdot \text{m}$$

得 $d = 1\text{m}$（即合力 F_R 的作用点距 O 点距离为 1m）。

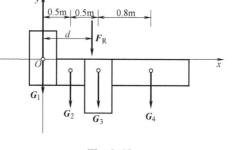

图 2-18

2.3.3 平面一般力系的平衡条件及应用

1. 平面一般力系的平衡条件

由平面一般力系向作用面内任意点简化结果讨论可知，平面一般力系平衡的必要充分条件是：力系的主矢 F_R 和对于任一点 O 的主矩 M_0 均为零，即

$$F_R = 0 \qquad M_0 = 0 \tag{2-13}$$

根据式（2-5）和式（2-12），也可以表示为

$$\left. \begin{array}{l} \sum F_x = 0 \\ \sum F_y = 0 \\ \sum M_0 = 0 \end{array} \right\} \tag{2-14}$$

故平面一般力系平衡的充要条件也可表达为：**力系中所有各力在力系所在平面内任一直**

角坐标轴上投影的代数和均为零，且各力对于该平面内任意一点之矩的代数和也等于零。式 (2-14) 称为平面一般力系的平衡方程（基本形式）。三个方程彼此独立，因此在工程计算中应用这三个方程可以求解三个未知量。

平面一般力系平衡方程还有另外两种形式：

（1）二力矩式

$$\left.\begin{array}{l} \sum F_x = 0 \\ \sum M_A = 0 \\ \sum M_B = 0 \end{array}\right\} \qquad (2\text{-}15)$$

式中，x 轴不与 A、B 两点连线垂直。

（2）三力矩式

$$\left.\begin{array}{l} \sum M_A = 0 \\ \sum M_B = 0 \\ \sum M_C = 0 \end{array}\right\} \qquad (2\text{-}16)$$

式中，A、B、C 三点不在同一直线上。

不论何种形式，三个方程最多可解三个未知量。

2. 平面平行力系的平衡方程

平面平行力系是平面一般力系的一种特殊情况。如图 2-19 所示，设物体受平面平行力系 F_1、F_2、$\cdots$、F_n 的作用。如选取 x 轴与各力垂直，则不论力系是否平衡，每一个力在 x 轴上的投影恒等于零。于是，平面平行力系只有两个独立的平衡方程。即

$$\left.\begin{array}{l} \sum F_y = 0 \\ \sum M_O = 0 \end{array}\right\} \qquad (2\text{-}17)$$

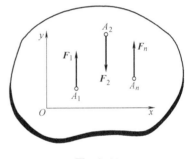

图　2-19

平面平行力系的平衡方程，也可以写成二力矩式的形式，即

$$\left.\begin{array}{l} \sum M_A = 0 \\ \sum M_B = 0 \end{array}\right\} \qquad (2\text{-}18)$$

式中，AB 两点的连线不与力作用线平行。

利用平面平行力系的平衡方程，可求解两个未知力。

3. 平面一般力系平衡方程的应用

现举例说明应用平面一般力系的平衡条件来求解工程实际中物体的平衡问题的步骤和方法。

【例 2-12】　求图 2-20 所示梁的支座约束力。

解：（1）选梁 AB 为研究对象，画出其受力图如图 2-20b 所示。

（2）建立坐标系如图 2-20b 所示。

（3）列出平衡方程如下：

$$\sum F_x = 0 \quad F_{RAx} - F_2 \times \cos 30° = F_{RAx} - 250 \times \frac{\sqrt{3}}{2} = 0$$

$$\sum F_y = 0 \quad F_{RAy} - F_1 + F_{RBy} + F_2 \times \sin 30° = F_{RAy} - 200 + F_{RBy} + 250 \times \frac{1}{2} = 0$$

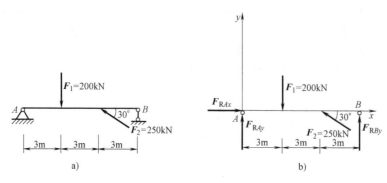

图 2-20

$$\sum M_A = 0 \quad -F_1 \times 3 + F_{RBy} \times 9 + F_2 \times 6 \times \sin 30° = -200 \times 3 + F_{RBy} \times 9 + 250 \times 6 \times \frac{1}{2} = 0$$

（4）解方程组

$$F_{RAx} = 216.51 \text{kN}(\rightarrow)$$

$$F_{RAy} = 91.67 \text{kN}(\uparrow)$$

$$F_{RBy} = -16.67 \text{kN}(\downarrow)$$

【例2-13】 求图2-21a所示刚架的支座约束力。已知 $q = 3\text{kN/m}$，$M = 12\text{kN} \cdot \text{m}$。

解：（1）选刚架为研究对象，画出受力图，如图2-21b所示。

（2）如图2-21b所示建立直角坐标系。

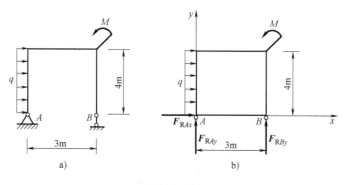

图 2-21

（3）列出平衡方程

$$\sum F_x = 0 \quad F_{RAx} + q \times 4 = F_{RAx} + 3 \times 4 = 0$$

$$\sum F_y = 0 \quad F_{RAy} + F_{RBy} = 0$$

$$\sum M_A = 0 \quad M + F_{RBy} \times 3 - q \times 4 \times \frac{4}{2} = 12 + F_{RBy} \times 3 - 3 \times 4 \times \frac{4}{2} = 0$$

（4）解方程组

$$F_{RAx} = -12 \text{kN}(\leftarrow)$$

$$F_{RAy} = -4 \text{kN}(\downarrow)$$

$$F_{RBy} = 4 \text{kN}(\uparrow)$$

从上面例题可以总结出应用平面一般力系平衡方程解题的步骤如下：

1）确定研究对象。根据题意选取适当的研究对象。

2）画受力图。在研究对象上画出它受到的所有已知力和未知力，当遇到力的指向未定时，可以先假设其指向。计算结果如果为正，则表示假设的指向与实际方向一致；如果计算结果为负，则表示假设指向与实际方向相反。

3）建立直角坐标系，列平衡方程。最好在一个平衡方程中只包含一个未知量，以免求解联立方程。列力矩平衡方程时，矩心通常取在未知力的交点，这样在列方程时可以省去求部分力的力矩，使计算简单点。

4）解平衡方程，求得未知量。

5）校核。

2.3.4　物体系统的平衡

所谓物体系统是指由两个及两个以上物体通过一定联接方式连在一起的系统，所以物体系统的平衡不仅是指系统整体的平衡，还包括组成这个系统的各个物体的平衡。

利用物体系统平衡条件求解未知力可以通过选整体作为研究对象列平衡方程求得，也可以通过选整体中某个物体为研究对象列平衡方程求解，未知力较多的情况下，也可以通过既选整体同时也选个体物体列平衡方程联立求解。因此，这个过程中特别需要注意的是选整体中某单个物体列平衡方程时的受力分析，系统中各物体之间的相互作用力称为内力，在取系统内某单个物体进行分析列方程时要注意画清楚单个物体上所受的力。例如图2-22a所示梁 AB 和梁 BC 在 B 点通过铰 B 联接在一起，选整体作为研究对象分析时，B 点处没有力的作用，但是如果把梁 AB 单独取出进行受力分析，即从 B 点将梁 AB 和梁 BC 分开，B 点的内力就暴露出来成为梁 AB 上作用在 B 点的外力（如图2-22b所示）。

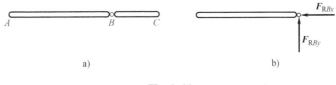

图　2-22

一般来说，一个由 n 个物体组成的系统，在平面一般力系作用下一共可以列出 $3n$ 个平衡方程，从而可以求解出 $3n$ 个未知量。下面用例题来说明如何求解物体系统平衡的问题。

【例2-14】　求图2-23a所示梁的支座约束力。已知 $q=3\mathrm{kN/m}$，$M=8\mathrm{kN\cdot m}$，$F=5\mathrm{kN}$。

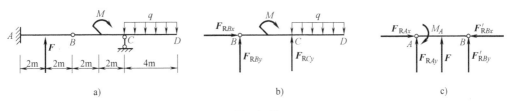

图　2-23

解: (1) 先取 BCD 为研究对象进行受力分析, 如图 2-23b 所示 (B 处铰拆开后, 其内力暴露出来成为外力)。

(2) 以 B 点为原点, BCD 为 x 轴建立直角坐标系。由于 BCD 处于平衡状态, 故 BCD 上所有力应满足平衡方程:

$$\sum F_x = 0 \quad F_{RBx} = 0$$

$$\sum F_y = 0 \quad F_{RBy} + F_{RCy} - q \times 4 = F_{RBy} + F_{RCy} - 3 \times 4 = 0$$

$$\sum M_B = 0 \quad -M + F_{RCy} \times 4 - q \times 4 \times \left(2 + 2 + \frac{4}{2}\right) = -8 + F_{RCy} \times 4 - 3 \times 4 \times \left(2 + 2 + \frac{4}{2}\right) = 0$$

(3) 解方程组

$$F_{RBx} = 0 \text{kN}$$

$$F_{RBy} = -8 \text{kN}(\downarrow)$$

$$F_{RCy} = 20 \text{kN}(\uparrow)$$

(4) 再选 AB 为研究对象进行受力分析, 如图 2-23c 所示 (注意 B 处同一铰的作用力与反作用力)。

(5) 建立直角坐标系, 列平衡方程

$$\sum F_x = 0 \quad F_{RAx} - F'_{RBx} = 0$$

$$\sum F_y = 0 \quad F_{RAy} + F + F'_{RBy} = F_{RAy} + 5 + 8 = 0$$

$$\sum M_A = 0 \quad M_A + F \times 2 + F'_{RBy} \times 4 = M_A + 5 \times 2 + 8 \times 4 = 0$$

(6) 解方程组

$$F_{RAx} = 0 \text{kN}$$

$$F_{RAy} = -13 \text{kN}(\downarrow)$$

$$M_A = -50 \text{kN} \cdot \text{m}(\text{顺时针})$$

【例 2-15】 求图 2-24a 结构支座约束力。已知 $q = 8 \text{kN/m}$, $F = 20 \text{kN}$。

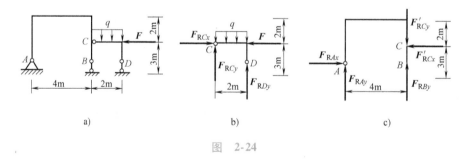

a)　　　　　　　　b)　　　　　　　　c)

图　2-24

解: (1) 先取 CD 为研究对象进行受力分析, 如图 2-24b 所示 (C 处铰拆开后, 其内力暴露出来成为外力)。

(2) 由于 CD 处于平衡状态, 故 CD 上所有力应满足以下平衡方程

$$\sum F_x = 0 \quad F_{RCx} - F = F_{RCx} - 20 = 0$$

$$\sum F_y = 0 \quad F_{RCy} + F_{RDy} - q \times 2 = F_{RCy} + F_{RDy} - 8 \times 2 = 0$$

$$\sum M_C = 0 \quad F_{RDy} \times 2 - q \times 2 \times \frac{2}{2} = F_{RDy} \times 2 - 8 \times 2 \times \frac{2}{2} = 0$$

（3）解方程组得

$$F_{RCx} = 20\text{kN}(\rightarrow)$$
$$F_{RCy} = 8\text{kN}(\uparrow)$$
$$F_{RDy} = 8\text{kN}(\uparrow)$$

（4）再选 AB 为研究对象进行受力分析如图 2-24c 所示（注意 C 处同一铰的作用力与反作用力）。

（5）建立直角坐标，列平衡方程

$$\sum F_x = 0 \quad F_{RAx} - F'_{RCx} = F_{RAx} - 20 = 0$$
$$\sum F_y = 0 \quad F_{RAy} + F_{RBy} - F'_{RCy} = F_{RAy} + F_{RBy} - 8 = 0$$
$$\sum M_A = 0 \quad F_{RBy} \times 4 + F'_{RCx} \times 3 - F'_{RCy} \times 4 = F'_{RBy} \times 4 + 20 \times 3 - 8 \times 4 = 0$$

（6）解方程组得

$$F_{RAx} = 20\text{kN}(\rightarrow)$$
$$F_{RAy} = 15\text{kN}(\uparrow)$$
$$F_{RBy} = -7\text{kN}(\downarrow)$$

由上面例题可以看出求解物体系统的平衡问题，关键在于恰当选择研究对象，一般有两种选取方法：

1）先选整体系统作为研究对象，求出某些未知量，再选其中某部分（可以是一个单体，也可以是其中几个物体组成的部分）作为研究对象，求得其他未知量。

2）先选系统中某部分作为研究对象求出某些力，再选取其他部分或者是整体进行受力分析求出其他未知量。

 想一想

1. 平面一般力系向简化中心简化时，可能产生几种结果？
2. 为什么说平面平行力系是平面一般力系的特殊情况？
3. 什么情况下，主矩与简化中心无关？
4. 平面一般力系的平衡方程有几种形式？应用时有什么限制条件？
5. 对于由 n 个物体组成的系统，可以列出 3n 个平衡方程，求解 3n 个未知力，对吗？

本 章 回 顾

本章讨论了平面力系的合成、力矩和力偶的基本理论及平面一般力系的平衡问题。

1. 平面汇交力系的合成与平衡

（1）几何法 平面汇交力系合成的几何法即力的多边形法则，其平衡的几何条件是力多边形各边首尾相连，自行封闭。

（2）解析法 平面汇交力系合成的解析法即先将力在坐标轴上进行投影，由合力投影定理知合力在任意一个坐标轴上的投影，等于各分力在该坐标轴上投影的代数和，求出合力。其平衡条件是力系中所有力在坐标轴上投影的代数和同时为零。

2. 力矩

（1）力矩的概念 力矩是描述刚体转动效应的量，力矩使物体绕矩心转动，其转动效应大小由力的大小与力臂的乘积度量，它是代数量，但为了区分转动方向一般规定力矩使物体绕矩心逆时针方向转动为正，反之为负。即

$$M_O = \pm Fd$$

由公式知：力矩的大小和转向与矩心的位置有关。

（2）合力矩定理　平面汇交力系的合力对平面内任意一点的力矩，等于力系中各分力对同一点的力矩的代数和。即

$$M_O(\boldsymbol{F}_R) = \sum M_O(\boldsymbol{F})$$

应用合力矩定理常常可以简化力矩的计算。

3. 力偶

（1）力偶　由大小相等、方向相反、作用在同一刚体上且作用线平行不共线的两个力组成的力系，称为力偶。

（2）力偶的性质

力偶只能与力偶平衡。

力偶的三要素：力偶的作用面、力偶矩的大小和力偶的转向。

在同一平面内的两个力偶，只要保持力偶矩的代数值不变，力偶可在其作用面内任意移转，也可以同时改变组成力偶的力的大小和力偶臂的长短。即力偶矩的大小和转向与矩心的位置无关。

（3）力偶的合成与平衡　平面力偶系可合成为一个合力偶，合力偶矩等于各分力偶矩的代数和。即

$$M = \sum M$$

平面力偶系的平衡条件是各力偶矩的代数和等于零，即 $\sum M = 0$。

4. 平面一般力系的平衡问题

（1）力的平移定理　作用于刚体上某点的力可以平行移动到该物体上的任意一点，但必须同时附加一个力偶，此力偶之矩等于原来的力对于新作用点（即平移到的那点）之力矩。

（2）平面一般力系向作用平面内任意点简化　平面一般力系简化的最后结果是一个力和一个力偶，称为主矢和主矩。

（3）平面一般力系的平衡条件及应用　平面一般力系的平衡条件是主矢、主矩同时为零。在工程计算中常应用平面一般力系平衡条件求解一些未知力。

第 **3** 章

材料力学的基本
知识

知识要点及学习程度要求

- 变形固体的概念及变形的种类（熟悉）
- 变形固体的基本假设（熟悉）
- 杆件的概念及杆件变形的基本形式（掌握）
- 内力及应力的概念、应力的单位（熟悉）
- 求内力的方法——截面法（重点掌握）

3.1 变形固体及其基本假设

课题导入

材料力学的研究对象是什么？为使研究问题简单化，有哪些基本假设？

【学习要求】 理解变形固体、弹性变形、塑性变形、小变形的概念，熟悉变形固体的基本假设。

3.1.1 变形固体

工程上所用的构件都是由固体材料制成的，如钢、铸铁、木材、混凝土、砖等，它们在外力作用下会或多或少地产生变形，有些变形可直接观察到，有些变形可以通过仪器测出。**在外力作用下，会产生变形的固体称为变形固体。**

在静力学中，主要研究的是物体在力的作用下平衡的问题。物体的微小变形对研究这种问题的影响是很小的，可以作为次要因素忽略。在材料力学中，主要研究的是构件在外力作用下的强度、刚度和稳定性的问题。对于这类问题，即使是微小的变形往往也是主要影响的因素之一，必须予以考虑而不能忽略。因此，**在材料力学中，必须将组成构件的各种固体视为变形固体。**

变形固体在外力作用下会产生两种不同性质的变形：一种是外力消除后，变形随着消失，这种变形称为弹性变形；另一种是外力消除后，不能消失的变形，这种变形称为塑性变形。一般情况下，物体受力后，既有弹性变形，又有塑性变形。但工程中常用的材料，当外力不超过一定范围时，塑性变形很小，可忽略不计，认为只有弹性变形，这种只有弹性变形的变形固体称为完全弹性体。只引起弹性变形的外力范围称为弹性范围。本书主要讨论材料在弹性范围内的变形及受力。

3.1.2 变形固体的基本假设

用于建筑工程的固体材料是多种多样的，其组成和性质也千差万别，为了使问题得到简化，常略去一些次要的性质，而保留其主要的性质。因此，对变形固体作出如下基本假设：

1. 均匀连续假设

假设变形固体在其整个体积内毫无空隙地充满了物质，并且各点处材料的力学性能完全相同。

实际上，变形固体是由很多微粒或晶体组成的，各微粒或晶体之间是有空隙的，由于这些空隙与构件的尺寸相比是极微小的，因而认为固体的结构是密实的、力学性能是均匀的。

2. 各向同性假设

假设变形固体沿各个方向的力学性能均相同。

工程中使用的大多数材料，如钢材、玻璃、铜和浇筑很好的混凝土，可以认为是各向同性的材料。根据这个假设可将材料在任何一个方向的力学性能的结果用于其他方向。

在工程实际中，也存在不少的各向异性材料。例如轧制钢材、木材、竹材等，它们沿各方向的力学性能是不同的。因此，对于由各向异性材料制成的构件，在设计时必须考虑材料在各个不同方向的不同力学性能。

3. 小变形假设

当变形值与构件本身尺寸相比极为微小时，称为小变形。由于变形很小，在研究构件的平衡时，可按变形前的原始尺寸和形状进行计算。

总之，**在材料力学中把实际材料看作是均匀连续的、各向同性的理想弹性体，且限于小变形范围。**

想一想

1. 为保证结构物正常工作，结构应满足哪些要求？
2. 在建筑力学范围内，我们所研究的物体，一般作哪些假设？

3.2 杆件及其变形的基本形式

课题导入

什么是杆件？工程中常见的杆件有哪些？杆件的基本变形形式有哪几种？

【学习要求】 理解杆件的概念，掌握杆件变形的基本形式。

3.2.1 杆件

构件的形状可以是多种多样的。材料力学主要研究对象是杆件。所谓杆件，是指长度远大于其他两个方向尺寸的构件（见图 3-1）。如房屋中的梁、柱及屋架中的杆。

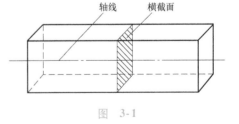

图 3-1

杆件的形状和尺寸可由杆件的横截面和轴线两个主要几何元素来描述。横截面是指与杆长方向垂直的截面，而轴线是各横截面形心的连线。横截面与杆轴线是互相垂直的。

轴线为直线、横截面相同的杆件称为等直杆。材料力学主要研究这种等直杆。

3.2.2 杆件变形的基本形式

作用在杆件上的外力是多种多样的，因此杆件的变形也是多种多样的，通常可归纳为以下四种基本变形形式：

1. 轴向拉伸或压缩

在一对大小相等、方向相反、作用线与杆轴线重合的外力作用下，杆件将产生轴向伸长或缩短变形。这种变形称为轴向拉伸（见图3-2a）或轴向压缩（见图3-2b）。

2. 剪切

在一对相距很近、大小相等、方向相反、作用线垂直于杆轴线的外力（称横向力）作用下，杆件的横截面将沿外力作用方向发生错动。这种变形形式称为剪切（见图3-2c）。

3. 扭转

在一对大小相等、方向相反、位于垂直于杆轴线的两平面内的外力偶作用下，杆的任意横截面将绕轴线发生相对转动，而轴线仍维持直线，这种变形形式称为扭转（见图3-2d）。

4. 弯曲

在一对大小相等、方向相反、位于杆的纵向平面内的外力偶作用下，杆件的轴线由直线弯曲成曲线，这种变形形式称为弯曲（见图3-2e）。

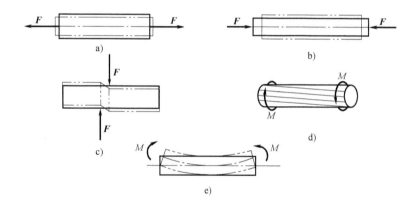

图 3-2

a）轴向拉伸　b）轴向压缩　c）剪切　d）扭转　e）弯曲

在工程实际中，杆件可能同时承受不同形式的荷载而发生复杂的变形，但都可看作是上述基本形式变形的组合。由两种或两种以上基本变形组成的复杂变形称为组合变形。

 想一想

1. 什么叫杆件？工程中常见的杆件有哪些？
2. 杆件变形的基本形式有哪几种？

3.3 内力、截面法、应力

课题导入

什么是内力？求内力的方法是什么？应力和内力有什么关系？

【学习要求】　理解内力、应力的概念，熟悉应力的常用单位及换算，重点掌握截面法求内力的思路。

3.3.1　内力的概念

当我们用手拉长一根橡皮筋时，会感到在橡皮筋内有一种反抗拉长的力。手拉的力越大，橡皮筋被拉伸得越长，它的反抗力也越大。这种在橡皮筋内发生的反抗力就是橡皮筋的内力。这是对内力的一种感性认识。**内力是杆件在外力作用下，相连两部分之间的相互作用力。**

内力是由外力引起的，内力的大小随外力的增大、变形的增大而增大。但是，对任意一个杆件来说，内力的增大是有限度的，超过此限度，杆件就要破坏。所以，研究杆件的承载能力必须先求出内力。

3.3.2　截面法

研究杆件内力常用的方法是截面法。截面法是指假想地用一个平面将杆件在所求内力处截开，将杆件分成两部分（见图 3-3a），取其中一部分为研究对象，利用平衡条件求解截面内力的方法（见图 3-3b、c）。

用截面法求内力，包括以下四个步骤：

（1）截开　在需要求内力处，用一个假想截面将杆件截开，分成两部分，将截面上的内力暴露出来。

（2）取脱离体　取假想截面任意一侧的部分为脱离体，最好取外力较少的一侧为脱离体。

（3）画受力图　画出所取脱离体部分的受力图，截面上内力的方向最好按正方向假设。

（4）列平衡方程　根据脱离体的受力图，建立平衡方程，由脱离体上的已知外力来计算截面上的未知内力。

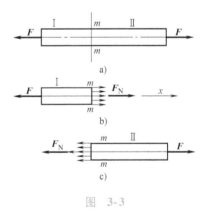

图　3-3

3.3.3　应力

在用截面法求杆件内力时，杆件的内力只与作用在杆件上的外力有关，与截面的尺寸大小和形状无关，与杆件所用的材料也无关。可是杆件的强度却与所用材料的性质及截面的几何性质有着密切的关系。例如，有同一材料的两根直杆，一粗一细，在相同的拉力作用下，细杆比粗杆先拉断。这是因为两根杆件的截面面积不等，在相同的内力作用下，单位面积上分布的内力的大小却不相同。截面小的杆件，单位面积上受的内力大，当然先于粗杆而破坏。由此可见，杆件的强度与材料的性质及杆件截面的几何性质有着密切的关系。

内力在一点处的分布集度称为应力，它反映内力在截面面积上的分布密集程度。

通常应力与截面既不垂直也不相切。工程中，常常将它分解为垂直于截面和相切于截面的两个分量。**与截面垂直的应力称为正应力，用符号 σ 表示；与截面相切的应力称为切应力，用符号 τ 表示。**

应力的单位是帕斯卡，简称为帕，符号为"Pa"。

$$1Pa = 1N/m^2 \quad （1\ 帕 = 1\ 牛/米^2）$$

工程实际中应力数值较大时，常用千帕（kPa）、兆帕（MPa）及吉帕（GPa）作为单位。

$$1\,kPa = 10^3\,Pa = 1\,kN/m^2$$
$$1\,MPa = 10^6\,Pa = 1\,N/mm^2$$
$$1\,GPa = 10^9\,Pa$$

工程图样上，长度尺寸常以 mm 为单位，则常用的单位换算为

$$1\,MPa = 10^6\,N/m^2 = 1\,N/mm^2$$

 想一想

1. 什么叫内力？
2. 简述用截面法求内力的步骤。

本 章 回 顾

本章讨论了材料力学的一些基本概念。

1. 材料力学的研究对象是由均匀连续、各向同性的理想弹性体材料制成的杆件。

2. 杆件的基本变形形式有四种：轴向拉伸或压缩、剪切、扭转和弯曲。

3. 内力与应力的概念。内力是杆件在外力作用下，相连两部分之间的相互作用力。应力是内力在一点处的分布集度，杆件中某截面上任意一点的应力一般有两个分量：正应力 σ 和切应力 τ。

4. 求内力最基本的方法是截面法，它是材料力学的一个基本方法，贯穿了材料力学的整个学习过程，必须熟练掌握。

第 **4** 章

杆件的内力

 知识要点及学习程度要求

- 轴向拉伸（压缩）杆件的轴力计算、轴力图的画法（掌握）
- 平面弯曲的概念、常见单跨静定梁的类型（熟悉）
- 梁平面弯曲时剪力和弯矩正负符号的规定、计算（熟练掌握）
- 梁平面弯曲时内力图的画法（重点掌握）

4.1 轴向拉压杆的内力及轴力图

课题导入

工程中有哪些杆件属于拉杆或压杆？如何计算拉压杆的内力和绘制内力图呢？

【学习要求】 理解轴向压缩和拉伸、轴力、轴力图的概念，能联系实际知道工程中的拉杆和压杆，熟悉轴力正负符号的规定及单位，熟练掌握用截面法求指定截面的轴力，熟练绘制轴力图。

4.1.1 轴向拉伸和压缩的概念

在一对大小相等、方向相反、作用线与杆轴线重合的外力作用下，杆件将产生轴向伸长或缩短变形，这种变形称为轴向拉伸（见图4-1a）或轴向压缩（见图4-1b）。产生轴向拉伸或压缩的杆件称为拉杆或压杆。

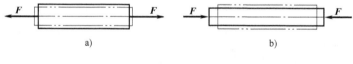

图 4-1
a）轴向拉伸 b）轴向压缩

在房屋建筑工程中，经常遇到拉杆或压杆。例如图4-2a所示屋架的弦、腹杆，图4-2b所示房屋的砖柱，图4-2c所示起重架的杆 AC、BC 等，它们在工程中都是承受拉力或压力的。

4.1.2 轴力

进行杆件的强度计算，先要分析杆件的内力。现以图4-3a所示拉杆为例确定杆件任意横截面 m-m 上的内力。运用截面法，将杆沿截面m-m截开，取左段为研究对象（如图4-3b所示）。考虑左段的平衡，可知截面 m-m 上的内力必是与杆轴相重合的一个力 F_N，且由平衡条件 $\sum F_x = 0$ 可得 $F_N = F$，其指向背离截面。若取右段为研究对象，如图4-3c所示，同样可得出相同的结果。

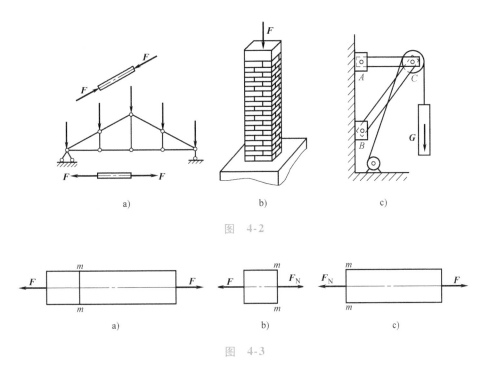

图　4-2

图　4-3

作用线与杆轴线相重合的内力，称为**轴力**，用符号 F_N 表示。当杆件受拉时，轴力为拉力，其方向背离截面；当杆件受压时，轴力为压力，其方向指向截面。通常规定：**拉力为正，压力为负**。轴力的单位为牛顿（N）或千牛顿（kN）。

【例 4-1】　杆件受力如图 4-4a 所示，在力 F_1、F_2、F_3 作用下处于平衡。已知 $F_1 = 6kN$，$F_2 = 5kN$，$F_3 = 1kN$，求杆件 AB 和 BC 段的轴力。

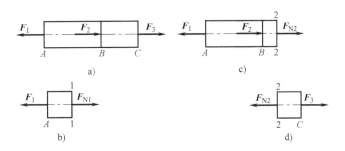

图　4-4

解：杆件承受两个以上的轴向外力作用时，称为多力杆。求多力杆各段的轴力，仍用截面法。现分段求其轴力。

（1）求 AB 段的轴力

用 1-1 截面在 AB 段内将杆截开，取左段为研究对象（如图 4-4b 所示），以 F_{N1} 表示截面轴力，并假定为拉力，写出平衡方程

$$\sum F_x = 0,\ F_{N1} - F_1 = 0$$

所以　　　　　　　　　　　　　　$$F_{N1} = F_1 = 6kN$$

得正号，说明假设方向与实际方向相同，AB 段的轴力为拉力。

（2）求 BC 段的轴力

用 2-2 截面在 BC 段内将杆截开，取左段为研究对象（如图 4-4c 所示），以 F_{N2} 表示截面轴力，并假定为拉力，写出平衡方程

$$\sum F_x = 0, \quad F_{N2} + F_2 - F_1 = 0$$

得

$$F_{N2} = F_1 - F_2 = (6-5)\,\text{kN} = 1\,\text{kN}$$

正号说明假设方向与实际方向相同，BC 段轴力为拉力。

若取右段为研究对象（如图 4-4d 所示），写出平衡方程

$$\sum F_x = 0, \quad -F_{N2} + F_3 = 0$$

得

$$F_{N2} = F_3 = 1\,\text{kN}$$

结果与取左段为研究对象一样。本例由于右段上的外力少，计算较简单，应取右段计算。

必须指出：**在计算杆件内力时，不能随意使用力的可传性和力偶的可移性原理，这些原理只有在研究力和力偶对物体的运动效果时才适用，而在研究物体的变形时不适用。**例如图 4-5a 所示杆件，在 A、B 两点分别受拉力 F_1、F_2 作用，杆为拉杆，杆件将伸长，其轴力为拉力。但若将力 F_1、F_2 沿其作用线分别移到 B、A 两点（如图 4-5b 所示），则杆件将变成受压而缩短，轴力也变为压力。可见外力使物体产生内力和变形，不但与外力大小有关，而且与外力的作用位置及作用方式有关。

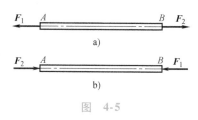

图 4-5

4.1.3 轴力图

表明各横截面轴力沿杆轴线变化规律的图形称为轴力图。以平行于杆轴线的坐标 x 表示杆件横截面的位置，以垂直于杆轴线的坐标 F_N 表示轴力的数值，将各横截面的轴力按一定比例画在坐标图上，并连以直线，就得到轴力图。轴力图可以形象地表示轴力沿杆轴线变化的情况，明显地找到最大轴力所在的位置和数值。

【例 4-2】 杆件受力如图 4-6a 所示，已知 $F_1 = 20\,\text{kN}$，$F_2 = 30\,\text{kN}$，$F_3 = 10\,\text{kN}$，试画出杆的轴力图。

解：（1）计算各段杆的轴力

AB 段：用 1-1 截面在 AB 段内将杆截开，取左段为研究对象（如图 4-6c 所示），以 F_{N1} 表示截面轴力，并假定为拉力，写出平衡方程

$$\sum F_x = 0, \quad F_{N1} + F_1 = 0$$

所以

$$F_{N1} = -F_1 = -20\,\text{kN}$$

负号表示 AB 段轴力 F_{N1} 实际为压力。

BC 段：同理（见图 4-6d），写出平衡方程

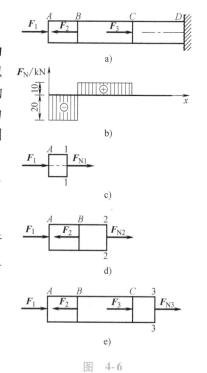

图 4-6

$$\sum F_x = 0, \quad F_{N2} + F_1 - F_2 = 0$$

得
$$F_{N2} = -F_1 + F_2 = (-20 + 30)\,\mathrm{kN} = 10\,\mathrm{kN}$$

正号表示 BC 段轴力 F_{N2} 实际为拉力。

　　CD 段：同理（如图 4-6e 所示），写出平衡方程

$$\sum F_x = 0, \quad F_{N3} + F_1 - F_2 + F_3 = 0$$

得
$$F_{N3} = -F_1 + F_2 - F_3 = (-20 + 30 - 10)\,\mathrm{kN} = 0\,\mathrm{kN}$$

CD 段轴力 F_{N3} 为零。

　　（2）画轴力图

以平行于杆轴的 x 轴为横坐标，垂直于杆轴的 F_N 轴为纵坐标，按一定比例将各段轴力标在坐标上，可作出轴力图（如图 4-6b 所示）。注：**应标注图名、数值、单位及正负符号**。

 **想一想**

1. 试简述轴向拉压杆的受力及变形特点。
2. 什么叫轴力？
3. 轴力的正负符号规定是什么？如何计算轴力？
4. 试简述画轴力图的方法。

4.2　梁的内力

课题导入

　　工程中常见的受弯杆件有哪些？受弯杆件的内力对钢筋的计算和布置有何影响？如何计算单跨静定梁的内力和绘制它的内力图呢？

【学习要求】　理解弯曲变形和平面弯曲、纵向对称平面、剪力和弯矩的概念，了解工程中的受弯构件，熟悉剪力和弯矩正负符号的规定，熟练掌握用截面法求指定截面的剪力和弯矩，熟练运用内力方程法、简便法、叠加法绘制剪力图和弯矩图，熟悉荷载、剪力和弯矩之间的关系。通过本节学习，对构件的受力性质有定性的认识。

4.2.1　平面弯曲

1. 弯曲变形和平面弯曲概念

杆件受到垂直于杆轴线的外力作用或在纵向平面内受到力偶作用（见图 4-7），**杆件的轴线由直线变成曲线，这种变形称为弯曲。**工程上将以弯曲变形为主要变形的杆件称为梁。

　　弯曲变形是工程中最常见的一种基本变形，例如房屋建筑中的楼（屋）面梁（见图 4-8a、b）和阳台挑梁（见图 4-8c、d）受到楼面荷载和自重的作用，将发生弯曲变形。其他如楼（屋）面板、门

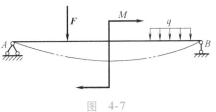

图　4-7

窗过梁、吊车梁、楼梯踏步板、楼梯斜梁等，都是以弯曲变形为主的构件。

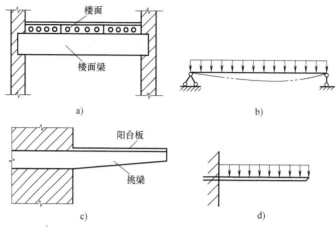

图 4-8

工程中常见的梁，其横截面往往有一根对称轴（见图4-9）。对称轴与梁轴线所组成的平面，称为纵向对称平面（见图4-10）。如果作用在梁上的外力（包括荷载和支座约束力）和外力偶都位于纵向对称平面内，梁变形后，轴线将在此纵向对称平面内弯曲。这种**梁的弯曲平面与外力作用平面相重合的弯曲，称为平面弯曲**。平面弯曲是一种最简单，也是最常见的弯曲变形，本节将主要讨论等截面直梁的平面弯曲问题。

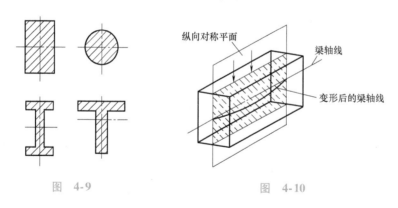

图 4-9 　　　　　　　　图 4-10

2. 单跨静定梁的几种形式

根据梁的支座约束力能否用静力平衡条件完全确定，可将梁分为静定梁和超静定梁两类。

工程中对于单跨静定梁按其支座情况分为下列三种形式：

（1）悬臂梁　梁的一端为固定端，另一端为自由端（见图4-11a）。

（2）简支梁　梁的一端为固定铰支座，另一端为可动铰支座（见图4-11b）。

（3）外伸梁　其约束情况与简支梁相

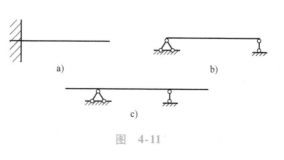

图 4-11

同，但梁的一端或两端伸出支座（见图 4-11c）。

4.2.2 梁弯曲时的内力——剪力和弯矩

1. 剪力和弯矩的概念

现以图 4-12 所示简支梁为例，其支座约束力 F_{RA}、F_{RB} 均可由平衡方程求得。假想将梁沿 m-m 截面截开。由于梁本身平衡，所以它每部分也平衡。取左段为研究对象，在 F_{RA} 作用下为维持竖直方向平衡，须有一个与 F_{RA} 大小相等、方向相反的力 F_V 与之平衡；为保持该段不转动，须有一个与力矩 $M_O(F) = F_{RA} \cdot x$ 大小相等、方向相反的力偶矩 M 与之平衡，F_V 与 M 即为梁 m-m 截面上的内力，其中 F_V 称为剪力，M 称为弯矩。

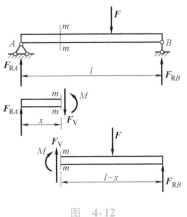

图 4-12

由此可见，**梁发生弯曲时，横截面上产生两种内力——剪力和弯矩。**

剪力：与横截面相切的内力，用字母 "F_V" 表示。

弯矩：作用面与横截面相垂直的内力偶矩，用字母 "M" 表示。

剪力的常用单位为牛顿（N）或千牛顿（kN），弯矩的常用单位为牛顿·米（N·m）或千牛顿·米（kN·m）。

2. 剪力 F_V 和弯矩 M 的正负号规定

（1）剪力的正负号 截面上的剪力 F_V 使所考虑的脱离体有顺时针方向转动趋势时规定为正（如图 4-13a 所示），反之为负（如图 4-13b 所示）。

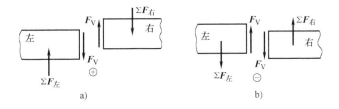

图 4-13

（2）弯矩的正负号 截面上的弯矩使所考虑的脱离体产生向下凸的变形时规定为正（见图 4-14a），反之向上凸时规定为负（见图 4-14b）。

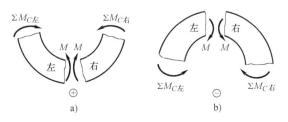

图 4-14

3. 用截面法计算指定截面上的剪力和弯矩

用截面法计算指定截面上的剪力和弯矩的步骤如下：

1）计算支座约束力。

2）用假想的截面在需求内力处将梁截成两段，取其中一段为研究对象。

3）画出研究对象的受力图（注意：截面上的剪力和弯矩计算时均按正方向假设）。

4）建立平衡方程，计算内力。

下面举例说明。

【例4-3】 简支梁如图4-15a所示。已知$F_1 = 30\text{kN}$，$F_2 = 30\text{kN}$，试求截面1-1上的剪力和弯矩。

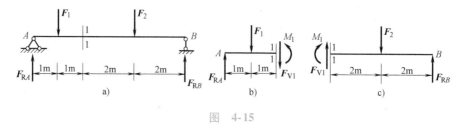

图 4-15

解：（1）求支座约束力，考虑梁的整体平衡

$$\sum M_B = 0 \qquad F_1 \times 5 + F_2 \times 2 - F_{RA} \times 6 = 0$$

$$\sum M_A = 0 \qquad -F_1 \times 1 - F_2 \times 4 + F_{RB} \times 6 = 0$$

得
$$F_{RA} = 35\text{kN}(\uparrow), F_{RB} = 25\text{kN}(\uparrow)$$

校核
$$\sum F_y = F_{RA} + F_{RB} - F_1 - F_2 = (35 + 25 - 30 - 30)\text{kN} = 0$$

（2）求截面1-1上的内力

在截面1-1处将梁截开，取左段梁为研究对象，画出其受力图，内力F_{V1}和M_1均先假设为正的方向（见图4-15b），列平衡方程

$$\sum F_y = 0 \qquad F_{RA} - F_1 - F_{V1} = 0$$

$$\sum M_1 = 0 \qquad -F_{RA} \times 2 + F_1 \times 1 + M_1 = 0$$

得
$$F_{V1} = F_{RA} - F_1 = (35 - 30)\text{kN} = 5\text{kN}$$

$$M_1 = F_{RA} \times 2 - F_1 \times 1 = (35 \times 2 - 30 \times 1)\text{kN} \cdot \text{m} = 40\text{kN} \cdot \text{m}$$

求得F_{V1}和M_1均为正值，表示截面1-1上内力的实际方向与假定的方向相同；按内力的符号规定，剪力、弯矩都是正的。所以，画受力图时一定要先假设内力为正的方向，由平衡方程求得结果的正负号，就能直接代表内力本身的正负。

如取1-1截面右段梁为研究对象（如图4-15c所示），可得出同样的结果。

【例4-4】 一个悬臂梁，其尺寸及梁上荷载如图4-16a所示，求1-1截面上的剪力和弯矩。

解：对于悬臂梁不需求支座约束力，可取右段梁为研究对象，其受力图如图4-16b所示。

$$\sum F_y = 0 \qquad F_{V1} - qa - F = 0$$

$$\sum M_1 = 0 \qquad -M_1 - qa \cdot \frac{a}{2} - Fa = 0$$

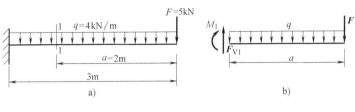

图　4-16

得
$$F_{V1} = qa + F = (4 \times 2 + 5)\,\text{kN} = 13\,\text{kN}$$

$$M_1 = -\frac{qa^2}{2} - Fa = \left(-\frac{4 \times 2^2}{2} - 5 \times 2\right)\text{kN} \cdot \text{m} = -18\,\text{kN} \cdot \text{m}$$

求得 F_{V1} 为正值，表示 F_{V1} 的实际方向与假定的方向相同；M_1 为负值，表示 M_1 的实际方向与假定的方向相反。所以，按梁内力的符号规定，1-1 截面上的剪力为正，弯矩为负。

4. 直接用外力计算截面上的剪力和弯矩

通过上述例题，可以总结出直接根据外力计算梁内力的规律。

1）求剪力的规律：计算剪力是对截面左（或右）段梁建立投影方程，经过移项后可得
$$F_V = \sum F_{y左} \quad \text{或} \quad F_V = \sum F_{y右}$$

上两式说明：**梁内任意横截面上的剪力在数值上等于该截面一侧所有外力在垂直于轴线方向投影的代数和。若外力对所求截面产生顺时针方向转动趋势时，等式右方取正号；反之，取负号。此规律可记为"顺转剪力正"。**

2）求弯矩的规律：计算弯矩是对截面左（或右）段梁建立力矩方程，经过移项后可得
$$M = \sum M_{C左} \quad \text{或} \quad M = \sum M_{C右}$$

上两式说明：**梁内任一横截面上的弯矩在数值上等于该截面一侧所有外力（包括力偶）对该截面形心力矩的代数和。将所求截面固定，若外力矩使所考虑的梁段产生下凸弯曲变形时（即上部受压，下部受拉），等式右方取正号；反之，取负号。此规律可记为"下凸弯矩正"。**

利用上述规律直接由外力求梁内力的方法称为简便法。用简便法求内力可以省去画受力图和列平衡方程，从而简化计算过程。现举例说明。

【例 4-5】　用简便法求图 4-17 所示简支梁 1-1 截面上的剪力和弯矩。

解：（1）求支座约束力。由梁的整体平衡求得
$$F_{RA} = 8\,\text{kN} \,(\uparrow), \quad F_{RB} = 7\,\text{kN} \,(\uparrow)$$

（2）计算 1-1 截面上的内力

由 1-1 截面以左部分的外力来计算内力，根据"顺转剪力正"和"下凸弯矩正"得

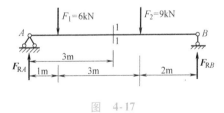

图　4-17

$$F_{V1} = F_{RA} - F_1 = (8-6)\,\text{kN} = 2\,\text{kN}$$

$$M_1 = F_{RA} \times 3 - F_1 \times 2 = (8 \times 3 - 6 \times 2)\,\text{kN} \cdot \text{m} = 12\,\text{kN} \cdot \text{m}$$

4.2.3　梁的内力图

为了计算梁的强度和刚度，除了要计算指定截面的剪力和弯矩外，还必须知道剪力和弯

矩沿梁轴线的变化规律，从而找到梁内剪力和弯矩的最大值以及它们所在的截面位置。

1. 用内力方程法绘制梁的内力图

（1）剪力方程和弯矩方程 从剪力和弯矩的计算过程可以看出，梁内各截面上的剪力和弯矩一般是随截面的位置而变化的。若横截面的位置用沿梁轴线的坐标 x 来表示，则各横截面上的剪力和弯矩都可以表示为坐标 x 的函数，即

$$F_V = F_V(x), \quad M = M(x)$$

以上两个函数式表示梁内剪力和弯矩沿梁轴线的变化规律，分别称为剪力方程和弯矩方程。

（2）剪力图和弯矩图 为了形象地表示剪力和弯矩沿梁轴线的变化规律，可以根据剪力方程和弯矩方程分别绘制剪力图和弯矩图。以沿梁轴线的横坐标 x 表示梁横截面的位置，以纵坐标表示相应横截面上的剪力或弯矩。在土建工程中，习惯上把正剪力画在 x 轴上方，负剪力画在 x 轴下方（如图 4-18a所示）；而把**弯矩图画在梁受拉的一侧**，即正弯矩画在 x 轴下方，负弯矩画在 x 轴上方（如图 4-18b 所示）。

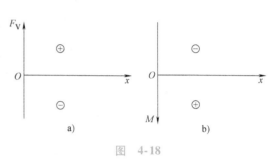

图 4-18

【例 4-6】 简支梁受均布荷载作用如图 4-19a 所示，试画出梁的剪力图和弯矩图。

解：（1）求支座约束力

因对称关系，可得

$$F_{RA} = F_{RB} = \frac{1}{2}ql \quad (\uparrow)$$

（2）列剪力方程和弯矩方程

取距 A 点为 x 处的任意截面，将梁假想截开，考虑左段平衡，可得

$$F_V(x) = F_{RA} - qx = \frac{1}{2}ql - qx \qquad (0 < x < l) \qquad ①$$

$$M(x) = F_{RA}x - \frac{1}{2}qx^2 = \frac{1}{2}qlx - \frac{1}{2}qx^2 \qquad (0 \leqslant x \leqslant l) \qquad ②$$

（3）画剪力图和弯矩图

由式①可见，$F_V(x)$ 是 x 的一次函数，即剪力方程为一个直线方程，剪力图是一条斜直线。

当 $x = 0$ 时，

$$F_{VA} = \frac{ql}{2}$$

当 $x = l$ 时，

$$F_{VB} = -\frac{ql}{2}$$

根据这两个截面的剪力值，画出剪力图，如图 4-19b 所示。

由式②知，$M(x)$ 是 x 的二次函数，说明弯矩图是一条二次抛物线，应至少计算三个截面的弯矩值，才可描绘出曲线的大致形状。

当 $x = 0$ 时，

$$M_A = 0$$

当 $x = \dfrac{l}{2}$ 时， $\qquad\qquad M_C = \dfrac{ql^2}{8}$

当 $x = l$ 时， $\qquad\qquad M_B = 0$

根据以上计算结果，画出弯矩图，如图 4-19c 所示。

从剪力图和弯矩图可知，受均布荷载作用的简支梁，其剪力图为斜直线，弯矩图为二次抛物线；最大剪力发生在两端支座处，绝对值为 $|F_V|_{max} = \dfrac{1}{2}ql$ ；而最大弯矩发生在剪力为零的跨中截面上，其绝对值为 $|M|_{max} = \dfrac{1}{8}ql^2$ 。

结论：在均布荷载作用的梁段，剪力图为斜直线，弯矩图为二次抛物线。在剪力等于零的截面上弯矩有极值。

【例 4-7】 简支梁受集中力作用如图 4-20a 所示，试画出梁的剪力图和弯矩图。

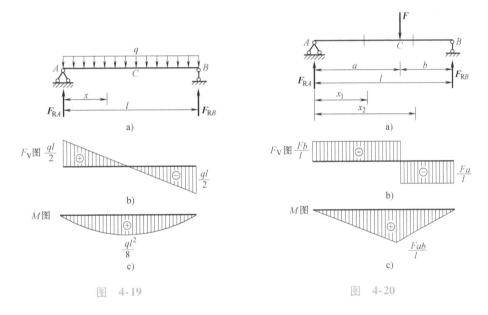

图 4-19 图 4-20

解：（1）求支座约束力

由梁的整体平衡条件

$$\sum M_B = 0, \qquad F_{RA} = \frac{Fb}{l} \ (\uparrow)$$

$$\sum M_A = 0, \qquad F_{RB} = \frac{Fa}{l} \ (\uparrow)$$

校核： $\qquad\sum F_y = F_{RA} + F_{RB} - F = \dfrac{Fb}{l} + \dfrac{Fa}{l} - F = 0$

计算无误。

（2）列剪力方程和弯矩方程

梁在 C 处有集中力作用，故 AC 段和 CB 段的剪力方程和弯矩方程不相同，要分段列出。

AC 段：距 A 端为 x_1 的任意截面处将梁假想截开，并考虑左段梁平衡，列出剪力方程和弯矩方程为

$$F_V(x_1) = F_{RA} = \frac{Fb}{l} \qquad (0 < x_1 < a) \qquad ①$$

$$M(x_1) = F_{RA}x_1 = \frac{Fb}{l}x_1 \qquad (0 \leq x_1 \leq a) \qquad ②$$

CB 段：距 A 端为 x_2 的任意截面处将梁假想截开，并考虑左段的平衡，列出剪力方程和弯矩方程为

$$F_V(x_2) = F_{RA} - F = \frac{Fb}{l} - F = -\frac{Fa}{l} \qquad (a < x_2 < l) \qquad ③$$

$$M(x_2) = F_{RA}x_2 - F(x_2 - a) = \frac{Fa}{l}(l - x_2) \qquad (a \leq x_2 \leq l) \qquad ④$$

（3）画剪力图和弯矩图

根据剪力方程和弯矩方程画剪力图和弯矩图。

F_V 图：AC 段剪力方程 $F_V(x_1)$ 为常数，其剪力值为 $\frac{Fb}{l}$，剪力图是一条平行于 x 轴的直线，且在 x 轴上方。CB 段剪力方程 $F_V(x_2)$ 也为常数，其剪力值为 $-\frac{Fa}{l}$，剪力图也是一条平行于 x 轴的直线，但在 x 轴下方。画出全梁的剪力图，如图 4-20b 所示。

M 图：AC 段弯矩 $M(x_1)$ 是 x_1 的一次函数，弯矩图是一条斜直线，只要计算两个截面的弯矩值，就可以画出弯矩图。

当 $x_1 = 0$ 时，$\qquad\qquad\qquad\qquad M_A = 0$

当 $x_1 = a$ 时，$\qquad\qquad\qquad\qquad M_C = \frac{Fab}{l}$

根据计算结果，可画出 AC 段弯矩图。

CB 段弯矩 $M(x_2)$ 也是 x_2 的一次函数，弯矩图仍是一条斜直线。

当 $x_2 = a$ 时，$\qquad\qquad\qquad\qquad M_C = \frac{Fab}{l}$

当 $x_2 = l$ 时，$\qquad\qquad\qquad\qquad M_B = 0$

由上面两个弯矩值，画出 CB 段弯矩图。整梁的弯矩图如图 4-20c 所示。

从剪力图和弯矩图中可见，简支梁受集中荷载作用，当 $a > b$ 时，$|F_V|_{max} = \frac{Fa}{l}$，发生在 BC 段的任意截面上；$|M|_{max} = \frac{Fab}{l}$，发生在集中力作用处的截面上。若集中力作用在梁的跨中，则最大弯矩发生在梁的跨中截面上，其值为：$M_{max} = \frac{Fl}{4}$。

结论：在无荷载梁段剪力图为平行线，弯矩图为斜直线。在集中力作用处，左右截面上的剪力图发生突变，其突变值等于该集中力的大小，突变方向与该集中力的方向一致；而弯矩图出现转折，即出现尖点，尖点方向与该集中力方向一致。

【例 4-8】 如图 4-21 所示简支梁受集中力偶作用，试画出梁的剪力图和弯矩图。

解：（1）求支座约束力

由梁整体平衡得

$$\sum M_B = 0, \qquad F_{RA} = \frac{M}{l} \quad (\uparrow)$$

$$\sum M_A = 0, \qquad F_{RB} = -\frac{M}{l} \ (\downarrow)$$

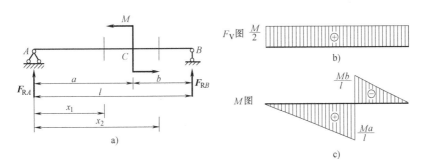

图 4-21

校核：

$$\sum F_y = F_{RA} + F_{RB} = \frac{M}{l} - \frac{M}{l} = 0$$

计算无误。

（2）列剪力方程和弯矩方程

在梁的 C 截面作用集中力偶 M，分两段列出剪力方程和弯矩方程。

AC 段：在距 A 端为 x_1 的截面处假想将梁截开，考虑左段梁平衡，列出剪力方程和弯矩方程为

$$F_V(x_1) = F_{RA} = \frac{M}{l} \qquad\qquad (0 < x_1 \leqslant a) \qquad\qquad ①$$

$$M(x_1) = F_{RA}x_1 = \frac{M}{l}x_1 \qquad\qquad (0 \leqslant x_1 < a) \qquad\qquad ②$$

CB 段：在距 A 端为 x_2 的截面处假想将梁截开，考虑左段梁平衡，列出剪力方程和弯矩方程为

$$F_V(x_2) = F_{RA} = \frac{M}{l} \qquad\qquad (a \leqslant x_2 < l) \qquad\qquad ③$$

$$M(x_2) = F_{RA}x_2 - M = -\frac{M}{l}(l - x_2) \quad (a < x_2 \leqslant l) \qquad ④$$

（3）画剪力图和弯矩图

F_V 图：由式①、③可知，梁在 AC 段和 CB 段剪力都是常数，其值为 $\frac{M}{l}$，故剪力是一条在 x 轴上方且平行于 x 轴的直线。画出剪力图如图 4-21b 所示。

M 图：由式②、④可知，梁在 AC 段和 CB 段内弯矩都是 x 的一次函数，故弯矩图是两段斜直线。

AC 段：

当 $x_1 = 0$ 时， $\qquad\qquad\qquad\qquad M_A = 0$

当 $x_1 = a$ 时， $\qquad\qquad\qquad\qquad M_{C左} = \frac{Ma}{l}$

CB 段：

当 $x_2 = a$ 时，$\qquad\qquad\qquad M_{C右} = -\dfrac{Mb}{l}$

当 $x_2 = l$ 时，$\qquad\qquad\qquad M_B = 0$

画出弯矩图如图4-21c所示。

由内力图可见，简支梁只受一个力偶作用时，剪力图为一条平行线，而弯矩图是两段平行的斜直线，在集中力偶处左右截面上的弯矩发生了突变。

结论：梁在集中力偶作用处，左右截面上的剪力无变化，而弯矩出现突变，其突变值等于该集中力偶矩。

2. 利用荷载、剪力和弯矩之间的关系绘制梁的内力图

（1）荷载、剪力和弯矩之间的关系

由前几个例题的结果（例4-6至例4-8）我们发现剪力、弯矩和荷载之间存在着一定的关系：

1）在无荷载梁段，F_V 图为水平线，M 图为斜直线。

2）在均布荷载梁段，F_V 图为斜直线，M 图为抛物线。

3）在剪力为零处，弯矩存在极值（最大值或最小值）。

4）在集中力作用处，F_V 图发生突变，其突变值等于集中力的大小，突变方向与该集中力的方向一致；而 M 图出现转折，即出现尖点，尖点方向与该集中力方向一致。

5）在力偶作用处，左右截面上的 F_V 无变化，而 M 出现突变，其突变值等于该集中力偶矩。

（2）绘制剪力图和弯矩图的步骤

利用上述荷载、剪力和弯矩之间的微分关系及规律，可更简捷地绘制梁的剪力图和弯矩图，其步骤如下：

1）求支座约束力。

2）分段，即根据梁上集中荷载和力偶作用点、均布荷载的起止点、梁的支承点将梁分段。

3）根据各段梁上的荷载情况，判断其剪力图和弯矩图的大致形状。

4）利用计算内力的简便方法，直接求出若干控制截面上的 F_V 值和 M 值。（注：控制截面是指对内力图形能起控制作用的截面。**一般情况下，选梁段的界线截面、剪力等于零的截面、跨中截面为控制截面。**

5）逐段直接绘出梁的 F_V 图和 M 图。

【例4-9】 一外伸梁，梁上荷载如图4-22a所示，已知 $l = 4\text{m}$，利用荷载、剪力和弯矩之间的关系绘出此梁的剪力图和弯矩图。

解：（1）求支座约束力

$$F_{RB} = 20\text{kN}(\uparrow), \quad F_{RD} = 8\text{kN}(\uparrow)$$

（2）根据梁上的外力情况将梁分段，将梁分为 AB、BC 和 CD 三段。

（3）定性分析、计算控制截面剪力，画剪力图

AB 段梁上有均布荷载，该段梁的剪力图为斜直线，其控制截面剪力为

$$F_{VA} = 0$$

$$F_{VB左} = -\frac{1}{2}ql = -\frac{1}{2} \times 4 \times 4\text{kN} = -8\text{kN}$$

BC 和 CD 段均为无荷载区段，剪力图均为水平线，其控制截面剪力为

$$F_{VB右} = -\frac{1}{2}ql + F_{RB} = (-8 + 20)kN = 12kN$$

$$F_{VD} = -F_{RD} = -8kN$$

画出剪力图如图 4-22b 所示。

（4）计算控制截面弯矩，画弯矩图

AB 段梁上有均布荷载，该段梁的弯矩图为二次抛物线。因 F_V 向下（$F_V < 0$），所以曲线向下凸，其控制截面弯矩为

$$M_A = 0$$

$$M_B = -\frac{1}{2}ql \times \frac{l}{4} = -\frac{1}{8} \times 4 \times 4^2 kN \cdot m = -8kN \cdot m$$

BC 段与 CD 段均为无荷载区段，弯矩图均为斜直线，其控制截面弯矩为

$$M_B = -8kN \cdot m$$

$$M_C = F_{RD} \times \frac{l}{2} = 8 \times 2 kN \cdot m = 16kN \cdot m$$

$$M_D = 0$$

画出弯矩图如图 4-22c 所示。从以上看到，对本题来说，只需算出 $F_{VB左}$、$F_{VB右}$、$F_{VD左}$ 和 M_B、M_C，就可画出梁的剪力图和弯矩图。

【例 4-10】 一个简支梁，尺寸及梁上荷载如图 4-23a 所示，利用荷载、剪力和弯矩之间的关系绘出此梁的剪力图和弯矩图。

解：（1）求支座约束力

$$F_{RA} = 6kN(\uparrow) \qquad F_{RC} = 18kN(\uparrow)$$

（2）根据梁上的荷载情况，将梁分为 AB 和 BC 两段，逐段画出内力图。

（3）计算控制截面剪力，画剪力图

AB 段为无荷载区段，剪力图为水平线，其控制截面剪力为

$$F_{VA} = F_{RA} = 6kN$$

BC 为均布荷载段，剪力图为斜直线，其控制截面剪力为

$$F_{VB} = F_{RA} = 6kN$$

$$F_{VC} = -F_{RC} = -18kN$$

画出剪力图如图 4-23b 所示。

（4）计算控制截面弯矩，画弯矩图

AB 段为无荷载区段，弯矩图为斜直线，其控制截面弯矩为

$$M_A = 0$$

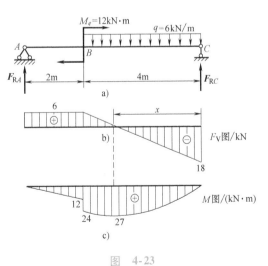

图　4-23

$$M_{B左} = F_{RA} \times 2 = 12 \text{kN} \cdot \text{m}$$

BC 为均布荷载段，由于 F_V 向下，弯矩图为凸向下的二次抛物线，其控制截面弯矩为

$$M_{B右} = F_{RA} \times 2 + M_e = (6 \times 2 + 12) \text{kN} \cdot \text{m} = 24 \text{kN} \cdot \text{m}$$

$$M_C = 0$$

从剪力图可知，此段弯矩图中存在着极值，应该求出极值所在的截面位置及其大小。

设弯矩具有极值的截面距右端的距离为 x，由该截面上剪力等于零的条件可求得 x 值，即

$$F_V(x) = -F_{RC} + qx = 0$$

$$x = \frac{F_{RC}}{q} = \frac{18}{6} = 3 \text{m}$$

弯矩的极值为

$$M_{\max} = F_{RC} \cdot x - \frac{1}{2} qx^2 = \left(18 \times 3 - \frac{6 \times 3^2}{2}\right) \text{kN} \cdot \text{m} = 27 \text{kN} \cdot \text{m}$$

画出弯矩图如图 4-23c 所示。

对本题来说，约束力 F_{RA}、F_{RC} 求出后，便可直接画出剪力图。而弯矩图，也只需确定 $M_{B左}$、$M_{B右}$ 及 $M_{\max}$ 值，便可画出。

3. 按叠加原理绘弯矩图

（1）叠加原理　由于在小变形条件下，梁的内力、支座约束力、应力和变形等参数均与荷载呈线性关系，每一个荷载单独作用时引起某一参数变化不受其他荷载的影响。所以，**梁在几个荷载共同作用时所引起的某一参数（内力、支座约束力、应力和变形等），等于梁在各个荷载单独作用时所引起同一参数的代数和，这种关系称为叠加原理**，如图 4-24 所示。

（2）叠加法画弯矩图　根据叠加原理来绘制梁的内力图的方法称为叠加法。

用叠加法绘弯矩图的步骤：

1）作出梁在每一个荷载单独作用下的弯矩图。

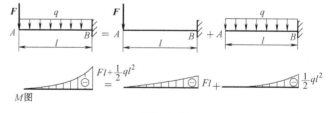

图　4-24

2）将各弯矩图中同一截面上的弯矩代数相加（注意：不是图形的简单拼合）。

为了便于应用叠加法绘内力图，须熟练掌握简单荷载作用下梁的弯矩图（见表 4-1）。

表 4-1　单跨梁在简单荷载作用下的弯矩图

荷载形式	弯矩图	荷载形式	弯矩图	荷载形式	弯矩图
	Fl		$\dfrac{ql^2}{2}$		M_O

（续）

荷 载 形 式	弯 矩 图	荷 载 形 式	弯 矩 图	荷 载 形 式	弯 矩 图
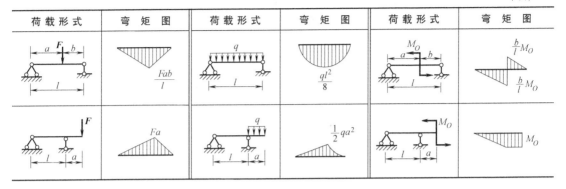					

图 4-25

【例 4-11】 试用叠加法画出图 4-25a 所示简支梁的弯矩图。

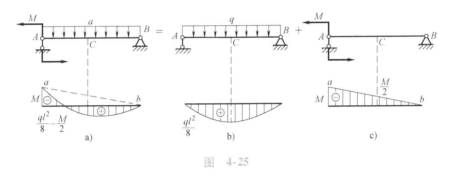

解：（1）先将梁上荷载分为集中力偶 M 和均布荷载 q 两组。

（2）分别画出 M 和 q 单独作用时的弯矩图（如图 4-25b、c 所示），然后将这两个弯矩图相叠加。叠加时，是将相应截面的纵坐标代数相加。叠加方法如图 4-25 所示。先作出直线型的弯矩图（即 ab 直线，可用虚线画出），再以 ab 为基准线作出曲线型的弯矩图。这样，将两个弯矩图相应截面的纵坐标代数相加后，就得到 M 和 q 共同作用下的最后弯矩图（见图 4-25a）。其控制截面为 A、B、C。即

A 截面弯矩为：$M_A = 0 + (-M) = -M$，

B 截面弯矩为：$M_B = 0 + 0 = 0$

跨中 C 截面弯矩为：$M_C = \dfrac{ql^2}{8} - \dfrac{M}{2}$

叠加时宜先画直线形的弯矩图，再叠加上曲线形或折线形的弯矩图。

注：用叠加法作图，一般不能直接找出最大弯矩的精确值，若需要确定最大弯矩的精确值，应找出剪力 $F_V = 0$ 的截面位置，求出该截面的弯矩，即得到最大弯矩的精确值。

【例 4-12】 用叠加法画出图 4-26 所示简支梁的弯矩图。

解：（1）先将梁上荷载分为两组。其中，集中力偶 M_A 和 M_B 为一组，集中力 F 为一组。

（2）分别画出两组荷载单独作用下的弯矩图 M_1 和 M_2（见图 4-26b、c），然后将这两个弯矩图相叠加，叠加方法如图 4-26a 所示。先作出直线形的弯矩图 M_1（即 ab 直线，用虚线画出），再以 ab 为基准线作出折线形的弯矩图 M_2。这样，将两个弯矩图相应纵坐标代数相加后，就得到两组荷载共同作用下的最后弯矩图 M（见图 4-26a），其控制截面为 A、B、C。即

A 截面弯矩 $\qquad$ $M_A = M_A + 0 = M_A$

B 截面弯矩 $\qquad$ $M_B = M_B + 0 = M_B$

跨中 C 截面弯矩 $\qquad$ $M_C = \dfrac{M_A + M_B}{2} + \dfrac{Fl}{4}$

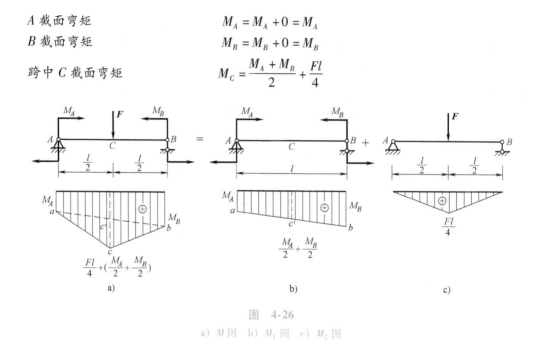

图 4-26

a) M 图   b) M_1 图   c) M_2 图

（3）用区段叠加法画弯矩图

上面介绍了利用叠加法画全梁的弯矩图。现在进一步把叠加法推广到画某一段梁的弯矩图，这对画复杂荷载作用下梁的弯矩图和今后画刚架、超静定梁的弯矩图是十分有用的。

图 4-27a 为一个梁承受荷载 F、q 作用，如果已求出该梁截面 A 的弯矩 M_A 和截面 B 的弯矩 M_B，则可取出 AB 段为脱离体（见图 4-27b），然后根据脱离体的平衡条件分别求出截面 A、B 的剪力 F_{VA}、F_{VB}。将此脱离体与图 4-27c 的简支梁相比较，由于简支梁受相同的集中力 F 及杆端力偶 M_A、M_B 作用，因此，由简支梁的平衡条件可求得支座约束力 $F_{RA} = F_{VA}$，$F_{RB} = F_{VB}$。

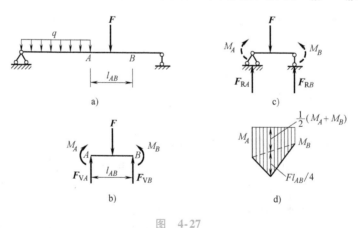

图 4-27

可见图 4-27b 与 4-27c 两者受力完全相同，因此两者弯矩也必然相同。对于图 4-27c 所示简支梁，可以用上面讲的叠加法作出其弯矩图如图 4-27d 所示，因此可知 AB 段的弯矩图也可用叠加法作出。由此得出结论：**任意段梁都可以当作简支梁，并可以利用叠加法来作该段梁的弯矩图。这种利用叠加法作某一段梁弯矩图的方法称为"区段叠加法"。**

【例 4-13】 试作出如图 4-28 所示外伸梁的弯矩图。

解：（1）分段 将梁分为 AB、BC 两个区段。

（2）计算控制截面弯矩

$$M_A = 0$$
$$M_B = -3 \times 2 \times 1 kN \cdot m = -6 kN \cdot m$$
$$M_D = 0$$

AB 区段 C 点处的弯矩叠加值为

$$\frac{Fab}{l} = \frac{6 \times 4 \times 2}{6} kN \cdot m = 8 kN \cdot m$$

$$M_C = \frac{Fab}{l} - \frac{2}{3}M_B = \left(8 - \frac{2}{3} \times 6\right) kN \cdot m = 4 kN \cdot m$$

BD 区段中点的弯矩叠加值为

$$\frac{ql^2}{8} = \frac{3 \times 2^2}{8} kN \cdot m = 1.5 kN \cdot m$$

（3）作 M 图（如图 4-28 所示）。

由上例可以看出，用区段叠加法作外伸梁的弯矩图时，不需要求支座约束力，就可以画出其弯矩图。所以，用区段叠加法作弯矩图是非常方便的。

【例 4-14】 绘制图 4-29a 所示梁的弯矩图。

解：此题若用一般方法作弯矩图较为麻烦。现采用区段叠加法来作，可方便得多。

（1）计算支座约束力。

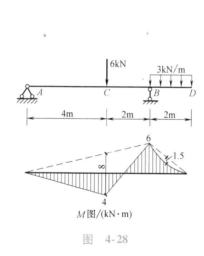

图 4-28

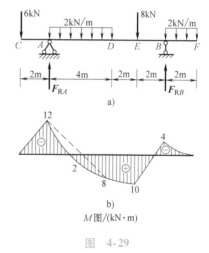

图 4-29

$$\sum M_B = 0 \quad F_{RA} = 15 kN(\uparrow)$$
$$\sum M_A = 0 \quad F_{RB} = 11 kN(\uparrow)$$

校核： $\sum F_y = (-6 + 15 - 2 \times 4 - 8 + 11 - 2 \times 2) kN = 0$

计算无误。

（2）选定外力变化处为控制截面，并求出它们的弯矩。

本例控制截面为 C、A、D、E、B、F 各处，可直接根据外力确定内力的方法求得

$$M_C = 0$$

$M_A = -6 \times 2\text{kN} \cdot \text{m} = -12\text{kN} \cdot \text{m}$

$M_D = (-6 \times 6 + 15 \times 4 - 2 \times 4 \times 2)\text{kN} \cdot \text{m} = 8\text{kN} \cdot \text{m}$

$M_E = (-2 \times 2 \times 3 + 11 \times 2)\text{kN} \cdot \text{m} = 10\text{kN} \cdot \text{m}$

$M_B = -2 \times 2 \times 1\text{kN} \cdot \text{m} = -4\text{kN} \cdot \text{m}$

$M_F = 0$

（3）把整个梁分为 CB、AD、DE、EB、BF 五段，然后用区段叠加法绘制各段的弯矩图。方法是先用一定比例绘出 CF 梁各控制截面的弯矩纵标，然后看各段是否有荷载作用，如果某段范围内无荷载作用（例如 CA、DE、EB 三段），则可把该段端部的弯矩纵标连以直线，即为该段弯矩图。如该段内有荷载作用（例如 AD、BF 两段），则把该段端部的弯矩纵标连一虚线，以虚线为基线叠加该段按简支梁求得的弯矩图。整个梁的弯矩图如图 4-29b 所示。其中 AD 段中点的弯矩为 $M_{AD} = 2\text{kN} \cdot \text{m}$。

**想一想**

1. 什么是梁的平面弯曲？
2. 单跨静定梁的类型有哪些？
3. 平面弯曲梁的内力有哪些？
4. 梁的内力的正负号规定如何？
5. 简述求指定截面内力的基本步骤。
6. 画梁的内力图时，可利用哪些规律和特点？
7. 如何确定弯矩的极值？弯矩图上的极值是否就是梁的最大弯矩？
8. 判断图 4-30 所示各梁的剪力图和弯矩图是否有错。如有错误请指出并加以改正。

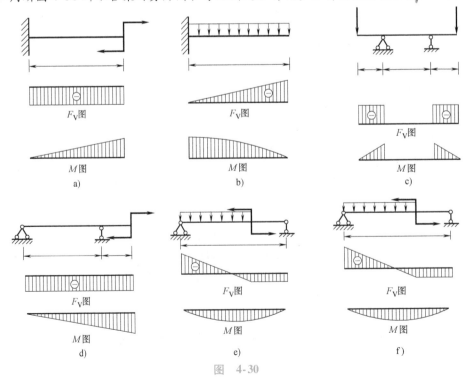

图 4-30

本 章 回 顾

　　轴向拉（压）杆横截面上的内力是轴力，求解轴力的基本方法是截面法，轴力的正负号规定为：拉正压负；轴力图是表示轴力沿杆轴变化规律的图形。

　　平面弯曲是杆件的基本变形之一，在土建工程中经常遇到。对梁作内力分析及绘制剪力图、弯矩图是计算梁的强度和刚度计算的前提，同时这部分内容将在后继课程中反复用到，故应熟练掌握。

　　1. 平面弯曲时，梁横截面上有两个内力分量——剪力 F_V 和弯矩 M，它们的正负号规定是：

　　1）剪力：截面上的剪力使所考虑的梁段有顺时针方向转动的趋势时为正；反之为负。

　　2）弯矩：截面上的弯矩使所考虑的梁段产生向下凸的变形时为正；反之为负。

　　2. 计算截面内力的方法。

　　1）截面法计算截面内力：假想将梁在指定截面处截开后，画出脱离体的受力图，列出静力平衡方程求解内力。这是求内力的基本方法，是计算内力的各种方法的基础，必须予以足够重视，不能因有许多简捷方法而忽视这种基本方法。

　　2）运用剪力 F_V 和弯矩 M 的规律直接由外力来确定截面上内力的大小和正负。

　　3. 画梁的剪力图和弯矩图有下列三种方法：

　　1）建立剪力和弯矩方程，根据所列的方程画剪力图和弯矩图。

　　2）运用 M、F_V、q 之间的关系画剪力图和弯矩图。

　　3）用叠加法画弯矩图（含区段叠加法）。

　　根据内力方程画内力图是基本的方法，应注意掌握好。运用 M、F_V、q 之间的关系来绘制内力图，是简捷实用的方法。在熟悉几种简单荷载作用下梁的 M 图后，应用叠加法画弯矩图是一种简便而有效的方法。区段叠加法在今后画超静定结构内力图时十分有用。

　　应用前两种方法画内力图时，应注意如下几点：

　　1）重视校核支座约束力的正确性。

　　2）注意分段。集中力作用处，集中力偶作用处，分布荷载集度突变处等都是控制点。

　　3）计算截面内力或建立内力方程时都要正确判断正、负号。

第 **5** 章

杆件的应力和强度

知识要点及学习程度要求

- 平面图形的几何性质（掌握）
- 轴向拉（压）杆的应力（重点掌握）
- 材料在拉伸和压缩时的力学性能（了解）
- 轴向拉（压）杆的强度计算（重点掌握）
- 梁的应力和强度计算（重点掌握）
- 组合变形的强度计算（了解）

5.1　平面图形的几何性质

 **课题导入**

　　平面图形的几何性质是指仅与平面图形的形状和尺寸有关的几何量，比如大家熟悉的平面图形的面积等。它对杆件的强度、刚度和稳定性有着重要的影响。

　　【学习要求】　掌握组合平面图形静矩和形心的计算；掌握简单平面图形惯性矩的计算；熟练掌握组合平面图形惯性矩计算；理解形心、静矩、惯性矩的概念；理解惯性矩的平行移轴公式；了解惯性积、惯性半径、形心主惯性轴和形心主惯性矩的概念。

　　在本节以后的章节中，将要计算杆件的应力和变形。在杆件应力和变形计算中，经常要用到一些与截面有关的几何量。如轴向拉压杆的横截面面积 A、弯曲问题里面的形心、静矩、惯性矩、抗弯截面系数等几何量。这些几何量从不同角度反映了截面的几何特征，也直接影响着相应受力杆件的变形和截面应力的分布，因此称这些与平面图形的形状和尺寸有关的几何量为**平面图形的几何性质**。

5.1.1　形心和静矩

　　1. 形心

　　（1）形心　由平面图形的几何尺寸、形状所确定的几何中心。

　　（2）简单平面图形的形心

　　1）圆的形心：在圆心上。

　　2）矩形的形心：在两条对称轴或对角线的交点上。

　　3）三角形的形心：在三条中线的交点上。

　　（3）组合图形的形心计算公式　由两个及以上的简单图形组成的图形，称为组合图形。其形心坐标公式如下：

$$\begin{cases} y_C = \dfrac{\sum A_i y_{iC}}{\sum A_i} \\[3mm] z_C = \dfrac{\sum A_i z_{iC}}{\sum A_i} \end{cases} \tag{5-1}$$

式中　y_C、z_C——组合图形的形心坐标;

A_i——第 i 个简单图形的面积;

y_{iC}、z_{iC}——第 i 个简单图形的形心坐标;

$\sum A_i$——组合图形的面积。

（4）求组合图形形心的方法

1）对称法：即凡是具有对称轴或对称中心的图形，其形心一定在对称轴或对称中心上。

2）分割法：即将组合图形分割成几个简单图形，再用式（5-1）计算其形心坐标。

3）负面积法：有些组合图形，可以看成是从一个简单图形中挖去一个或几个简单图形而成，若将挖去部分用负面积表示，仍可用式（5-1）计算其形心坐标，这种方法称为负面积法。

2. 静矩

（1）静矩的概念　一个杆件的横截面形状如图 5-1 所示，横截面面积为 A，在横截面所在的平面内选取坐标系 zOy，并在截面中坐标为（y，z）的任意一点处取微面积 dA，则称 zdA 和 ydA 为微面积 dA 分别对 y 轴和 z 轴的静矩，也称面积矩。zdA 和 ydA 在整个横截面上的积分称为该截面对 y 轴和 z 轴的静矩，用 S_y、S_z 表示：

$$\begin{cases} S_y = \int_A zdA \\ S_z = \int_A ydA \end{cases} \tag{5-2}$$

由式（5-2）可知，静矩是对某一设定坐标轴而言的，同一截面对于不同坐标轴的静矩不同。静矩的量纲为［长度］^{3}，其值可以为正，可以为负，也可以为零。

（2）简单图形的静矩　如图 5-2 所示简单平面图形的面积 A 与其形心坐标 z_C（或 y_C）的乘积，称为简单图形对 y 轴或 z 轴的静矩，即

$$\begin{cases} S_y = Az_C \\ S_z = Ay_C \end{cases} \tag{5-3}$$

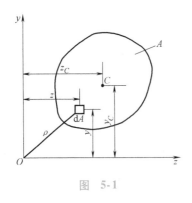

图　5-1

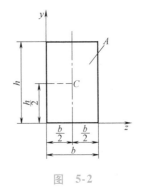

图　5-2

则图 5-2 中矩形对 y、z 轴的静矩分别为

$$S_y = Az_C = bh \cdot \frac{b}{2} = \frac{b^2 h}{2}$$

$$S_z = Ay_C = bh \cdot \frac{h}{2} = \frac{bh^2}{2}$$

由式（5-2）知，当坐标轴通过平面图形的形心时，其静矩为零；反之，若平面图形对某轴的静矩为零，则该轴一定通过平面图形的形心。

（3）组合平面图形静矩的计算　组合图形的静矩按下式计算：

$$\begin{cases} S_y = \sum A_i z_{iC} \\ S_z = \sum A_i y_{iC} \end{cases} \tag{5-4}$$

式中　$\sum A_i$——各简单图形的面积；

y_{iC}、z_{iC}——各简单图形的形心坐标。

式（5-4）表明：组合图形对某轴的静矩等于各简单图形对同一轴静矩的代数和。

【例5-1】　计算图5-3所示T形截面的形心坐标和对 z 轴的静矩。

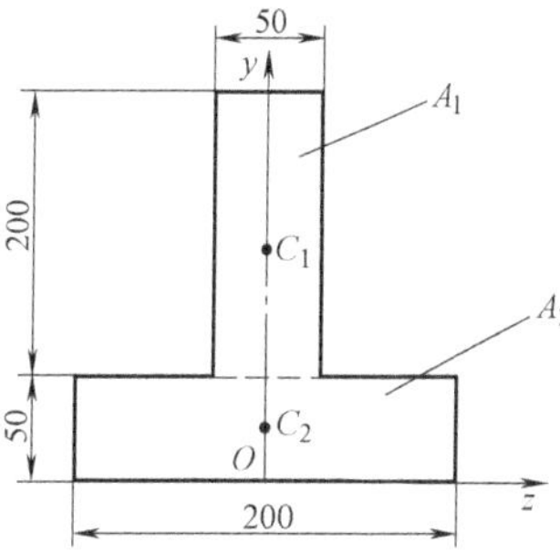

解：（1）求形心坐标

建立如图5-3所示的坐标系，因该T形截面关于 y 轴对称，故其形心坐标 $z_C = 0$，则只需求出形心位置的 y_C 坐标即可。

将T形截面分为上下两个矩形，其形心分别为 C_1 和 C_2，两个矩形的面积和形心 y 坐标为

$$A_1 = 200 \times 50 \text{mm}^2 \qquad y_{1C} = 150 \text{mm}$$
$$A_2 = 200 \times 50 \text{mm}^2 \qquad y_{2C} = 25 \text{mm}$$

按式（5-1）计算形心 y_C 坐标：

$$y_C = \frac{\sum A_i y_{iC}}{\sum A_i} = \frac{A_1 y_{1C} + A_2 y_{2C}}{A_1 + A_2} = \frac{200 \times 50 \times 150 + 200 \times 50 \times 25}{200 \times 50 + 200 \times 50} \text{mm} = 87.5 \text{mm}$$

所以该T形截面的形心坐标为（0，87.5）。

（2）求T形截面对 z 轴的静矩

由求组合图形静矩的公式（5-4）得

$$S_z = \sum A_i y_{iC} = A_1 y_{1C} + A_2 y_{2C} = （200 \times 50 \times 150 + 200 \times 50 \times 25）\text{mm}^3 = 1.75 \times 10^6 \text{mm}^3$$

图 5-3

5.1.2　惯性矩、惯性积、惯性半径

1. 惯性矩

（1）惯性矩的概念　如图5-1所示，任意平面图形上所有微面积 dA 与其坐标 y（或 z）平方乘积的总和，称为该平面图形对 z 轴（或 y 轴）的惯性矩，用 I_z（或 I_y）表示：

$$\begin{cases} I_z = \int_A y^2 \mathrm{d}A \\ I_y = \int_A z^2 \mathrm{d}A \end{cases} \tag{5-5}$$

由式（5-5）可知，惯性矩也是对某一设定坐标轴而言的，同一截面对于不同坐标轴的惯性矩不同。惯性矩的量纲为［长度］^{4}，其数值恒为正。

（2）简单图形的惯性矩（对形心轴）　如图5-4所示的矩形、圆形、空心圆形等简单图形，其对形心轴 y、z 的惯性矩如下。

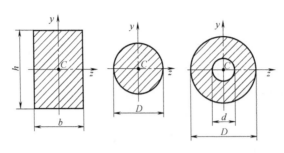

图 5-4

矩形:

$$I_z = \frac{bh^3}{12}$$

$$I_y = \frac{hb^3}{12}$$

圆形:

实心

$$I_z = I_y = \frac{\pi D^4}{64}$$

空心

$$I_z = I_y = \frac{\pi(D^4 - d^4)}{64}$$

（3）平行移轴公式　同一平面图形对不同坐标轴的惯性矩是不同的，但它们之间存在着一定的关系。如图 5-5 所示的任意形状的截面，其形心在 C 点，y、z 轴是形心轴，y_1 轴和 z_1 轴分别是与 y 轴和 z 轴平行的坐标轴，a 和 b 是两对平行轴的间距。则平面图形对其形心轴的惯性矩和与其形心轴平行的坐标轴的惯性矩之间存在下列关系：

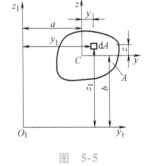

$$\begin{cases} I_{z_1} = I_z + a^2 A \\ I_{y_1} = I_y + b^2 A \end{cases} \tag{5-6}$$

图 5-5

式（5-6）表明：**平面图形对任意轴的惯性矩，等于平面图形对平行于该轴的形心轴的惯性矩加上图形面积与两轴距离平方的乘积。**在所有平行于形心轴的平行轴中，平面图形对形心轴的惯性矩最小。

【**例 5-2**】　求图 5-6 所示矩形截面对 y_1 轴和 z_1 轴的惯性矩。

解：由平行移轴公式，得

$$I_{z_1} = I_z + a^2 A = \frac{hb^3}{12} + bh \cdot \left(\frac{b}{2}\right)^2 = \frac{hb^3}{3}$$

$$I_{y_1} = I_y + b^2 A = \frac{bh^3}{12} + bh \cdot \left(\frac{h}{2}\right)^2 = \frac{bh^3}{3}$$

2. 惯性积

如图 5-1 所示，任意平面图形上所有微面积 dA 与其坐标 z、y 乘积的总和，称为该平面图形对 z、y 两轴的惯性积，用 I_{zy} 表示：

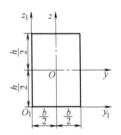

图 5-6

$$I_{zy} = \int_A zy\,\mathrm{d}A \tag{5-7}$$

由式（5-7）可知，惯性积也是对某一设定坐标轴而言的，同一截面对于不同坐标轴的惯性积不同。惯性积的量纲为［长度］^{4}，其值可以为正，可以为负，也可以为零。且在两相互垂直的坐标轴中，只要 z、y 轴其中一个轴为平面图形的对称轴，则平面图形对 z、y 轴的惯性积等于零。

3. 惯性半径

在工程中，为了应用上的方便，将图形的惯性矩表示为图形面积 A 与某一长度平方的乘积，即

$$\begin{cases} I_z = i_z^2 A \\ I_y = i_y^2 A \end{cases} \tag{5-8}$$

则称 i_z、i_y 是平面图形对 z、y 轴的**惯性半径**，量纲为［长度］。

5.1.3　形心主惯性轴和形心主惯性矩

若截面对 y_i 轴和 z_i 轴的惯性积 $I_{y_i z_i} = 0$，则称这一对相互垂直的坐标轴 y_i 和 z_i 为截面的主惯性轴，简称主轴。截面对主轴的惯性矩称为主惯性矩。当主惯性轴的原点与截面的形心重合时，称之为形心主惯性轴。截面对形心主惯性轴的惯性矩称为形心主惯性矩。如图 5-7 所示的矩形截面，因为 I_{yz}、$I_{y_1 z}$、$I_{y_2 z}$ 均为零，所以 y 轴和 z 轴、y_1 轴和 z 轴、y_2 轴和 z 轴均为截面的主惯性轴。惯性矩 I_y、I_{y_1}、I_{y_2} 和 I_z 均为截面的主惯性矩，但只有 I_y 和 I_z 才是截面的形心主惯性矩。

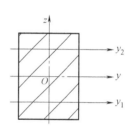

图　5-7

想一想

1. 什么是平面图形的几何性质？

2. 什么是求形心的对称法、分割法、负面积法？

3. 静矩和形心有何关系？

4. 静矩和惯性矩是如何定义的？它们的量纲是什么？为什么它们的值有的恒为正，有的可正、可负，还可为零？

5.2　轴向拉（压）杆的应力

课题导入

取两根不同直径的直杆，在两端施加一对相同的拉力，由上一章知识知道，两杆截面内的轴力是相等的，但直径小的变形大，是什么原因呢？

【学习要求】　熟练掌握轴向拉（压）杆横截面上的正应力计算，熟悉正应力计算公式的适用条件，理解斜截面上正应力及切应力的计算和应力极值产生的截面方位。

通过上一章的学习，我们可以求出轴向拉（压）杆任意截面的内力，并绘制内力图，但不能判断轴向拉（压）杆是否会发生破坏（即强度问题），要解决强度问题还需进一步研究横截面上的应力分布规律。

5.2.1　轴向拉（压）杆横截面上的应力

1. 横截面上的应力公式

应力在横截面上的分布不能直接观察到，但内力与变形有关。因此，要知道内力在截面上的分布规律，通常采用的方法是先做试验，根据试验观察杆件在外力作用下的变形现象，并做出一些假设，然后才能推导出应力计算公式。下面以图5-8所示的轴向受拉等截面直杆为例，来建立横截面上的应力计算式。

如图5-8所示的等截面直杆，其截面为圆形，为便于在试验中观察杆件发生的变形现象，施加荷载前，在杆件的表面上画上一些表示杆横截面的周边线 ab、cd，以及平行于杆轴线的纵向线 ac、bd。当杆受到轴向外力 F 的作用而发生拉伸变形时，可观察到如下现象：

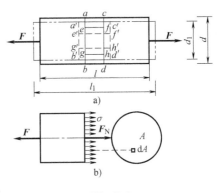

图 5-8

1）周边线 ab、cd 分别变形到 $a'b'$、$c'd'$ 位置，但仍保持为直线，且相互平行并垂直于杆轴线。

2）纵向线 ac、bd 分别变形到 $a'c'$、$b'd'$ 位置，但仍保持与轴线平行。

根据上述观察到的现象，可作如下假设：

首先，平面假设：若将各条横线看做是一个横截面，则杆件横截面在变形前是平面，变形后仍保持平面，并且仍垂直于杆轴线，只是沿杆轴线作了相对平移。

其次，设想杆件是由许多纵向纤维组成的，根据平面假设可知，任意两个横截面之间所有纤维都伸长了相同的长度。

根据材料的均匀连续假设，当变形相同时，受力也相同，因而知道横截面上的内力是均匀分布的，且方向垂直于横截面。由此可得结论：**轴向拉伸时，杆件横截面上各点处只产生正应力，且大小相等**（即正应力在横截面上均匀分布）。若用 A 表示杆件横截面面积，F_N 表示该截面的轴力的大小，则等直杆轴向拉伸时横截面上的正应力 σ 计算公式为

$$\sigma = \frac{F_N}{A} \tag{5-9}$$

当杆件受轴向压缩时，式（5-9）同样适用，此时只需将轴力连同负号一起代入公式即可。正应力的正负号规定为：拉应力为正，压应力为负。

2. 正应力公式的适用条件

根据式（5-9）知，正应力公式必须符合以下两个条件，才能适用：

1）等截面直杆。

2）外力（或外力的合力）作用线与杆轴线重合或杆件横截面上只有轴力。

【例5-3】 图5-9a所示等截面直杆，截面为50mm×50mm，试求杆上各段横截面上的正应力。

解：（1）绘出该杆的轴力图（见图 5-9b）。

（2）由式（5-9）计算杆上各段横截面上的正应力。

AB 段内任一横截面上的正应力：

$$\sigma_{AB} = \frac{F_{NAB}}{A_{AB}} = \frac{-4 \times 10^3}{50 \times 50} \text{MPa} = -1.6 \text{MPa}$$

BC 段内任一横截面上的正应力：

$$\sigma_{BC} = \frac{F_{NBC}}{A_{BC}} = \frac{5 \times 10^3}{50 \times 50} \text{MPa} = 2.0 \text{MPa}$$

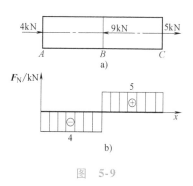

图 5-9

5.2.2 轴向拉（压）杆斜截面上的应力

1. 斜截面上的应力公式

上一节分析了杆件横截面上的应力，但横截面只是杆件一个特殊方位的截面，截面的位置及其方位不同，应力一般也不同。下面来分析图 5-10 所示轴向拉杆任意斜截面 m-n 上的应力。截面 m-n 的方位用它的外法线与 x 轴的夹角 α 表示，并规定 α 从 x 轴算起，逆时针转向为正，反之为负。

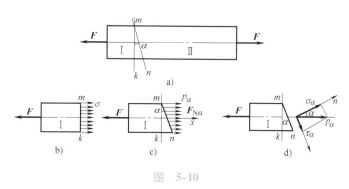

图 5-10

将杆件从 m-n 截面处截开，取左段为研究对象（见图 5-10c），由静力平衡条件 $\sum F_x = 0$，可求得 m-n 截面上的内力：

$$F_{N\alpha} = F = F_N$$

式中 F_N——横截面 m-k 上的轴力。

若以 p_α 表示斜截面上的水平应力，由上节可知，轴向拉（压）杆各纵向纤维的变形相同，因此应力 p_α 在斜截面上是均匀分布的（见图 5-10c）。设斜截面的面积为 A_α $\left(A_\alpha = \dfrac{A}{\cos\alpha}\right)$，则

$$p_\alpha = \frac{F_{N\alpha}}{A_\alpha} = \frac{F_N}{A_\alpha} = \frac{F_N}{A}\cos\alpha = \sigma\cos\alpha$$

应力 p_α 与杆轴平行，而与斜截面成 α 夹角。为了研究的方便，把应力 p_α 分解为垂直于斜截面的正应力 σ_α 和相切于斜截面的切应力 τ_α（见图 5-10d），则

$$\sigma_\alpha = p_\alpha\cos\alpha = \sigma\cos^2\alpha \tag{5-10}$$

$$\tau_\alpha = p_\alpha\sin\alpha = \sigma\cos\alpha\sin\alpha = \frac{1}{2}\sigma\sin2\alpha \tag{5-11}$$

式（5-10）、式（5-11）表示轴向受拉杆斜截面上任一点的 σ_α 和 τ_α 的数值随斜截面位置 α 角而变化的规律。同样它们也适用于轴向受压杆。

σ_α 和 τ_α 的正负号规定如下：**正应力 σ_α 以拉应力为正，压应力为负；切应力 τ_α 以它使研究对象绕其中任意一点有顺时针转动趋势时为正，反之为负。**

2. 应力极值

由式（5-10）、式（5-11）可知，轴向拉（压）杆在斜截面上有正应力和切应力，它们的大小随截面的方位 α 变化而变化。

当 $\alpha = 0°$ 时，正应力达到最大值：

$$\sigma_{max} = \sigma$$

由此可见，**拉（压）杆的最大正应力发生在横截面上。**

当 $\alpha = 45°$ 时，切应力达到最大值：

$$\tau_{max} = \frac{\sigma}{2}$$

即**拉（压）杆的最大切应力发生在与杆轴成45°的斜截面上。**

当 $\alpha = 90°$ 时，$\sigma_\alpha = \tau_\alpha = 0$，这表示在平行于杆轴线的纵向截面上无任何应力。

想一想

1. 两根材料和面积不同的杆，受同样轴向力作用，它们的内力是否相同？为什么？

2. 轴力和截面积相等，材料和截面形状不同的两根轴向受力杆件，它们横截面上的应力是否相同？

5.3 材料在拉伸和压缩时的力学性能

 课题导入

取一支粉笔和一支竹筷，两端分别支承在台座上，然后分别在粉笔和竹筷上加上一个横向力，观察后我们发现粉笔断裂时几乎看不到变形，而竹筷产生很大变形也不破坏。

【学习要求】 掌握低碳钢拉伸的四个阶段及其特点；掌握塑性指标的计算；熟悉两类材料的力学性能的差异；了解冷作硬化的概念；了解其他塑性材料在拉伸时的力学性能以及材料在压缩时的力学性能。

在进行杆件的强度和变形计算时，需要用到材料的一些力学性能，而这些力学性能都要通过材料实验来测定。工程材料的种类很多，依据其破坏时产生变形的情况可以分为脆性材料和塑性材料两大类。脆性材料在拉断时的塑性变形很小，如铸铁、混凝土和石料等；而塑性材料在拉断时能产生较大的变形，如低碳钢、合金钢、铜等。材料在不同环境（温度、介质、湿度）下，承受各种外加荷载时所表现出的力学特征称为**材料的力学性能**。脆性材料和塑性材料的力学性能特点明显不同。

工程材料的力学性能不仅与材料自身性质有关，还与荷载的类别（静荷载、动荷载），温度条件（高温、常温、低温）等因素有关。材料在常温、静载下拉伸和压缩时所呈现的力学性能具有一定的典型性。因此，本节将工程中用途较广的低碳钢和铸铁分别作为塑性材料和脆性材料的代表，来进行常温、静载下的实验，以讨论其力学性能。

5.3.1　材料在拉伸时的力学性能

1. 应力-应变曲线

在进行拉伸试验时，应按照国家颁布的标准进行。为了便于比较各种材料在拉伸时的力学性能，应将材料制成标准试样，使其几何形状和受力条件都符合轴向拉伸的要求。拉伸试验的试样如图 5-11 所示，通常在试样的中段测量试样的变形，这一段称为工作段。工作段的长度叫做标距（L_0）。为了便于比较不同粗细试

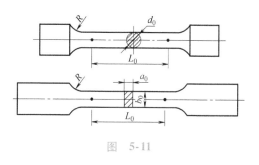

图　5-11

样的工作段的变形，通常对标准试样的标距与直径（截面）的比例加以规定：圆形截面 $L_0 = 5d_0$ 或 $L_0 = 10d_0$，矩形截面 $L_0 = 11.3\sqrt{A_0}$ 或 $L_0 = 5.65\sqrt{A_0}$。

材料的拉伸试验是在材料试验机上进行的。试验时，将试样的两端装入试验机的卡具内，然后开动试验机缓慢地加力，试样从开始受力到最后被拉断的整个过程中，拉力 F 和与之对应的伸长 ΔL 由试验机上的测力装置和测量变形的仪器分别测得。若以纵坐标表示拉力 F，横坐标表示伸长 ΔL，则由试验过程中测得的一系列 F 和与之对应的伸长 ΔL，即可画出试样的 F-ΔL 曲线，该曲线称为试样的力-伸长曲线。如图 5-12 即为低碳钢的力-伸长曲线。

因为 F 和 ΔL 与试样的尺寸（标距和横截面积）有关，所以即使是同一种材料，当试样尺寸不同时，其力-伸长曲线也不同。为了消除试样尺寸的影响，使结果反映材料的力学性质，可用应力 $\sigma = \dfrac{F}{A}$ 作为纵坐标，用应变 $\varepsilon = \dfrac{\Delta L}{L}$ 作为横坐标，将力-伸长曲线改为 σ-ε 曲线，**称为应力-应变曲线**（见图 5-13），其形状与力-伸长曲线类似。

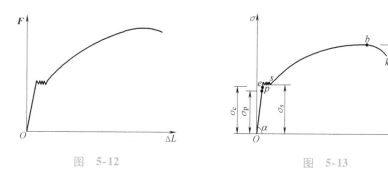

图　5-12　　　　　　　　　　图　5-13

下面根据 $\sigma - \varepsilon$ 曲线来介绍低碳钢拉伸时的力学性质。低碳钢拉伸试样从加载开始到最后破坏的整个过程，大致可以分为四个阶段：

（1）弹性阶段（见图 5-13 中的 Oe 段）　在此段内，材料的变形完全是弹性变形，如卸去拉力 F，试样的变形将全部消失，e 点所对应的应力称为材料的**弹性极限**，用 σ_e 表示。在

弹性阶段内，Op 段是直线，σ 与 ε 成正比，即材料变形服从胡克定律，p 点所对应的应力叫做比例极限，用 σ_p 表示。Q235 钢的比例极限 σ_p 约为 200MPa。

弹性极限和比例极限的意义是不同的，但由试验测到的数值很接近。因此，通常在工程应用中不严格区分，即近似认为材料在弹性范围内服从胡克定律。

（2）屈服阶段（见图 5-13 中的 es 段） 当应力超过弹性极限之后，应变增加很快，而应力保持在一个微小的范围内波动，在曲线上表现为一段近于水平的"波浪"形线段，这种现象称为材料的屈服。将 σ-ε 曲线上 s 点所对应的应力称为屈服极限（或流动极限），用 σ_s 表示。Q235 钢的屈服极限约为 235MPa。

当材料到达屈服时，如果试样表面光滑，则在试样表面上可以看到许多与试样轴线约成 45°角的条纹，这种条纹就称为滑移线。这是由于在 45°斜截面上存在最大切应力，造成材料内部晶格之间发生相互滑移所致。

应力达到屈服时，材料出现了显著的塑性变形，使构件不能正常工作，在构件设计时，一般应将构件的最大工作应力限制在屈服极限 σ_s 以下。因此，屈服极限是衡量材料强度的一个重要指标。

（3）强化阶段（见图 5-13 中的 sb 段） 材料经过屈服阶段后，其内部的组织结构重新调整，使其又具有了抵抗变形的能力，在曲线上表现为应力随着应变的增加而增加，这种现象称为材料的硬化，sb 段称为材料的强化阶段。最高点 b 所对应的应力称为材料的强度极限，用 σ_b 来表示。强度极限是材料所能承担的最大应力，也是衡量材料强度的一个重要指标。Q235 钢的强度极限约为 400MPa。

（4）缩颈阶段（见图 5-13 中的 bk 段） 当应力达到强度极限 σ_b 之后，试样开始出现非均匀变形，可以看到在试样的某一截面开始明显局部收缩，即出现缩颈现象。曲线开始下降，最后至 k 点，试样被拉断（见图 5-14）。

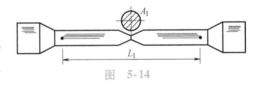

图 5-14

上述低碳钢拉伸的四个阶段中，可以得到三个强度指标，即比例极限 σ_p、屈服极限 σ_s 和强度极限 σ_b，σ_p 表示了材料的弹性范围；σ_s 是衡量材料强度的一个重要指标，当应力达到 σ_s 时，试样产生显著的塑性变形，使得无法正常使用；σ_b 是衡量材料强度的另一个重要指标，应力达到 σ_b 时，试样出现缩颈并很快被拉断。

2. 塑性指标

试样被拉断以后，其弹性变形消失，塑性变形则被残留下来。试样断裂后遗留下来的塑性变形大小，通常用来衡量材料的塑性性能。反映材料塑性性能的指标有延伸率和断面收缩率两个：

（1）延伸率 δ 将拉断的试样对接在一起（见图 5-14），量出拉断后的标距长度 L_1，则可得延伸率 δ，它的计算公式：

$$\delta = \frac{L_1 - L_0}{L_0} \times 100\%$$

（2）断面收缩率 ψ 设试样的原截面面积为 A_0，量出断口处的最小直径，算出横截面积 A_1，则可得断面收缩率 ψ，它的计算公式为

$$\psi = \frac{A_0 - A_1}{A_0} \times 100\%$$

δ 和 ψ 是衡量材料塑性性能的两个主要指标，δ 和 ψ 值越大，说明材料的塑性越好。工程上常把 $\delta \geq 5\%$ 的材料称为塑性材料，这类材料破坏后有显著的残余变形，如低碳钢、铜等；而把 $\delta < 5\%$ 的材料称为脆性材料，这类材料破坏后只有极小的残余变形，如铸铁、混凝土等。

Q235 钢的延伸率 $\delta = 20\% \sim 30\%$，ψ 约为 60%。

3. 冷作硬化

若在 $\sigma\text{-}\varepsilon$ 曲线的强化阶段内的任意一点 k 处，慢慢地卸去拉伸荷载至零（见图 5-15），则此时的 $\sigma\text{-}\varepsilon$ 曲线将沿着与 Oa 近于平行的直线 kO_1，回到 O_1 点，这说明材料的变形已不能完全恢复。图中 O_1O_2 所代表的弹性变形在卸荷后消失了，OO_1 表示残留下来的塑性应变。如果卸荷后又重新加载，应力与应变又重新按正比关系增加，并且

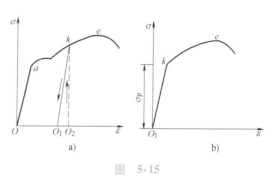

图 5-15

$\sigma\text{-}\varepsilon$ 曲线仍沿着 O_1k 直线上升到 k 点后，从 k 点开始按原来的 $\sigma\text{-}\varepsilon$ 曲线变化。这表明，若使材料应力超过屈服阶段并在进入强化阶段后卸载，则当再度加载时，材料的比例极限和屈服极限都将有所提高，但其塑性变形能力却有所降低，这种现象称为材料的**冷作硬化**。

工程中常用冷作硬化的方法来提高钢筋的屈服极限，以达到节约钢材的目的。但值得注意的是，钢筋冷拉后其强度虽然有所提高，但塑性降低，从而增加了脆性。这对承受振动和冲击荷载的结构是极为不利的。所以，凡是承受振动和冲击荷载的结构部位和结构的重要部分，不应使用冷拉钢筋。另外，钢筋在冷拉后并不能提高其抗压强度。

4. 其他材料拉伸时的力学性质

工程上常用的塑性材料还有 Q345 钢和一些高强度低合金钢。与低碳钢相比，这些材料的屈服极限和强度极限较高，而屈服段稍短且延伸率略低。

图 5-16 是其他几种塑性金属材料的 $\sigma\text{-}\varepsilon$ 曲线，它们的共同特点是拉断前都有较大的塑性变形，即延伸率较大，但是这些材料却都没有明显的屈服极限。对于这样的塑性材料，通常用名义屈服极限作为衡量材料强度的指标。将对应于塑性应变为 $\varepsilon_s = 0.2\%$ 时的应力定为名义屈服极限（又称条件屈服极限），并以 $\sigma_{0.2}$ 来表示（见图 5-17）。

工程上常用的脆性材料，如铸铁、混凝土、石料等，在拉伸时的应力-应变曲线没有明显的阶段性，即没有明显的屈服阶段和缩颈现象，只有断裂时的强度极限 σ_b，它是脆性材料的唯一强度指标。脆性材料的共同特点是延伸率很小，拉断时的强度极限比塑性材料低得多。

5.3.2　材料在压缩时的力学性质

和拉伸试样相比，压缩试验的试样为避免压弯而制作得短一些。一般金属材料的试样为圆柱形，高度约为直径的 1.5～3 倍；非金属材料的试样（如混凝土、木材等）则常制作成立方体或长方体。

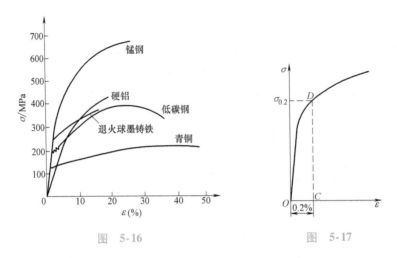

图 5-16　　　　　　　　　　　　图 5-17

铸铁试样压缩时的应力-应变曲线见图 5-18。该曲线是一条微弯的曲线，没有明显的直线部分，也没有屈服极限。压缩破坏时，试样在大约与轴线成 45°的斜截面上发生剪切破坏。和铸铁试样的拉伸强度极限相比，其压缩强度极限大约高出 3~5 倍。这说明铸铁宜用于承受压力，而不宜用于承受拉力。

其他脆性材料如水泥、混凝土和砖石等也具有类似的特点。脆性材料的突出特点是它们的压缩强度极限远大于拉伸强度极限。

低碳钢试样在压缩时的 σ-ε 曲线（见图 5-19）和拉伸时的 σ-ε 曲线相比，屈服前压缩和拉伸时的 σ-ε 曲线重合，这表明低碳钢压缩时的比例极限 σ_p、弹性极限 σ_e、屈服极限 σ_s 均相同。在进入强化阶段之后，两条曲线分离，压缩时的 σ-ε 曲线一直在上升，这是因为试样被越压越扁，压力增加，其受力面积也增加，试样只会被压扁而不断裂，因此无法测到压缩强度极限。其他塑性金属受压时的情况也都和低碳钢相似。因此，工程上常认为塑性金属材料在拉伸和压缩时的重要力学性质是相同的，所以一般只做拉伸试验，而不需做压缩试验。

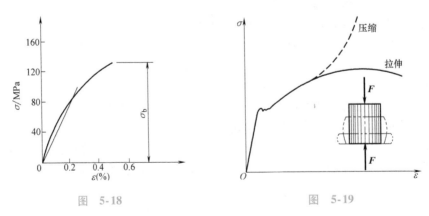

图 5-18　　　　　　　　　　　　图 5-19

5.3.3　两类材料力学性能的比较

上述关于塑性材料与脆性材料的分类是根据常温、静载下拉伸试验的延伸率 δ 来划分的。两类材料在力学性能上的主要差别是：

（1）强度方面　塑性材料拉伸和压缩的弹性极限 σ_e、屈服极限 σ_s 相同；应力超过弹性极限后有屈服现象。脆性材料压缩强度极限远比拉伸时大，没有屈服现象。

（2）变形方面　塑性材料的延伸率 δ 和断面收缩率 ψ 值都比较大，构件破坏前有较大塑性变形，材料可塑性大；而脆性材料的 δ 和 ψ 值都较小，破坏是突然的。

总的说来，塑性材料的力学性能比脆性材料好。在实际应用中，不但要从材料本身的力学性能方面考虑，还必须从合理发挥材料性能和经济性方面考虑。脆性材料（铸铁、砖石、混凝土）的价格比塑性材料（钢、合金）低得多。因此，凡脆性材料能担负工作的构件应尽量用脆性材料，如承受压力的墙身、柱、基础等。

必须指出，上述关于塑性材料和脆性材料的概念是指常温、静载时的情况。实际上，同一种材料在不同的外界因素（如加载速度、温度、受力状态等）影响下，可能表现为塑性，也可能表现为脆性。例如，典型的塑性材料低碳钢在低温时也会变得很脆。

想一想

1. 工程材料的力学性质与哪些因素有关？
2. 低碳钢在拉伸时经历了哪几个阶段？可获得哪些强度指标？
3. 衡量材料塑性的指标有哪些？何谓冷作硬化？它有什么工程意义？
4. 何谓塑性材料？何谓脆性材料？它们的力学性能有何区别？

5.4　轴向拉（压）杆的强度计算

课题导入

取两根不同直径的橡胶直杆，在两端施加一对拉力，随着拉力的不断增大，小直径的橡胶直杆会先被拉断，而要使大直径的橡胶直杆拉断，必须施加更大的力，它是什么原因呢？

【学习要求】　熟练掌握轴向拉（压）杆的强度条件及其应用；了解材料的极限应力、容许应力和安全系数的概念。

5.4.1　材料的极限应力

任何一种材料制成的构件都存在一个能承受应力的固有极限，这个固有极限称为**极限应力**，用 σ^0 表示。当构件内的实际应力到达此值时，就会破坏。

由上节材料的拉伸（或压缩）试验知：对塑性材料，当应力达到屈服极限 σ_s 时，将出现显著的塑性变形，会影响构件的使用。对于脆性材料，破坏前变形很小，当构件达到强度极限 σ_b 时，会引起断裂，所以：

对塑性材料取 $\qquad\qquad\qquad\qquad\sigma^0 = \sigma_s$

对脆性材料取 $\qquad\qquad\qquad\qquad\sigma^0 = \sigma_b$

5.4.2　容许应力和安全系数

为了保证构件能安全正常地工作，必须使构件在工作时产生的实际应力不超过材料的极限应力，因为在实际设计计算时有许多因素无法预计（如实际荷载有可能超出在计算中所采用的标准荷载，实际结构取用的计算简图往往会忽略一些次要因素，个别构件在经过加工后有可能比规格上的尺寸小，材料并不是绝对均匀的等）。此外，考虑到构件在使用过程中可能遇到的意外情况或其他不利的工作条件、构件的重要性等的影响，在设计时，必须使构件有必要的安全储备。即将极限应力 σ^0 缩小 K 倍作为衡量材料承载能力的依据，称为**容许应力**，用 $[\sigma]$ 表示，即

$$[\sigma] = \frac{\sigma^0}{K}$$

式中　K——一个大于 1 的系数，称为**安全系数**。

安全系数的确定非常重要而又比较复杂，若选用过大，则容许应力降低，安全储备增大，用料增加，不经济；若选用偏小，则容许应力增大，安全储备减小，构件偏于危险。

在工程实践中，一般这样来考虑，在静荷载作用下，脆性材料破坏时没有明显的"预兆"，破坏时突然的，所取的安全系数要比塑性材料大一些，具体如下：

对塑性材料取　　　　　$[\sigma] = \dfrac{\sigma_s}{K_s}$　　　　　$K_s = 1.4 \sim 1.7$

对脆性材料取　　　　　$[\sigma] = \dfrac{\sigma_b}{K_b}$　　　　　$K_s = 2.5 \sim 3.0$

常用材料的容许应力见表 5-1。

表 5-1　常用材料的容许应力

材料名称	牌　号	应力种类/MPa		
		$[\sigma]$	$[\sigma_y]$	$[\tau]$
普通碳钢	Q215	137 ~ 152	137 ~ 152	84 ~ 93
普通碳钢	Q235	152 ~ 167	152 ~ 167	93 ~ 98
优质碳钢	45	216 ~ 238	216 ~ 238	128 ~ 142
低碳合金钢	16Mn	211 ~ 238	211 ~ 238	127 ~ 142
灰铸铁		28 ~ 78	118 ~ 147	—
铜		29 ~ 118	29 ~ 118	—
铝		29 ~ 78	29 ~ 78	—
松木（顺纹）		6.9 ~ 9.8	8.8 ~ 12	0.98 ~ 1.27
混凝土		0.098 ~ 0.69	0.98 ~ 8.8	—

注：1. $[\sigma]$ 为许用拉应力，$[\sigma_y]$ 为许用压应力，$[\tau]$ 为许用切应力。

　　2. 材料质量好，厚度或直径较小时取上限；材料质量较差，尺寸较大时取下限；其详细规定，可参阅有关设计规范或手册。

5.4.3　强度条件及其应用

1. 强度条件

由前面轴向拉（压）杆横截面上的正应力公式可知，其横截面上的正应力 $\sigma = \dfrac{F_N}{A}$，为

了保证杆件的安全正常工作，要求轴向拉（压）杆横截面上产生的最大正应力 σ_{max} 不得超过材料的容许应力 $[\sigma]$，即

$$\sigma_{max} = \frac{F_N}{A} \leq [\sigma] \tag{5-12}$$

式（5-12）称为轴向拉（压）杆的强度条件。

式中　σ_{max}——杆内横截面上的最大正应力；

F_N——产生最大正应力横截面上的轴力的大小。此截面称为危险截面；

A——危险截面的横截面面积。

对于等截面直杆，轴力最大的截面就是危险截面；对轴力不变而截面变化的杆，截面积最小的截面就是危险截面；对轴力和截面均变化的杆，则应分别求出各段的应力值，应力最大值所在截面即为危险截面。

2. 强度条件的应用

应用强度条件式（5-12）可以解决轴向拉（压）杆强度计算的三类问题。

（1）强度校核　已知杆件的材料、截面形式和所受荷载（即已知 $[\sigma]$、A、F_N）的情况下，可由式（5-12）校核杆件的强度。若 $\sigma_{max} = \frac{F_N}{A} \leq [\sigma]$，表示杆件的强度满足要求，否则不满足要求。

（2）设计截面　已知杆件的材料和所受荷载（即已知 $[\sigma]$、F_N），则杆件所需要的横截面面积 A 可由下式计算：

$$A \geq \frac{F_N}{[\sigma]}$$

（3）确定容许荷载　已知杆件的材料、截面形式（即已知 $[\sigma]$、A），可由下式确定杆件所能承受的最大轴力，并由此轴力建立其与外荷载之间的关系式，即可求的容许荷载：

$$F_{Nmax} = [F_N] \leq A[\sigma]$$

【例 5-4】　一根钢制直杆受力如图 5-20a 所示，已知 $[\sigma] = 160MPa$，$A_1 = 300mm^2$，$A_2 = 140mm^2$，试校核此杆的强度。

解：（1）运用截面法计算出杆件各段的轴力，并作出轴力图，如图 5-20b 所示。

（2）计算杆件各段的正应力，并根据式（5-12）校核强度。由于本题杆件为变截面、变轴力，所以应分段计算。

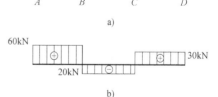

图　5-20

AB 段：

$$\sigma_{AB} = \frac{F_{NAB}}{A_1} = \frac{60 \times 10^3}{300}MPa = 200MPa > [\sigma] = 160MPa$$

BC 段：

$$\sigma_{BC} = \frac{F_{NBC}}{A_2} = \frac{20 \times 10^3}{140}MPa = 143MPa < [\sigma] = 160MPa$$

CD 段：

$$\sigma_{CD} = \frac{F_{NCD}}{A_1} = \frac{30 \times 10^3}{300} MPa = 100MPa < [\sigma] = 160MPa$$

由于 AB 段不能满足强度条件，所以杆件不满足强度要求。

【例5-5】 图5-21所示支架，杆①的容许应力 $[\sigma]_1 = 100MPa$，杆②的容许应力 $[\sigma]_2 = 160MPa$，两杆截面面积均为 $A = 200mm^2$，试求容许荷载 $[F]$。

解：（1）计算杆的轴力

取结点 C 为研究对象（见图5-21b），列平衡方程：

$$\sum F_x = 0 \qquad F_{N2}\sin30° - F_{N1}\sin45° = 0$$
$$\sum F_y = 0 \qquad F_{N2}\cos30° + F_{N1}\cos45° - F = 0$$

解得 $\qquad F_{N1} = 0.518F \qquad F_{N2} = 0.732F$

（2）计算容许荷载

先由杆①的强度条件求杆①所能承受的容许荷载 $[F]$

杆①所能承受的容许轴力

$$F_{N1max} = [F_{N1}] = A[\sigma]_1 = 200 \times 100N = 20 \times 10^3 N = 20kN$$

而 $\qquad\qquad [F_{N1}] = 0.518[F]$

所以 $\qquad\qquad [F] = \frac{[F_{N1}]}{0.518} = \frac{20}{0.518}kN = 38.6kN$

再根据杆②的强度条件计算杆②所能承受的容许荷载 $[F]$

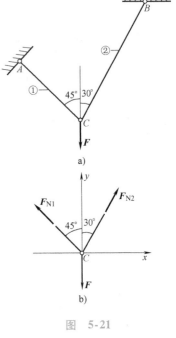

图 5-21

杆②所能承受的容许轴力

$$F_{N2max} = [F_{N2}] = A[\sigma]_2 = 200 \times 160N = 32 \times 10^3 N = 32kN$$

而 $\qquad\qquad [F_{N2}] = 0.732[F]$

所以 $\qquad\qquad [F] = \frac{[F_{N2}]}{0.732} = \frac{32}{0.732}kN = 43.7kN$

比较由杆①、②求的容许荷载，取其小值。所以支架所能承受的容许荷载为 $[F] \leqslant 38.6kN$。

【例5-6】 如图5-22a所示支架，杆①为圆形钢杆，容许应力 $[\sigma]_1 = 160MPa$，杆②为正方形木杆，容许应力 $[\sigma]_2 = 10MPa$，重物 $F = 40kN$，试选择钢杆的直径和木杆的截面边长。

解：（1）计算杆的轴力

取结点 B 为研究对象（见图5-22b），列平衡方程：

$$\sum F_x = 0 \qquad -F_{N1} - F_{N2}\cos\alpha = 0$$
$$\sum F_y = 0 \qquad -F - F_{N2}\sin\alpha = 0$$

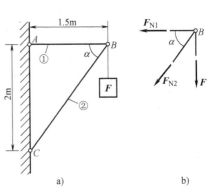

图 5-22

由几何关系得 $\quad \sin\alpha = \frac{4}{5}, \cos\alpha = \frac{3}{5}$

解得 $\qquad\qquad F_{N1} = 30kN \qquad\qquad F_{N2} = -50kN$

（2）由强度条件求出钢杆的直径和木杆的截面边长

先由杆①的强度条件，求出钢杆的直径 d

$$A_1 = \frac{\pi d^2}{4} \leqslant \frac{F_{N1}}{[\sigma]_1}$$

$$d \geqslant \sqrt{\frac{4F_{N1}}{\pi[\sigma]_1}} = \sqrt{\frac{4 \times 30 \times 10^3}{3.14 \times 160}}\text{mm} = 15.45\text{mm} \qquad （取 d = 16\text{mm}）$$

再由杆②的强度条件，求出木杆的截面边长 a

$$A_2 = a^2 \leqslant \frac{F_{N2}}{[\sigma]_2}$$

$$a \geqslant \sqrt{\frac{F_{N2}}{[\sigma]_2}} = \sqrt{\frac{50 \times 10^3}{10}}\text{mm} = 70.71\text{mm} \qquad （取 a = 72\text{mm}）$$

 想一想

1. 什么是极限应力、容许应力？

2. 什么是危险截面？轴力最大的截面就是危险截面，对吗？为什么？

5.5 梁的应力和强度计算

课题导入

取两根长度相同、截面形状相同的矩形小木方，一根立放，一根平放，两端支承于支座上，然后同时由小到大施加荷载，当荷载达到一定值时，平放的小木方先断裂。想一想，为什么？

【学习要求】 熟练掌握弯曲正应力的计算及其强度条件的应用；熟悉正应力和切应力在梁横截面上的分布规律；熟悉矩形截面梁的切应力计算；了解梁的合理截面形状；了解矩形截面梁的切应力强度条件。

通过第 4 章的学习可知，梁在外荷载作用下，其横截面上一般有弯矩 M 和剪力 F_V 两种内力，所以它们会在梁的横截面上引起相应的应力，即正应力 σ 和切应力 τ。

5.5.1 梁的正应力与强度计算

1. 正应力分布规律

为了解正应力在横截面上的分布情况，可先观察梁的变形，取一个弹性较好的矩形截面梁，在其表面上画上一系列与轴线平行的纵向线及与轴线垂直的横向线，构成许多均等的小矩形，然后在梁的两端施加一对力偶 M，使梁发生纯弯曲变形，如图 5-23 所示，这时可观察到下列现象：

1）各横向线仍为直线，只倾斜了一个角度。

2）各纵向线弯成曲线，上部纵向线缩短，下部纵向线伸长。

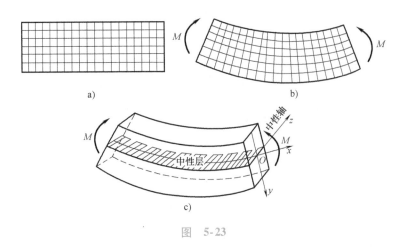

图 5-23

根据上面所观察到的现象，推测梁的内部变形，可作如下的假设和推断：

首先平面假设：各横向线代表横截面，变形前后都是直线，表明横截面变形后仍保持平面，且仍垂直于弯曲后的梁轴线。

其次单向受力假设：将梁看成由无数纤维组成，各纤维只受到轴向拉伸或压缩，不存在相互挤压。

从图 5-23 可以看出，从上部各层纤维缩短到下部各层纤维伸长的连续变化中，必有一层纤维既不缩短也不伸长，这层纤维称为**中性层**。中性层与横截面的交线称为**中性轴**，见图 5-23c。中性轴通过横截面形心，且与竖向对称轴 y 垂直，并将梁横截面分为受压和受拉两个区域。由此可知，梁弯曲变形时，各截面绕中性轴转动，使梁内纵向纤维伸长和缩短，中性层上各纵向纤维的长度不变。通过进一步的分析可知，**各层纵向纤维的线应变沿截面高度应为线性变化规律**，从而可推出，**梁弯曲时横截面上的正应力沿截面高度呈线性分布规律变化**，如图 5-24 所示。

2. 正应力计算公式

如图 5-25 所示，根据理论推导（推导从略），梁弯曲时横截面上任意一点正应力的计算公式为

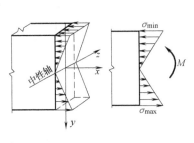

图 5-24

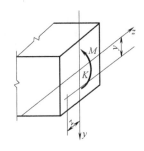

图 5-25

$$\sigma = \frac{My}{I_z} \tag{5-13}$$

式中　M——横截面上的弯矩；

y——所计算应力点到中性轴的距离；

I_z——截面对中性轴的惯性矩。

上式说明：梁弯曲时横截面上任意一点的正应力 σ 与弯矩 M 和该点到中性轴距离 y 成正比，与截面对中性轴的惯性矩 I_z 成反比，正应力沿截面高度呈线性分布；中性轴上（$y=0$）各点处的正应力为零；在上、下边缘处（$y=y_{max}$）正应力的绝对值最大。用上式计算正应力时，M 和 y 均用绝对值代入。当截面有正弯矩时，中性轴以下部分为拉应力，以上部分为压应力；当截面有负弯矩时则相反，如图 5-26 所示。

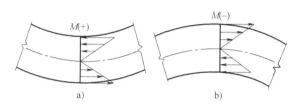

图　5-26

【例 5-7】　如图 5-27 所示悬臂梁，已知 $F=3\mathrm{kN}$，$l=3\mathrm{m}$，$a=2\mathrm{m}$，$b\times h=120\mathrm{mm}\times180\mathrm{mm}$，$y=60\mathrm{mm}$，试求 C 截面上 K 点的正应力。

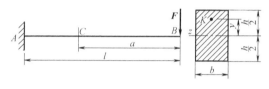

图　5-27

解：（1）计算 C 截面的弯矩

$$M_C = -Fa = -3\times2\mathrm{kN\cdot m} = -6\mathrm{kN\cdot m}$$

（2）计算截面对中性轴的惯性矩

$$I_z = \frac{bh^3}{12} = \frac{120\times180^3}{12}\mathrm{mm^4} = 58.32\times10^6\mathrm{mm^4}$$

（3）由式（5-13）计算 C 截面上 K 点的正应力

$$\sigma_K = \frac{M_C y}{I_z} = \frac{6\times10^6\times60}{58.32\times10^6}\mathrm{MPa} = 6.17\mathrm{MPa}\text{（拉应力）}$$

3. 梁的正应力强度

（1）梁的最大正应力　在解决强度问题时，必须要知道最大正应力的数值和发生的截面。**产生最大正应力的截面称为危险截面**。对于等直梁，最大弯矩所在的截面就是危险截面。**危险截面上的最大应力点称为危险点，它发生在距中性轴最远的上、下边缘处。**

对于中性轴为截面对称轴的梁，其最大正应力的值为

$$\sigma_{max} = \frac{M_{max}y_{max}}{I_z}$$

令

$$W_z = \frac{I_z}{y_{max}}$$

则

$$\sigma_{\max} = \frac{M_{\max}}{W_z} \tag{5-14}$$

式中　W_z——抗弯截面系数（或模量），它是一个与截面形状和尺寸有关的几何量，单位为 $[长度]^3$。对高为 h、宽为 b 的矩形截面，其抗弯截面系数为

$$W_z = \frac{bh^3/12}{h/2} = \frac{bh^2}{6}$$

对直径为 D 的圆形截面，其抗弯截面系数为

$$W_z = \frac{\pi D^4/64}{D/2} = \frac{\pi D^3}{32}$$

对工字钢、槽钢、角钢等型钢截面的抗弯截面系数 W_z，可从附录 A 型钢规格表中查得。

（2）正应力强度条件　为了保证梁具有足够的强度，必须使梁的危险截面上的最大正应力不超过材料的容许应力，即

$$\sigma_{\max} = \frac{M_{\max}}{W_z} \leqslant [\sigma] \tag{5-15}$$

式（5-15）即为**梁的正应力强度条件**。

根据强度条件可解决三类有关强度方面的问题。

1）强度校核：已知梁的横截面形状和尺寸（W_z）、材料（$[\sigma]$）及所受荷载（$M_{\max}$），判断梁是否满足正应力强度条件，即校核是否满足式（5-15）的要求。

2）设计截面：已知梁的荷载（$M_{\max}$）和所用的材料（$[\sigma]$）时，由式（5-15）先计算出所需的抗弯截面系数

$$W_z \geqslant \frac{M_{\max}}{[\sigma]}$$

然后根据梁的截面形状，再由 W_z 值确定截面的尺寸。

3）确定许用荷载：已知梁的材料（$[\sigma]$）、横截面形状和尺寸（W_z），由式（5-15）先算出梁所能承受的最大弯矩，即

$$M_{\max} \leqslant W_z[\sigma]$$

然后由 $M_{\max}$ 与荷载的关系，算出梁所能承受的最大荷载。

【例 5-8】　同例 5-7，$[\sigma] = 12\mathrm{MPa}$，试校核梁的正应力强度。

解：（1）求最大弯矩值

$$|M_{\max}| = Fl = 3 \times 3\mathrm{kN} \cdot \mathrm{m} = 9.0\mathrm{kN} \cdot \mathrm{m}$$

（2）求抗弯截面系数

$$W_z = \frac{bh^2}{6} = \frac{120 \times 180^2}{6}\mathrm{mm}^3 = 6.48 \times 10^5 \mathrm{mm}^3$$

（3）校核正应力强度

$$\sigma_{\max} = \frac{M_{\max}}{W_z} = \frac{9 \times 10^6}{6.48 \times 10^5}\mathrm{MPa} = 13.9\mathrm{MPa} > [\sigma] = 12\mathrm{MPa}$$

所以梁的正应力强度不满足要求。

【例 5-9】　一根采用普通热轧工字钢制成的简支梁如图 5-28 所示，作用有两个集中力，梁的跨度为 $L = 6\mathrm{m}$，荷载 $F_1 = 12\mathrm{kN}$，$F_2 = 21\mathrm{kN}$，容许正应力为 $[\sigma] = 160\mathrm{MPa}$，试选择此工字钢梁的型号。

解：（1）画出梁的弯矩图

梁的危险截面为 D 截面，最大弯矩为

$$M_{max} = 36kN \cdot m$$

（2）计算工字型钢梁所需的抗弯截面系数

$$W_z \geq \frac{M_{max}}{[\sigma]} = \frac{36 \times 10^6}{160} mm^3 = 2.25 \times 10^5 mm^3 = 225cm^3$$

（3）选择工字钢的型号

根据计算出的 W_z 值，查附录 A 型钢表，选用 20a，$W_z = 237cm^3$。

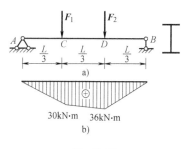

图 5-28

【例5-10】 一根承受均布荷载的圆形截面简支梁如图5-29a所示，$D = 25mm$，梁的跨度 $L = 0.4m$，容许正应力 $[\sigma] = 160MPa$，试求此梁所能承受的均布荷载值。

解：（1）画出梁的弯矩图（见图5-29b）

梁的危险截面在跨中，最大弯矩为

$$M_{max} = \frac{1}{8}qL^2$$

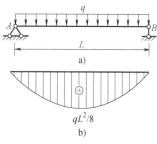

图 5-29

（2）求梁的抗弯截面系数

$$W_z = \frac{\pi D^3}{32} = \frac{3.14 \times 25^3}{32} mm^3 = 1.53 \times 10^3 mm^3$$

（3）由强度条件算出梁所能承受的最大弯矩

$$M_{max} \leq W_z[\sigma] = (1.533 \times 10^3 \times 160)N \cdot mm = 2.45 \times 10^5 N \cdot mm = 0.245kN \cdot m$$

（4）由 M_{max} 与荷载的关系，算出梁所能承受的均布荷载值

$$M_{max} = \frac{1}{8}qL^2 \leq 0.245$$

$$q \leq \frac{8 \times 0.245}{0.4^2} kN/m = 12.25kN/m$$

（3）梁的合理截面形状 在工程设计中，一方面既要保证构件具有足够的强度，另一方面还要充分发挥材料的潜力，以节省材料，这就需要合理地选择截面形状和截面尺寸。

梁的强度一般由横截面上的最大正应力控制，由梁的正应力强度条件可知，最大正应力值与抗弯截面系数 W_z 成反比。W_z 越大，σ_{max} 越小，对梁就越有利。因而在同样横截面积的情况下，应尽量选用 W_z 值较大的截面形状，或在 W_z 一定的情况下，减少截面面积，以节省材料和减轻自重。下面通过三种不同类型的截面形状对比来加以说明。

设有三种类型的截面：矩形、正方形和圆形，其截面积均为 A，圆的直径为 D，正方形的边长为 a，矩形的高和宽分别为 h 和 b，且 $h > b$，三种形状截面的 W_z 分别为

矩形截面 $\qquad\qquad\qquad W_{z1} = \frac{bh^2}{6}$

方形截面 $\qquad\qquad\qquad W_{z2} = \frac{a^3}{6}$

圆形截面 $\qquad\qquad\qquad W_{z3} = \frac{\pi D^3}{32}$

由于 $bh = a^2$，且 $h > b$，所以 $h > a$，$\dfrac{W_{z1}}{W_{z2}} > 1$，这说明同样面积的矩形和方形，矩形截面梁更为合理。由 $\pi\left(\dfrac{D}{2}\right)^2 = a^2$，得 $a = \dfrac{\sqrt{\pi}}{2}D$，$\dfrac{W_{z2}}{W_{z3}} = 1.19 > 1$ 这说明同样面积的方形和圆形，方形截面梁更为合理。

从以上的比较可以看出，截面面积相同时，矩形比方形好，方形比圆形好。如果以同样的面积制成工字形，将比矩形还要好。所以**工字形、槽形截面比矩形截面合理，矩形截面比方形截面合理、立放比平放合理，方形截面比圆形截面合理**。工程上常用的工字形、圆环形以及箱形（见图5-30）等截面形式，就是根据这个原理设计的。

对于抗拉性能和抗压性能相同的塑性材料，由于其抗拉和抗压的容许应力相等，所以常选用以中性轴对称的截面。对于脆性材料，由于其抗压性能比抗拉性能好，宜采用不对称的截面形状，如T形截面。把距中性轴较远的边缘作为受拉侧（见图5-31），把距中性轴较近的边缘作为受压侧，使截面上的最大压应力大于最大拉应力，充分发挥脆性材料抗压性能强的优点。对于这样的材料，在强度校核时，必须分别对最大压应力和最大拉应力进行校核。

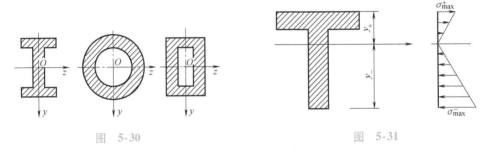

图 5-30　　　　　　　　　　　　　　图 5-31

需要注意的是，上述对梁截面合理形状的分析，是从梁的正应力强度方面来考虑的，通常是决定截面形状的主要因素。但在选择梁的截面形状时，还要充分考虑刚度、稳定性以及制造使用等因素。

5.5.2　矩形截面梁的切应力及强度条件

在横向力作用下，梁的横截面上的内力除了弯矩外还有剪力。对于跨高比较大的梁，其弯曲正应力往往比切应力大得多，此时梁的强度是由正应力控制的，切应力不必计算。而对于跨高比较小的梁，又受有较大的横向荷载，这时截面上的切应力就不能忽视了。

1. 矩形截面梁的切应力计算公式

矩形截面梁的切应力计算公式，是在下述两条假设基础上推导而来的：

1）截面上各点切应力的方向与截面上剪力的方向相同。

2）切应力沿截面宽度均匀分布，即距中性轴等距离各点处的切应力相等。

根据上述假设，可推导出如图5-32所示的矩形截面梁上任意截面任意一点处的切应力计算公式为（推导过程略）

$$\tau = \frac{F_V S^*}{I_z b} \tag{5-16}$$

式中　F_V——横截面上的剪力的大小；

　　　S^*——横截面上需要求切应力处的水平线以上
　　　　　　（或以下）部分的面积 A^* 对中性轴的
　　　　　　静矩；

　　　I_z——截面对中性轴的惯性矩；

　　　b——矩形截面的宽度。

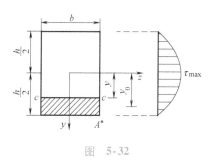

图　5-32

　　式（5-16）中的剪力和静矩均为代数量，在计算
切应力时，可用绝对值代入，切应力的方向可由剪力的
方向来确定，即与剪力方向一致。进一步分析表明，**矩**

形截面梁中的切应力沿截面高度按二次抛物线规律分布，在截面上下边缘处$\left(y = \pm\dfrac{h}{2}\right)$，切

应力为零；在中性轴处（$y = 0$），切应力最大，为截面平均切应力的 1.5 倍，即 $\tau_{\max} =$

$1.5\dfrac{F_V}{A}$。

　　式（5-16）虽然是从矩形截面梁推导出的，但同样适用于其他形状的截面（不过应注意 b 的不同，对工字形和 T 形截面，b 是指腹板的宽度）。对于工字形和 T 形截面，切应力主要集中在腹板上，翼缘处的切应力很小，最大切应力也发生在中性轴上。切应力的方向，在腹板上平行于侧边，与剪力指向相同，而在翼缘上的切应力则平行于翼缘的侧边，即为水平方向。

2. 梁的切应力强度条件

　　对于跨高比较小的梁或承受剪力较大的梁，梁的强度不仅与最大正应力有关，还与最大切应力有关。因而在进行强度校核时，除了正应力强度校核外，还需进行切应力强度校核。

　　与梁的正应力强度条件相似，为了保证梁能安全地工作，梁在荷载作用下产生的截面最大切应力 $\tau_{\max}$，不得超过材料的容许切应力 $[\tau]$，而梁截面上的最大切应力发生在梁的中性轴上，其值为

$$\tau_{\max} = \frac{F_V S_{\max}^*}{I_z b}$$

对等截面梁来说，最大切应力发生在剪力最大的截面上，即

$$\tau_{\max} = \frac{F_{V\max} S_{\max}^*}{I_z b} \qquad \left(\text{矩形截面 } \tau_{\max} = 1.5\,\frac{F_{V\max}}{A}\right)$$

梁在工作时，要求最大切应力不能超过材料的容许切应力，即

$$\tau_{\max} \leqslant [\tau] \tag{5-17}$$

　　式（5-17）即为梁的切应力强度条件。

　　在进行梁的强度计算时，必须同时满足正应力和切应力强度条件，但在一般情况下，梁的强度计算大多是由正应力强度条件控制的。因此，在选择截面时，一般都是先按正应力强度条件来设计截面，然后再用切应力强度条件进行校核。但在以下几种情况下，需校核梁的切应力：①最大弯矩很小而最大剪力很大的梁；②焊接或铆接的组合截面梁（如工字形截面梁）；③木梁，因为木材在顺纹方向的剪切强度较低，所以木梁有可能沿中性层发生剪切

破坏。

【例5-11】 如图5-33a所示简支梁。已知 $l=2\mathrm{m}$，$a=0.2\mathrm{m}$，$F=200\mathrm{kN}$，$q=10\mathrm{kN/m}$，材料的容许应力 $[\sigma]=160\mathrm{MPa}$，$[\tau]=100\mathrm{MPa}$。试选择梁的工字钢型号。

解：（1）画出梁的 F_V、M 图（见图5-33b、c）。

（2）由正应力强度条件选择工字钢型号。

由 M 图知，最大弯矩发生在梁的跨中截面，其值为

$$M_{max}=45\mathrm{kN}\cdot\mathrm{m}$$

由正应力强度条件得

$$W_z\geqslant\frac{M_{max}}{[\sigma]}=\frac{45\times10^6}{160}\mathrm{mm}^3$$
$$=2.81\times10^5\mathrm{mm}^3=281\mathrm{cm}^3$$

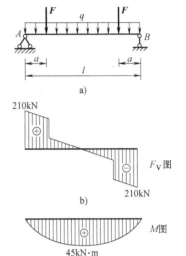

图 5-33

查附录A型钢表，选用22a工字钢，其 $W_z=309\mathrm{cm}^3$，略大于所需的值。

（3）切应力强度校核

从型钢表查得22a工字钢的有关数据：

$$\frac{I_z}{S_{zmax}^*}=18.9\mathrm{cm}\qquad d=7.5\mathrm{mm}$$

由 F_V 图可见，最大剪力发生在支座截面，且

$$F_{Vmax}=210\mathrm{kN}$$

根据切应力强度条件进行校核

$$\tau_{max}=\frac{F_{Vmax}S_{max}^*}{I_zb}=\frac{F_{Vmax}}{\dfrac{I_z}{S_{zmax}^*}d}=\frac{210\times10^3}{18.9\times10\times7.5}\mathrm{MPa}=148\mathrm{MPa}>[\tau]=100\mathrm{MPa}$$

不满足切应力强度条件，故应重选截面。

（4）按切应力强度条件重选工字钢型号

选25b工字钢试算。由型钢表查得

$$\frac{I_z}{S_{zmax}^*}=21.27\mathrm{cm}\qquad d=10\mathrm{mm}$$

进行切应力强度校核

$$\tau_{max}=\frac{F_{Vmax}S_{max}^*}{I_zb}=\frac{F_{Vmax}}{\dfrac{I_z}{S_{zmax}^*}d}=\frac{210\times10^3}{21.27\times10\times10}\mathrm{MPa}=98.7\mathrm{MPa}<[\tau]=100\mathrm{MPa}$$

满足切应力强度条件，最后选用25b工字钢。

 想一想

1. 什么是中性层、中性轴？

2. 梁弯曲时横截面上的正应力按什么规律分布？最大正应力和最小正应力发生在何处？

3. 弯曲正应力的正负符号是如何规定的？

4. 何谓危险截面、危险点？如何确定？

5. 矩形截面梁弯曲时，其横截面上的切应力是如何分布的？

6. 梁弯曲时的正应力强度条件如何表示？利用该强度条件可以解决哪些问题？切应力强度条件又如何表达？

7. 如何判断梁的截面是否合理？

8. 梁的强度一般由正应力强度条件控制，什么情况下还需考虑切应力强度条件？

*5.6　组合变形的强度计算

课题导入

　　取一根棉绳，两端用手拉住，然后在棉绳上悬挂一个重物，观察绳子的变形，思考棉绳产生了哪几种基本变形？

【学习要求】　掌握解决组合变形问题的方法；掌握单向偏心拉伸（压缩）的强度计算和截面核心的概念；了解斜弯曲和拉伸（压缩）与弯曲组合变形的强度计算。

　　前面各章节已经讨论了杆件在轴向拉伸（压缩）、剪切、扭转和弯曲等基本变形时的内力和强度计算。但是在实际工程中，有些杆件的受力情况比较复杂，其变形不只是单一的基本变形，而是发生两种或两种以上基本变形，这类变形称为**组合变形**。例如，如图 5-34a 所示的烟囱，除由自重引起的轴向压缩外，还有水平方向的风荷载作用而产生的弯曲变形；如图 5-34b 所示的厂房柱，由于受到偏心压力的作用，使柱子产生轴向压缩和弯曲变形；如图 5-34c 所示的屋架檩条，其荷载竖直向下（荷载不作用在纵向对称面内），檩条的弯曲不再是平面弯曲，将檩条所受的荷载 F 沿两对称轴轴分解后可知，檩条的变形是由两个互相垂直的平面弯曲的组合。

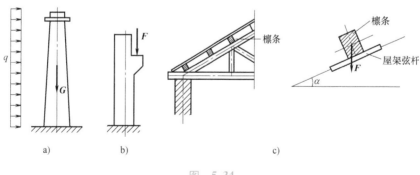

图　5-34

　　解决组合变形强度问题的基本方法是叠加法。分析问题的基本思路为：首先将杆件的组合变形分解为基本变形；然后计算杆件在每一种基本变形情况下所发生的应力；最后再将同一点的应力叠加起来，便可得到杆件在组合变形下的应力。

5.6.1　斜弯曲简介

　　如图 5-35a 所示的矩形截面梁，外力 F 的作用线与截面的竖向对称轴重合，梁弯曲变形后，其挠度曲线仍位于外力作用的纵向对称平面内，这类弯曲称为平面弯曲。而如图 5-35b 所示同样的矩形截面梁，作用的外力虽然也通过截面的形心，但作用线并不与截面的对称轴重合，这时梁弯曲变形后的挠度曲线将不再位于外力 F 所在的纵向平面内，这类变形称为**斜弯曲**。

现以图 5-36 所示矩形截面梁为例来分析斜弯曲梁的强度计算问题。

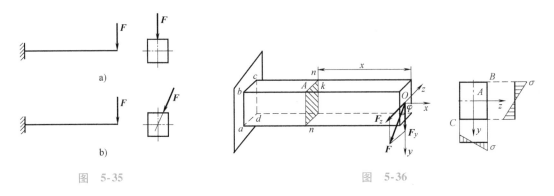

图 5-35　　　　　　　　　　　　　　图 5-36

1. 外力的分解

设集中力 F 作用在悬臂梁的自由端，其作用线通过截面形心并与竖向对称轴 y 轴成 φ 角（见图 5-36）。

将力 F 沿截面的两对称轴 y 和 z 分解为两个分力，得

$$F_y = F\cos\varphi$$

$$F_z = F\sin\varphi$$

分力 F_y 将使梁在 xOy 平面内产生平面弯曲；分力 F_z 将使梁在平面 xOz 内产生平面弯曲。

2. 内力计算

一般情况下，斜弯曲梁的强度是由最大正应力控制的，因此需要计算弯矩值。在距自由端为 x 的横截面上，F_y 和 F_z 两个分力引起的弯矩值分别为

$$M_z = F_y x = P\cos\varphi \cdot x$$

$$M_y = F_z x = P\sin\varphi \cdot x$$

3. 正应力计算

在距自由端为 x 的横截面上任一点 k 处（坐标为 y、z），由 M_z、M_y 引起的正应力分别为

$$\sigma' = \pm \frac{M_z y}{I_z}$$

$$\sigma'' = \pm \frac{M_y z}{I_y}$$

由叠加法知，k 点的正应力为

$$\sigma = \sigma' + \sigma'' = \pm \frac{M_z y}{I_z} \pm \frac{M_y z}{I_y} \tag{5-18}$$

上式的正负符号，由平面弯曲的变形情况来判断，拉应力为正，压应力为负。

4. 强度计算

在进行强度计算时，须先确定危险截面，然后在危险截面上确定危险点。对图 5-36 所

示的悬臂梁，危险截面在固定端，因为该处的弯矩 M_z、M_y 最大。至于危险点的位置，根据变形判断可知，最大拉应力 σ_{max}^{+} 发生在 B 点，最大压应力 σ_{max}^{-} 发生在 C 点，因 $y_{max} = |y_{min}|$，$z_{max} = |z_{min}|$，故 $\sigma_{max}^{+} = |\sigma_{max}^{-}|$，因此

$$\sigma_{max} = \frac{M_{z,max}y_{max}}{I_z} + \frac{M_{y,max}z_{max}}{I_y} = \frac{M_{z,max}}{W_z} + \frac{M_{y,max}}{W_y}$$

若材料的抗拉、抗压强度相同，其强度条件为

$$\sigma_{max} = \frac{M_{z,max}}{W_z} + \frac{M_{y,max}}{W_y} \leqslant [\sigma] \tag{5-19}$$

由理论计算知，当截面对其形心的两个主惯性矩相差较大时，只要力的作用线与主惯性轴稍有偏离，则在截面上引起的最大应力和最大挠度将比平面弯曲增大数倍。因此，对于两个主惯性矩相差较大的梁，应尽量避免发生斜弯曲。

5.6.2　拉伸（压缩）与弯曲简介

当杆件上同时作用有轴向力和垂直于杆轴线的横向力时，杆件将发生拉伸（压缩）和弯曲组合变形。如图 5-34a 所示的烟囱，在自重作用下引起轴向压缩变形，在水平风荷载作用下引起弯曲变形，所以是轴向压缩与弯曲的组合变形。又如图 5-37 所示的简易吊车支架横梁 AB，当起吊重物时，横梁 AB 除受到集中力 F 作用外，还受到斜杆对它产生的轴向压力 F_N 作用。所以，横梁 AB 受到压缩与弯曲的组合作用。

现以图 5-38 所示的矩形截面简支梁为例，来说明拉伸与弯曲组合变形的计算。

梁在力 F 作用下产生弯曲变形，正应力分布见图 5-38c，其值为

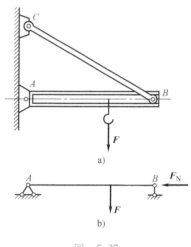

图　5-37

图　5-38

$$\sigma_M = \pm \frac{My}{I_z}$$

最大值为

$$\sigma_{M,max} = \frac{M_{max}}{W_z}$$

梁在轴力 F_N 作用下产生拉伸变形，正应力分布见图 5-38d，其值为

99

$$\sigma_N = \frac{F_N}{A}$$

则总应力为

$$\sigma = \sigma_M + \sigma_N = \pm \frac{My}{I_z} + \frac{F_N}{A}$$

设 $\sigma_{M,max} > \sigma_N$，则总应力分布见图5-38e，应力极值为

$$\begin{matrix} \sigma_{max} \\ \sigma_{min} \end{matrix} = \frac{F_N}{A} \pm \frac{M_{max}}{W_z} \tag{5-20}$$

求得最大应力后，可建立起强度条件

$$\sigma_{max} = \left| \frac{F_N}{A} \pm \frac{M_{max}}{W_z} \right| \leqslant [\sigma] \tag{5-21}$$

5.6.3 偏心拉伸（压缩）杆件的强度计算及截面核心

当作用在杆件上的外力作用线与杆轴线平行但不重合时，杆件产生的变形称为偏心拉伸（压缩）。偏心拉伸（压缩）有两种情形：

当偏心力 $\boldsymbol{F}$ 的作用线与杆件轴线平行，并通过截面的一根形心主轴时，所产生的变形称为**单向偏心拉伸**（压缩）（见图5-39a）。

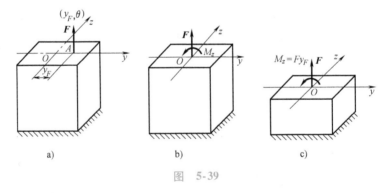

图 5-39

当偏心力 $\boldsymbol{F}$ 的作用线与杆件轴线平行，但不通过截面的任何一根形心主轴时，所产生的变形称为**双向偏心拉伸**（压缩）（见图5-40b）。

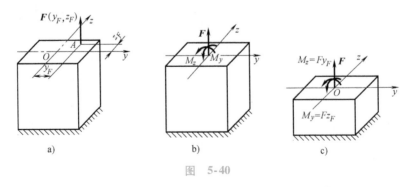

图 5-40

1. 单向偏心拉伸（压缩）杆件的强度计算

现以图5-39所示矩形截面杆在 A 点受到拉力 $\boldsymbol{F}$ 作用，来说明单向偏心杆件的强度

计算。首先将力 F 向截面形心 O 简化，得到一个轴向拉力 F 和一个力偶 M，从而引起轴向拉伸和平面弯曲组合变形（见图 5-39b），由截面法可求得任意横截面上的内力（见图5-39c）为

$$M_z = Fy_F \qquad\qquad F_N = F$$

由弯矩 M_z 引起的正应力为

$$\sigma_{Mz} = \pm \frac{M_z y_F}{I_z}$$

由轴力 F_N 引起的正应力为

$$\sigma_N = \pm \frac{F_N}{A} = \frac{F}{A}$$

在上面两式中，轴力为拉力取正；弯矩 M_z 引起的正应力正负号通过观察弯曲变形来确定。

将上两式应力相加，即得单向偏心拉伸（压缩）杆件的总应力，即

$$\sigma = \sigma_N + \sigma_{Mz} = \pm \frac{F}{A} \pm \frac{M_z y_F}{I_z}$$

由此可求得单向偏心拉伸（压缩）的最大应力，即

$$\sigma_{max} = \left| \pm \frac{F}{A} \pm \frac{M_z}{W_z} \right| \tag{5-22}$$

求得最大应力后，可建立起强度条件

$$\sigma_{max} = \left| \pm \frac{F}{A} \pm \frac{M_z}{W_z} \right| \leqslant [\sigma] \tag{5-23}$$

双向偏心的强度计算，可参见其他力学书籍。

2. 截面核心

由式（5-22）分析可知，构件偏心压缩时，横截面上的应力由轴向压力引起的应力和弯矩引起的应力组成。当偏心压力的偏心距较小时，则相应产生的偏心弯矩较小，从而使 $\sigma_M \leqslant \sigma_N$，即横截面上就只有压应力而无拉应力。工程上大量使用的砖、石材、混凝土等材料，其抗拉性能较差而抗压性能较好且价格便宜，用这类材料制造而成的构件适于承压，因此要求偏心压力的作用点至截面形心的距离不可过大，以避免在构件中出现拉应力而使构件破坏。**当外界压力作用在截面形心周围的一个区域内时，截面上只有压应力而无拉应力，这个荷载作用的区域就称为截面核心。**

常见的矩形、圆形截面的截面核心如图 5-41 所示。

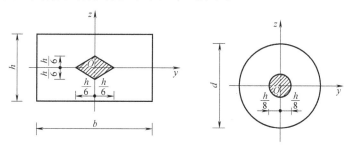

图 5-41

【例5-12】 如图5-42a所示一个矩形截面混凝土柱，受偏心压力 F 的作用，F 作用在 y 轴上，偏心距为 y_F，已知：$F=100\text{kN}$，$y_F=40\text{mm}$，$b=200\text{mm}$，$h=120\text{mm}$。试求任一截面 $m-n$ 上的最大应力。

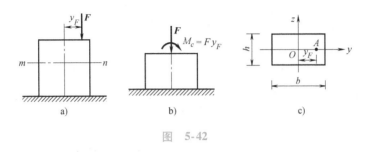

图 5-42

解：（1）将 F 简化到截面形心，求计算轴力 F 和弯矩 M_z

$$F=100\text{kN}$$

$$M_z=Fy_F=100\times40\times10^{-3}\text{kN}\cdot\text{m}=4\text{kN}\cdot\text{m}$$

（2）计算最大应力

在截面的右边界产生最大压应力，其值为

$$\sigma_{max}^-=-\frac{F}{A}-\frac{M_z}{W_z}=\left(-\frac{100\times10^3}{120\times200}-\frac{4\times10^6}{120\times200^2/6}\right)\text{MPa}=-9.17\text{MPa}$$

在截面的左边界产生最大拉应力，其值为

$$\sigma_{max}^+=-\frac{F}{A}+\frac{M_z}{W_z}=\left(-\frac{100\times10^3}{120\times200}+\frac{4\times10^6}{120\times200^2/6}\right)\text{MPa}=0.83\text{MPa}$$

 想一想

1. 什么是组合变形？

2. 什么是斜弯曲、拉伸（压缩）与弯曲变形、偏心拉伸（压缩）？

3. 什么是截面核心？它在工程上有何用途？

本 章 回 顾

1. 平面图形的几何性质，是仅与图形的形状、大小有关的几何量。这些几何量对杆件强度、刚度和稳定性有着极其重要的影响。

本章讨论的平面图形的几何性质有静矩、惯性矩、惯性积、惯性半径。它们都是对一定的坐标轴而言的，对不同的坐标轴，数值是不同的。惯性矩和惯性半径恒为正值；而静矩和惯性积可为正值、可为负值、也可为零。

2. 轴向拉（压）杆横截面上的应力是正应力 $\left(\sigma=\dfrac{F_N}{A}\right)$，它均匀地分布在横截面上。任意斜截面上既有正应力又有切应力，最大正应力作用在横截面上，最大切应力作用在与杆轴线成45°的斜截面上。

3. 材料的力学性能是通过实验测定，它是解决强度、刚度问题的重要依据。材料在常温、静载下的力学性能主要有：

（1）强度指标　比例极限 σ_{p}、屈服极限 σ_{s} 及强度极限 σ_{b}。

（2）塑性指标　延伸率 δ 及断面收缩率 ψ。

4. 轴向拉（压）杆的强度条件为 $\sigma_{\max} = \dfrac{F_{\mathrm{N}}}{A} \leqslant [\sigma]$，利用它可以进行强度校核、截面设计和确定容许外荷载三类问题的计算。

5. 梁的应力和强度计算：

（1）正应力

正应力计算公式
$$\sigma = \frac{My}{I_z}$$

正应力的大小沿截面高度呈线性变化，中性轴上各点为零，上、下边缘处最大。中性轴通过截面形心，并将截面分为受压和受拉两个区域。应力的正负号由弯矩的正负及所求应力点的位置直观判定。正应力公式是在纯弯曲时导出的，但可适用于剪切弯曲。

正应力强度条件为
$$\sigma_{\max} = \frac{M_{\max}}{W_z} \leqslant [\sigma]$$

式中 W_z 称为抗弯截面系数，对常用截面（如矩形、圆形等）的抗弯截面系数应熟练掌握。

（2）切应力

切应力计算公式为
$$\tau = \frac{F_{\mathrm{V}} S_z^{*}}{I_z b}$$

切应力沿截面高度成二次抛物线变化，中性轴处切应力最大。切应力公式中的 S_z^{*} 是横截面上所求应力处到边缘部分面积对中性轴的静矩，I_z 是整个截面对中性轴的惯性矩。b 是所求应力处的截面宽度。

切应力强度条件为

$$\tau_{\max} = \frac{F_{\mathrm{V},\max} S_{\max}^{*}}{I_z b} \leqslant [\tau] \qquad \left(\text{矩形截面 } \tau_{\max} = 1.5 \frac{F_{\mathrm{V},\max}}{A} \right)$$

6. 组合变形是由两种或两种以上的基本变形组合而成的，解决组合变形强度问题的基本方法是叠加法。本章讨论的组合变形有斜弯曲、拉伸（压缩）与弯曲变形、偏心拉伸（压缩）。截面核心指的是截面形心周围的一个区域，当外界压力作用在该区域内时，杆件整个横截面上只有压应力而无拉应力。

第 6 章

杆件的变形计算

知识要点及学习程度要求

- 轴向拉（压）杆的变形（掌握）
- 梁的变形（熟悉）

6.1　轴向拉（压）杆的变形计算

 **课题导入**

取一根橡皮筋和一根棉绳，在两端施加同样的一对拉力，我们会发现橡皮筋会被拉得很长，而棉绳几乎看不到被拉长，这是什么原因？通过本节学习，将会得到答案。

【学习要求】　掌握轴向拉（压）杆变形计算的胡克定律。

6.1.1　轴向拉（压）杆的变形

1. 纵向变形和横向变形

当杆受轴向力作用时，沿杆轴线方向会产生伸长（或缩短）的变形，称为**纵向变形**；同时在垂直于杆轴方向的横向尺寸将会产生减少（或增大）的变形，称为**横向变形**（见图6-1）。

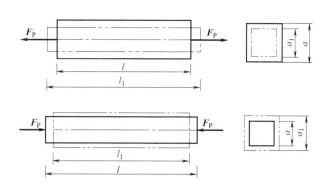

图　6-1

2. 纵向变形和纵向应变的计算

如图6-1所示，设有原长为 l 的杆件，受到一对轴向拉（压）力 F_p 的作用后，其长度变为 l_1，则杆件的纵向变形为：

$$\Delta l = l_1 - l \tag{6-1}$$

纵向变形 Δl 只反映杆件的总变形，而无法反映杆件的变形程度，由于杆件各段的变形是均匀的，所以可用**单位长度的纵向变形量**（即纵向线应变 ε）来反映杆件的变形

程度。即

$$\varepsilon = \frac{\Delta l}{l} \tag{6-2}$$

由式 (6-1)、式 (6-2) 知，当杆件受轴向拉力时 Δl、ε 均为正值，而受轴向压力时，Δl、ε 均为负值。

3. 横向变形和横向应变的计算

如图 6-1 所示，设杆件的原横向尺寸为 a，受到一对轴向拉（压）力 F_p 的作用后，其横向尺寸变为 a_1，则杆件的横向变形为

$$\Delta a = a_1 - a \tag{6-3}$$

则杆件的横向线应变 ε' 为

$$\varepsilon' = \frac{\Delta a}{a} \tag{6-4}$$

由式 (6-3)、式 (6-4) 知，当杆件受轴向拉力时 Δa、ε' 均为负值，而受轴向压力时，Δa、ε' 均为负值。Δl 与 Δa、ε 与 ε' 的正负符号刚好相反。

6.1.2 横向变形系数

实验表明，当杆件的应力不超过材料的比例极限时，横向线应变 ε' 与纵向线应变 ε 的绝对值之比为一常数 μ，此常数称为横向变形系数或泊松比，即

$$\mu = \left| \frac{\varepsilon'}{\varepsilon} \right| \tag{6-5}$$

横向变形系数 μ 是一个无量纲的量，其值随材料而异，可由试验测定。工程中常用材料的横向变形系数 μ 见表 6-1。

6.1.3 胡克定律

实验表明，当杆件的应力不超过材料的比例极限时，其纵向变形 Δl 与轴力 F、杆长 l 和横截面积 A 之间存在以下比例关系：

$$\Delta l \propto \frac{Fl}{A}$$

引入比例常数 E 后，则可将上式改写为：

$$\Delta l = \frac{Fl}{EA} \tag{6-6}$$

式 (6-6) 称为**胡克定律**。

式中的比例常数 E 称为材料的弹性模量（见表 6-1），其单位与应力单位相同。由式 (6-6) 可知，纵向变形 Δl 与 EA 成反比，EA 值越大，纵向变形 Δl 越小，所以 EA 反映杆件抵抗拉伸（压缩）变形的能力，称之为抗拉（压）刚度。它表明：对于长度相等、受力相同的拉（压）杆，其抗拉（压）刚度越大，其变形就越小。

表 6-1 常用材料的 μ、E 值

材料名称	E/GPa	μ
碳钢	196 ~ 206	0.24 ~ 0.28
合金钢	194 ~ 206	0.25 ~ 0.30

（续）

材料名称	E/GPa	μ
灰口铸铁	113 ~ 157	0.23 ~ 0.27
白口铸铁	113 ~ 157	0.23 ~ 0.27
纯铜	108 ~ 127	0.31 ~ 0.34
青铜	113	0.32 ~ 0.34
冷拔黄铜	88.2 ~ 97	0.32 ~ 0.42
硬铝合金	69.6	—
轧制铝	65.7 ~ 67.6	0.26 ~ 0.36
混凝土	15.2 ~ 35.8	0.16 ~ 0.18
橡胶	0.00785	0.461
木材（顺纹）	9.8 ~ 11.8	0.539
木材（横纹）	0.49 ~ 0.98	—

若将 $\varepsilon = \dfrac{\Delta l}{l}$，$\sigma = \dfrac{F_N}{A}$ 代入式（6-6），则可得胡克定律的另一种表达式，即

$$\sigma = E\varepsilon \qquad (6\text{-}7)$$

式（6-7）表明：**当杆件的应力不超过材料的比例极限时，应力与应变成正比。**

在应用胡克定律时要注意，当杆件的横截面面积变化或杆件上各段的轴力不同时（如图 6-2 所示），应分段计算，然后叠加，即

$$\Delta l = \sum \frac{F_{Ni} l_i}{E A_i}$$

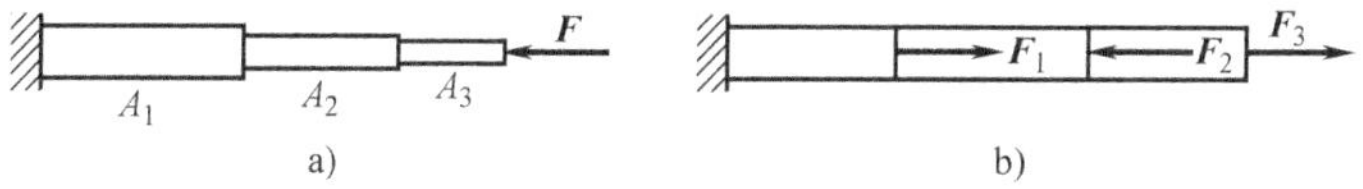

图　6-2

【例 6-1】　一根等直钢杆受力如图 6-3a 所示，材料的弹性模量 $E = 210\text{GPa}$，试计算：（1）各段的伸长值。（2）各段的线应变。（3）杆件总伸长值。

解：作出轴力图，如图 6-3b 所示。

（1）求各段的伸长值　根据公式（6-6），得

AB 段的伸长值：

$$\Delta l_{AB} = \frac{F_{NAB} l_{AB}}{EA} = \frac{8 \times 10^3 \times 2 \times 10^3}{210 \times 10^3 \times \dfrac{\pi \times 8^2}{4}} \text{mm} = 1.52 \text{mm}$$

BC 段的伸长值：

$$\Delta l_{BC} = \frac{F_{NBC} l_{BC}}{EA} = \frac{10 \times 10^3 \times 3 \times 10^3}{210 \times 10^3 \times \dfrac{\pi \times 8^2}{4}} \text{mm} = 2.84 \text{mm}$$

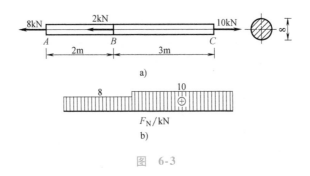

图 6-3

（2）求各段的线应变　根据公式（6-2），得

AB 段的线应变：

$$\varepsilon_{AB} = \frac{\Delta l_{AB}}{l_{AB}} = \frac{1.52}{2 \times 10^3} = 7.6 \times 10^{-4}$$

BC 段的线应变：

$$\varepsilon_{BC} = \frac{\Delta l_{BC}}{l_{BC}} = \frac{2.84}{3 \times 10^3} = 9.47 \times 10^{-4}$$

（3）杆件总伸长为

$$\Delta l = \Delta l_{AB} + \Delta l_{BC} = (1.52 + 2.84)\,\text{mm} = 4.36\,\text{mm}$$

【例 6-2】　图 6-4 为一根正方形截面砖柱，上段柱边长为 240mm，下段柱边长为 370mm，荷载 $F = 40$kN，材料的弹性模量 $E = 3 \times 10^3$MPa，不计自重，试求：（1）各段的线应变；（2）柱顶 A 点的位移。

解：作出轴力图，如图 6-4b 所示。

（1）求各段线应变

各段的线应变也可由胡克定律的第二种表达式，即 $\sigma = E\varepsilon$ 来求，此时应先计算出各段的应力，再代入 $\varepsilon = \dfrac{\sigma}{E}$ 求 ε。

AB 段：

应力　$\sigma_{AB} = \dfrac{F_{NAB}}{A_{AB}} = \dfrac{-40 \times 10^3}{240 \times 240}\text{MPa} = -0.694\text{MPa}$

线应变　$\varepsilon_{AB} = \dfrac{\sigma_{AB}}{E} = \dfrac{-0.694}{3 \times 10^3} = -2.31 \times 10^{-4}$

BC 段：

应力　$\sigma_{BC} = \dfrac{F_{NBC}}{A_{BC}} = \dfrac{-120 \times 10^3}{370 \times 370}\text{MPa} = -0.877\text{MPa}$

线应变　$\varepsilon_{BC} = \dfrac{\sigma_{BC}}{E} = \dfrac{-0.877}{3 \times 10^3} = -2.92 \times 10^{-4}$

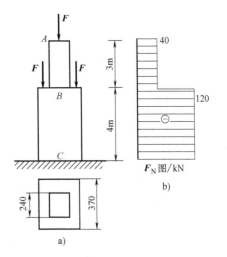

图 6-4

（2）求柱顶 A 点的位移

柱顶 A 点的位移等于上、下两段柱的总纵向变形值（总缩短值），上、下两段柱的纵向

变形值也可由 $\varepsilon = \dfrac{\Delta l}{l}$ 来求，即 $\Delta l = \varepsilon l$，则

AB 段的纵向变形值　　　$\Delta l_{AB} = \varepsilon_{AB} l_{AB} = -2.31 \times 10^{-4} \times 3 \times 10^{3}\,\text{mm} = -0.69\,\text{mm}$

BC 段的纵向变形值　　　$\Delta l_{BC} = \varepsilon_{BC} l_{BC} = -2.92 \times 10^{-4} \times 4 \times 10^{3}\,\text{mm} = -1.17\,\text{mm}$

柱顶 A 点的位移　　　　$\Delta l_{AC} = \Delta l_{AB} + \Delta l_{BC} = (-0.69 - 1.17)\,\text{mm} = -1.86\,\text{mm}$（向下）

 想一想

1. 什么是纵向变形、纵向应变？
2. 什么是横向变形、横向应变、横向变形系数？
3. 胡克定律有几种表达式？其适用条件是什么？
4. 什么是抗拉（压）刚度？它对轴向拉（压）杆的变形有何影响？

6.2　梁的变形

 课题导入

　　取一根矩形竹条，两端支承于支座上，先立放（注意夹稳，不能侧翻），在跨中央挂一个重物，用直尺量一下竹条中央向下移动了多少，并记录下来。然后将竹条平放，加上同样的重物，再用直尺量一下竹条中央向下移动了多少，并记录下来。比较两个结果有什么不同？原因是什么？通过本节学习，将会得到答案。

【学习要求】　掌握挠度和转角的概念；熟悉用叠加法计算三种单跨静定梁在简单荷载作用下的变形；熟悉梁的刚度条件和提高梁刚度的措施。

　　为了保证梁在荷载作用下的正常工作，除满足强度外，同时还需满足刚度要求。刚度要求就是要求梁在荷载作用下的变形不能超过一定的限值。大家知道，梁在荷载作用下，要产生弯曲变形，如果弯曲变形过大，就会影响结构的正常使用。例如，楼面梁变形过大，会使下面的抹灰层开裂或脱落；吊车梁的变形过大，就会影响吊车的正常运行；桥梁的变形过大，在机车通过时会引起很大振动等。因此，我们需要研究梁的变形，以便把梁的变形限制在规定的范围之内，保证梁的正常工作。

6.2.1　梁的变形计算

1. 挠度和转角

　　梁在荷载作用下产生弯曲变形后，其轴线为一条光滑的平面曲线，此曲线称为梁的挠曲线。

　　下面以图 6-5 所示简支梁为例，说明平面弯曲变形时的一些概念。ACB 表示梁变形前的轴线，AC'B 就是梁变形后的挠曲线。设直角坐标系 xAy，x 轴向右为正，y 轴向下为正。xAy 平面就是梁的纵向对称平面，外力作用在这个平面内时，梁轴线也在此平面内弯曲。

　　观察梁在平面弯曲时的变形，可以看出梁的横截面产生了两种位移：

（1）**挠度**　梁任意一个横截面的形心沿 y 轴方向的线位移 CC'，称为该截面的挠度，通常用 y 表示，并以向下为正。它的单位与长度单位一致，用 m 或 mm。

（2）**转角**　梁任意一个横截面相对于原来位置所转动的角度，称为该截面的转角，用 θ 表示，并以顺时针转动为正。转角的单位是 rad。

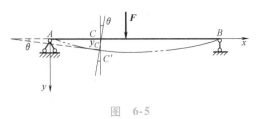

图 6-5

2. 叠加法计算梁的变形

由于梁的变形与荷载呈线性关系，由叠加原理可知，叠加法也可以用来计算梁的变形。即先分别计算出梁在每一种荷载单独作用下所产生的挠度和转角，然后再将它们代数相加，就得到梁在几种荷载共同作用下的挠度和转角。

常用单跨静定梁在简单荷载作用下的挠度和转角可从表6-2中查出。

表6-2　梁在简单荷载作用下的挠度和转角

支承和荷载情况	梁端转角	最大挠度	挠曲线方程式
$\theta_B = \dfrac{Fl^2}{2EI_z}$（悬臂梁端部F）	$\theta_B = \dfrac{Fl^2}{2EI_z}$	$y_{max} = \dfrac{Fl^3}{3EI_z}$	$y = \dfrac{Fx^2}{6EI_z}(3l - x)$
（悬臂梁a处F）	$\theta_B = \dfrac{Fa^2}{2EI_z}$	$y_{max} = \dfrac{Fa^2}{6EI_z}(3l - a)$	$y = \dfrac{Fx^2}{6EI_z}(3a - x),\ 0 \leqslant x \leqslant a$ $y = \dfrac{Fa^2}{6EI_z}(3x - a),\ a \leqslant x \leqslant l$
（悬臂梁均布q）	$\theta_B = \dfrac{ql^3}{6EI_z}$	$y_{max} = \dfrac{ql^4}{8EI_z}$	$y = \dfrac{qx^2}{24EI_z}(x^2 + 6l^2 - 4lx)$
（悬臂梁端部M）	$\theta_B = \dfrac{Ml}{EI_z}$	$y_{max} = \dfrac{Ml^2}{2EI_z}$	$y = \dfrac{Mx^2}{2EI_z}$
（简支梁中点F）	$\theta_A = -\theta_B = \dfrac{Fl^2}{16EI_z}$	$y_{max} = \dfrac{Fl^3}{48EI_z}$	$y = \dfrac{Fx}{48EI_z}(3l^2 - 4x^2),$ $0 \leqslant x \leqslant \dfrac{l}{2}$
（简支梁均布q）	$\theta_A = -\theta_B = \dfrac{ql^3}{24EI_z}$	$y_{max} = \dfrac{5ql^4}{384EI_z}$	$y = \dfrac{qx}{24EI_z}(l^2 - 2lx + x^3)$

（续）

支承和荷载情况	梁 端 转 角	最 大 挠 度	挠曲线方程式
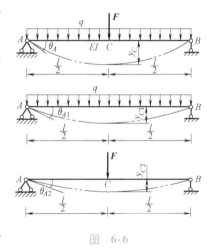	$\theta_A = \dfrac{Fab\,(l+b)}{6lEI_z}$ $\theta_B = \dfrac{-Fab\,(l+a)}{6lEI_z}$	设 $a > b$ $y_{max} = \dfrac{Fb}{9\sqrt{3}EI}\,(l^2-b^2)^{3/2}$ 在 $x = \sqrt{\dfrac{l^2-b^2}{3}}$ 处	$y = \dfrac{Fbx}{6lEI_z}\,(l^2-b^2-x^2)$， $0 \le x \le a$ $y = \dfrac{F}{EI_z}\Big[\dfrac{b}{6l}\,(l^2-b^2-x^2)\,x +$ $\dfrac{1}{6}\,(x-a)^3\Big]$，$a \le x \le l$
	$\theta_A = \dfrac{Ml}{6EI_z}$ $\theta_B = -\dfrac{Ml}{3EI_z}$	$y_{max} = \dfrac{Ml^2}{9\sqrt{3}EI_z}$ 在 $x = \dfrac{l}{\sqrt{3}}$ 处	$y = \dfrac{Mx}{6lEI_z}\,(l^2-x^2)$

【例 6-3】 已知 $F = ql$，试用叠加法计算图 6-6 所示简支梁的跨中挠度 y_C 和截面转角 θ_A。

解：根据叠加法，先分别计算梁在均布荷载 q 和集中力 F 作用下的跨中挠度和 A 截面的转角，然后相加，即可求得梁最终的挠度和转角。由表 6-2 查得：

梁在均布荷载 q 作用下的跨中挠度和 A 截面的转角分别为

$$y_{C1} = \frac{5ql^4}{384EI}$$

$$\theta_{A1} = \frac{ql^3}{24EI}$$

梁在集中力 F 作用下的跨中挠度和 A 截面的转角分别为

$$y_{C2} = \frac{Fl^3}{48EI} \qquad \theta_{A2} = \frac{Fl^2}{16EI}$$

图　6-6

则该简支梁的跨中挠度和 A 截面的转角分别为

$$y_C = y_{C1} + y_{C2} = \frac{5ql^4}{384EI} + \frac{Fl^3}{48EI} = \frac{5ql^4}{384EI} + \frac{ql^4}{48EI} = \frac{13ql^4}{384EI}$$

$$\theta_A = \theta_{A1} + \theta_{A2} = \frac{ql^3}{24EI} + \frac{Fl^2}{16EI} = \frac{5ql^3}{48EI}$$

6.2.2　刚度校核及提高梁刚度的措施

1. 梁的刚度校核

梁不仅要满足强度条件，还要满足刚度条件。校核梁的刚度是为了检查梁在荷载作用下产生的位移是否超过容许值。在建筑工程中，一般只校核梁在荷载作用下的最大挠度。与梁的强度校核一样，梁的刚度校核也有相应的标准，这个标准就是挠度的容许值 $[f]$ 与梁跨

度 l 的比值，用 $\left[\dfrac{f}{l}\right]$ 表示。即要求梁在荷载作用下产生的最大挠度 $f = y_{max}$ 与跨度 l 的比值不能超过 $\left[\dfrac{f}{l}\right]$，则梁的刚度条件为

$$\frac{f}{l} \leqslant \left[\frac{f}{l}\right] \tag{6-8}$$

根据不同的工程用途，在有关规范中，对 $\left[\dfrac{f}{l}\right]$ 值均有具体的规定。

一般钢筋混凝土梁 $\left[\dfrac{f}{l}\right] = 1/300 \sim 1/200$

钢筋混凝土吊车梁 $\left[\dfrac{f}{l}\right] = 1/600 \sim 1/500$

在工程设计时，一般先按强度设计，再用刚度条件校核。

【例 6-4】 一根采用 22a 工字钢承受均布荷载的简支梁如图 6-7 所示，已知 $l = 6m$，$q = 4kN/m$，$E = 200GPa$，$[\sigma] = 160MPa$，$\left[\dfrac{f}{l}\right] = 1/300$，试校核其强度和刚度。

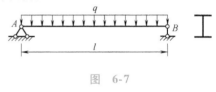

图 6-7

解：（1）强度校核

最大弯矩为

$$M_{max} = \frac{1}{8}ql^2 = \frac{1}{8} \times 4 \times 6^2 kN \cdot m = 18 kN \cdot m$$

由型钢表查得 22a 工字钢的惯性矩和抗弯截面系数为

$$I_x = 3400 cm^4$$

$$W_x = 309 cm^3$$

则 $\qquad \sigma_{max} = \dfrac{M_{max}}{W_x} = \dfrac{18 \times 10^6}{309 \times 10^3} MPa = 58.25 MPa < [\sigma] = 160 MPa$ （满足强度要求）

（2）刚度校核

$$\frac{f}{l} = \frac{5ql^3}{384EI_x} = \frac{5 \times 4 \times (6 \times 10^3)^3}{384 \times 200 \times 10^3 \times 3400 \times 10^4} = \frac{1}{604} < \left[\frac{f}{l}\right] = \frac{1}{300}$$

满足刚度要求。

2. 提高梁刚度的措施

由表 6-2 可以看出，梁的挠度和转角与梁的抗弯刚度 EI、跨度 l 和荷载作用情况有关，因此要提高梁的刚度可从以下几个方面考虑。

（1）提高抗弯刚度 EI 梁的变形与抗弯刚度 EI 成反比，增大梁的 EI 将使梁的变形减小。由于同类材料的 E 值不变，因此只能设法增大梁横截面的惯性矩 I。在面积不变的情况下，采用合理的截面形状，例如采用工字形、箱形及圆环形等截面，可提高惯性矩截面 I。

（2）减小梁的跨度 由表 6-2 知，梁的变形与其跨度的 n 次幂成正比。减小梁的跨度，将会有效地减小梁的变形。例如将简支梁的支座向中间适当移动变成外伸梁，或在梁的中间增加支座，都是减小梁变形的有效措施。

（3）改善荷载的分布情况　在结构允许的条件下，合理地调整荷载的作用位置及分布情况，以降低最大弯矩，从而减小梁的变形。例如将集中力分散作用，甚至改为分布荷载都可达到降低弯矩，减小变形的作用。

 想一想

1. 什么是挠度？其单位是什么？正负号是如何规定的？

2. 什么是转角？其单位是什么？正负号是如何规定的？

3. 什么情况下，可以用叠加法求梁的转角和挠度？

4. 为什么要对梁进行刚度校核？

本 章 回 顾

1. 轴向拉（压）杆的变形可由胡克定律来求得。胡克定律是材料力学中最基本的定律，它揭示了材料应力与应变之间的关系，其表达式有两种：

$$\Delta l = \frac{Fl}{EA} \quad \text{及} \quad \sigma = E\varepsilon$$

公式的适用条件是：材料的应力不超过比例极限。

2. 梁的挠度和转角是度量梁变形的两个基本物理量。在小变形和弹性范围内，三种单跨静定梁在简单荷载作用下的变形可通过查表 6-2，用叠加法来求。

3. 梁的刚度条件是

$$\frac{f}{l} \le \left[\frac{f}{l} \right]$$

*第7章

压杆稳定

知识要点及学习程度要求

- 压杆稳定的概念（了解）
- 临界力和临界应力（熟悉）
- 压杆的稳定计算（了解）
- 提高压杆稳定性的措施（熟悉）

7.1 压杆稳定的概念

课题导入

取一个钢卷尺，先抽出一小段，让其处于直立状态；然后逐渐增加其伸出长度，当长度增加到一定值时，钢尺就要产生侧向弯曲，不而会保持直立状态，这就是钢尺失稳。

【学习要求】 理解压杆失稳的概念；理解压杆失稳的三种状态。

工程中把承受轴向压力的直杆称为压杆。在前面讨论轴向受压杆强度问题时，认为只要压杆截面上的压应力不超过材料的抗压容许应力，就能保证杆件正常工作。实验证明，这个结论只适用于较短的压杆。工程实践表明，对于细长压杆，在轴向压力作用下，在杆内的应力并没达到材料的极限应力时，压杆就可能改变原有直线形式的平衡而突然变弯，从而丧失承载能力。例如，一根长 300mm，截面面积为 20mm × 1mm 的直钢杆，其容许压应力为 140MPa，根据强度条件，其抗压承载力为 2800N。但事实上，在压力还不到 40N 时，钢杆就会突然弯曲，丧失了其直线状态下的平衡而破坏。从承受荷载能力来看，二者相差 70 倍，压杆的破坏是由于它不能保持原来的直线状态平衡发生弯曲而造成的，这种现象称为**压杆的失稳**。对细长压杆来说，在材料远没有达到强度破坏之前就可能发生失稳，所以稳定性问题是不容忽视的。

所谓压杆稳定，实质上是指受压杆件保持直线形状平衡状态的稳定性。

现以理想轴心压杆为例，说明压杆稳定性的概念。所谓理想轴心压杆是指由匀质材料制成、轴线是直线、压力的作用线与压杆的轴线重合的压杆。如图 7-1a 所示理想压杆，在压力 F 作用下，处于直线形式平衡。由实验得知，当压力 F 小于某一个数值 F_{cr} 时，压杆可以始终保持直线形状的平衡，即使对该压杆加一个横向的干扰力使其变弯，在横向干扰力撤去以后，杆仍能恢复到原来的直线

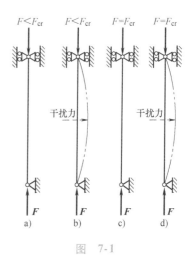

图 7-1

形状而平衡（如图 7-1b 所示），这种原有的直线平衡状态称为**稳定的平衡**。而当压力 F 增加到某一个数值 F_{cr}，如果加一个横向干扰力使杆发生微小弯曲变形，则干扰力去掉以后，

压杆不能恢复到原来的直线形状，而是在微弯状态下平衡（如图 7-1d 所示），则将原有的直线平衡状态称为**不稳定的平衡**。若继续增大压力 F 使其超过 F_{cr} 时，杆将继续弯曲，变形显著，甚至突然发生破坏。

由此可知，压杆直线形式的平衡是否稳定，取决于轴向压力 F 的大小。

1）当 $F < F_{cr}$ 时，压杆的直线形式平衡是稳定的。

2）当 $F = F_{cr}$ 时，压杆的直线形式平衡处于临界状态。

3）当 $F > F_{cr}$ 时，压杆的直线形式平衡是不稳定的。

压杆直线形式的平衡由稳定转为不稳定时，称为压杆**丧失稳定**或简称**失稳**。

临界状态下的压力值 F_{cr}，称为临界压力，简称临界力。轴向压力 F 达到临界力 F_{cr} 时的特点是：不加横向干扰力时，压杆可处于直线形式的平衡，加一个微小横向干扰力使杆发生微小的弯曲，然后撤去，压杆可能恢复原状，也可能保持其微弯状态下的平衡。

建筑工程中承压杆件是比较常见的，如柱子、桁架中的受压杆件等。但实际压杆与理想中心受压直杆是有区别的，原因是实际压杆往往有初始缺陷。首先，实际压杆不可能是挺直的，在加工、运输和安装过程中，不可避免地会出现初始弯曲，造成压杆的轴线不是直线，而是处于微弯状态。其次，作用在压杆上的压力的作用点与截面形心不重合，造成初偏心，亦可使压杆处于微弯状态。这些初始缺陷使压杆产生初弯曲。理论上讲，只要作用在压杆上的压力 $F \geq F_{cr}$，即使不作用横向干扰力，压杆也将丧失稳定。

想一想

如何区别压杆的稳定平衡与不稳定平衡？

7.2 临界力和临界应力

【学习要求】 熟悉细长压杆的临界力和临界应力计算公式及其适用条件；理解长细比的概念；理解不同长细比压杆临界应力的计算——临界应力总图。

7.2.1 细长压杆临界力计算公式——欧拉公式

由上节的学习可知，只要作用在压杆上的压力 $F \geq F_{cr}$，压杆就会丧失稳定，所以压杆稳定性计算的关键是确定临界力。在材料满足胡克定律的前提下，细长压杆临界力计算公式如下（推导过程略）：

$$F_{cr} = \frac{\pi^2 EI}{(\mu l)^2} \tag{7-1}$$

式（7-1）即为细长压杆临界压力计算公式，称为**欧拉公式**。

式中，μl 称为折算长度（或计算长度）；μ 称为长度系数，它反映了不同的杆端支承对临界力的影响，其值见表 7-1。

由欧拉公式可以看出，细长压杆临界力 F_{cr} 与压杆的抗弯刚度成正比，而与杆长成反比，还与压杆两端的支承情况有关。

表 7-1 压杆长度系数

支承情况	两端铰支	一端固定 一端铰支	两端固定	一端固定 一端自由
μ 值	1.0	0.7	0.5	2
挠曲线形状	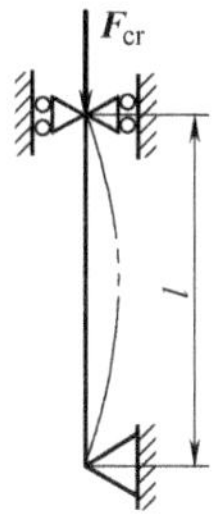 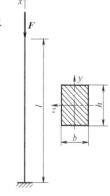	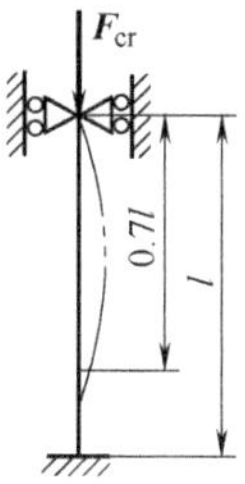	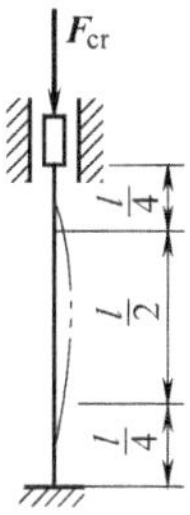	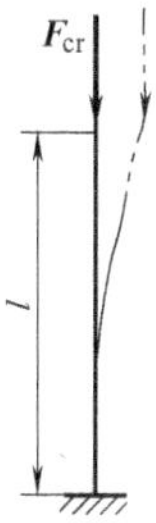

【例 7-1】 一根两端铰支的圆截面钢杆，$l = 600\text{mm}$，$d = 20\text{mm}$，材料为 Q235 钢，弹性模量 $E = 2 \times 10^5 \text{MPa}$，屈服应力 $\sigma_s = 235\text{MPa}$，试计算钢杆的临界力。

解：该钢杆为两端铰支压杆，由欧拉公式可知，其临界力为

$$F_{cr} = \frac{\pi^2 EI}{(\mu l)^2} = \frac{\pi^2 EI}{(1.0 \times l)^2} = \frac{\pi^2 \times 2 \times 10^5}{600^2} \cdot \frac{\pi \times 20^4}{64} \text{N} = 42.99 \times 10^3 \text{N} \approx 43\text{kN}$$

若按强度计算其承载力，则为

$$F = \sigma_s A = 235 \times \frac{1}{4} \times \pi \times 20^2 \text{N} = 73.79 \times 10^3 \text{N} = 73.79\text{kN}$$

由上述计算结果表明，对细长压杆来说，其承载力是由稳定性来决定的。

【例 7-2】 一端固定，一端自由的细长压杆如图 7-2 所示，已知杆长 $l = 2\text{m}$，$b \times h = 20\text{mm} \times 45\text{mm}$，材料的弹性模量 $E = 2 \times 10^5 \text{MPa}$，试计算该杆的临界力。若保持长度不变，而把截面改为 $b \times h = 30\text{mm} \times 30\text{mm}$，则该杆的临界力又为多少？

解：（1）计算截面为 $b \times h = 20\text{mm} \times 45\text{mm}$ 时的临界力

压杆必在最小抗弯刚度平面内失稳，故应用欧拉公式时，惯性矩应取小值代入，即

$$I_{min} = I_y = \frac{hb^3}{12} = \frac{45 \times 20^3}{12} \text{mm}^4 = 3.0 \times 10^4 \text{mm}^4$$

查表 7-1 得 $\mu = 2$，则临界力为

$$F_{cr} = \frac{\pi^2 EI}{(\mu l)^2} = \frac{\pi^2 \times 2 \times 10^5 \times 3.0 \times 10^4}{(2 \times 2 \times 10^3)^2} \text{N} = 3697\text{N} \approx 3.70\text{kN}$$

（2）计算当截面改为 $b \times h = 30\text{mm} \times 30\text{mm}$ 时的临界力

$$I_z = I_y = \frac{bh^3}{12} = \frac{30^4}{12} \text{mm}^4 = 6.75 \times 10^4 \text{mm}^4$$

$$F_{cr} = \frac{\pi^2 EI}{(\mu l)^2} = \frac{\pi^2 \times 2 \times 10^5 \times 6.75 \times 10^4}{(2 \times 2 \times 10^3)^2} \text{N} = 8319\text{N} \approx 8.32\text{kN}$$

图 7-2

由上述计算结果表明：两压杆横截面面积相同，支承条件也相同，但后者的临界力大于前者，这个差别是由于 I_{min} 不同造成的。因此，在材料用量相同的条件下，选择恰当的截面

形式，使截面对两形心主惯性轴的惯性矩相等（$I_z = I_y$），可提高压杆的临界力。

7.2.2 临界应力

临界力 F_{cr} 除以压杆的横截面面积 A，即为**临界应力**，用 σ_{cr} 表示，即

$$\sigma_{cr} = \frac{F_{cr}}{A} = \frac{\pi^2 EI}{(\mu l)^2 A}$$

将惯性半径 $i = \sqrt{\dfrac{I}{A}}$ 代入上式，得

$$\sigma_{cr} = \frac{F_{cr}}{A} = \frac{\pi^2 EI}{(\mu l)^2 A} = \frac{\pi^2 E}{\left(\dfrac{\mu l}{i}\right)^2}$$

令 $\lambda = \dfrac{\mu l}{i}$，则上式可写为

$$\sigma_{cr} = \frac{\pi^2 E}{\lambda^2} \tag{7-2}$$

式（7-2）就是计算压杆临界应力的欧拉公式，λ 称为压杆的**柔度或长细比**，它是稳定计算中的一个重要的物理量。柔度 λ 与 i、μ、l 有关，而 $i = \sqrt{I/A}$，其值取决于压杆的截面形状与尺寸，μ 值取决于压杆两端的支承情况。因此，从物理意义上看，λ 综合反映了压杆的长度、截面形状与尺寸以及压杆两端支承情况对临界应力的影响。且当 E 一定时，σ_{cr} 与 λ^2 成反比，这表明：对同样材料的压杆来说，临界应力仅决定于压杆的柔度 λ，其值越大，σ_{cr} 值越小，压杆稳定性就越差，就容易失稳；反之，λ 值越小，σ_{cr} 值越大，压杆稳定性就越好，越不容易失稳。

7.2.3 欧拉公式的适用范围

前已述及，欧拉公式是在材料满足胡克定律的前提下推导出的，因此欧拉公式的适用范围是压杆的临界应力 σ_{cr} 不超过材料的比例极限 σ_p，即

$$\sigma_{cr} = \frac{\pi^2 E}{\lambda^2} \leqslant \sigma_p$$

由上式得

$$\lambda \geqslant \pi \sqrt{\frac{E}{\sigma_p}} = \lambda_p \tag{7-3}$$

式（7-3）中，λ_p 为压杆的临界应力 σ_{cr} 等于材料比例极限 σ_p 时的柔度值，则欧拉公式的适用范围为

$$\lambda \geqslant \lambda_p \tag{7-4}$$

式（7-3）表明，当压杆的柔度大于或等于 λ_p 时，才可应用欧拉公式计算临界力和临界应力。这类压杆称为大柔度杆或细长杆，即欧拉公式只适用于大柔度杆。上式还表明 λ_p 仅取决于材料的性质（E、σ_p）。如用 Q235 钢制成的压杆，$E = 2 \times 10^5 \mathrm{MPa}$，$\sigma_p = 200\mathrm{MPa}$，其 λ_p 为

$$\lambda_p = \pi \sqrt{\frac{E}{\sigma_p}} = 3.14 \sqrt{\frac{2 \times 10^5}{200}} \approx 100$$

7.2.4 中长压杆临界力计算

1. 中长压杆的临界力计算——经验公式

上面已说明,欧拉公式只适用于大柔度杆,即压杆的临界应力 σ_{cr} 不超过材料比例极限 σ_p。当压杆的临界应力 σ_{cr} 超过材料比例极限 σ_p 时,欧拉公式不再适用。对这类压杆多采用经验公式计算临界力和临界应力,我国多采用如下的直线经验公式,其表达式为

$$\sigma_{cr} = a - b\lambda \tag{7-5}$$

式中 a、b——与材料有关的常数,其值见表 7-2。

表 7-2 几种常用材料的 a、b 值

材 料	a/MPa	b/MPa	λ_p	λ_s
Q235 钢 $\sigma_s = 235\mathrm{MPa}$	304	1.12	100	62
硅钢 $\sigma_s = 353\mathrm{MPa}$ $\sigma_b \geqslant 510\mathrm{MPa}$	577	3.74	100	60
铬钼钢	980	5.29	55	0
硬 铝	372	2.14	50	0
铸 铁	331.9	1.453	—	—
松 木	39.2	0.199	59	0

和欧拉公式一样,经验公式 (7-5) 也有它的适用范围,它要求临界应力不超过材料的受压极限应力。这是因为当临界应力达到材料的受压极限应力时,压杆已因为强度不足而破坏。因此,对于由塑性材料制成的压杆,其临界应力不允许超过材料的屈服应力 σ_s,即

$$\sigma_{cr} = a - b\lambda \leqslant \sigma_s$$

由上式得

$$\lambda \geqslant \frac{a - \sigma_s}{b} = \lambda_s \tag{7-6}$$

式 (7-6) 中,λ_s 为压杆的临界应力 σ_{cr} 等于材料屈服应力 σ_s 时的柔度值,它也是一个仅与材料性质有关的常数。则直线经验公式的适用范围为

$$\lambda_p > \lambda > \lambda_s$$

计算时,一般把柔度值介于 λ_s 与 λ_p 之间的压杆称为**中长杆**或**中柔度杆**,而把柔度小于 λ_s 的压杆称为**短粗杆**或**小柔度杆**。对于柔度小于 λ_s 的短粗杆或小柔度杆,一般不会发生失稳,其破坏是因为材料的抗压强度不足而造成的,即属于强度问题。如果将这类压杆也按照稳定问题进行处理,则对塑性材料制成的压杆来说,可取临界应力 $\sigma_{cr} = \sigma_s$。

2. 临界应力总图

综上所述,压杆按照其柔度的不同,可以分为三类,并分别由不同的计算公式计算其临界应力。当 $\lambda \geqslant \lambda_p$ 时,压杆为细长杆(大柔度杆),其临界应力用欧拉公式 (7-2) 来计算;当 $\lambda_p > \lambda > \lambda_s$ 时,压杆为中长杆(中柔度杆),其临界应力用经验公式 (7-5) 来计算;当

$\lambda \leqslant \lambda_s$ 时，压杆为短粗杆（小柔度杆），其临界应力等于杆受压时的极限应力。如果把压杆的临界应力根据其柔度不同而分别计算的情况，用一个简图来表示，该图形就称为压杆的临界应力总图。图7-3即为某塑性材料的临界应力总图。

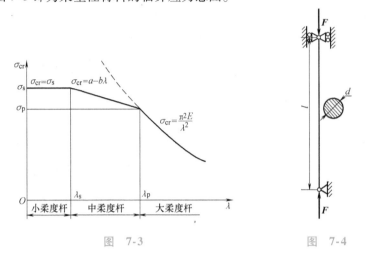

图　7-3　　　　　　　　图　7-4

【例7-3】　用Q235钢制成的两端铰支圆截面受压杆如图7-4所示，材料的弹性模量$E = 2 \times 10^5$ MPa，屈服点应力$\sigma_s = 235$ MPa，直径$d = 40$ mm，试分别计算下面三种情况下压杆的临界应力和临界力：（1）杆长$l = 1.2$ m；（2）杆长$l = 0.8$ m；（3）杆长$l = 0.5$ m。

解：两端铰支时$\mu = 1$，圆形截面的惯性半径为

$$i = \sqrt{I/A} = \sqrt{\frac{\pi d^4}{64} \bigg/ \frac{\pi d^2}{4}} = \frac{d}{4} = \frac{40}{4} \text{mm} = 10 \text{mm}$$

（1）计算杆长$l = 1.2$ m时的临界力

$$\text{柔度} \lambda = \frac{\mu l}{i} = \frac{1 \times 1.2 \times 10^3}{10} = 120 > \lambda_p = 100$$

所以是大柔度杆，应用欧拉公式计算临界应力和临界力

$$\sigma_{cr} = \frac{\pi^2 E}{\lambda^2} = \frac{3.14^2 \times 2 \times 10^5}{120^2} \text{MPa} = 136.94 \text{MPa}$$

$$F_{cr} = \sigma_{cr} A = 136.94 \times \frac{3.14 \times 40^2}{4} \text{N} = 172 \times 10^3 \text{N} = 172 \text{kN}$$

（2）计算杆长$l = 0.8$ m时的临界应力和临界力

$$\text{柔度} \lambda = \frac{\mu l}{i} = \frac{1 \times 0.8 \times 10^3}{10} = 80$$

查表7-2得$\lambda_s = 62$，因$\lambda_p > \lambda > \lambda_s$，所以该杆为中长杆，应用直线经验公式来计算临界应力和临界力。

查表7-2，Q235钢$a = 304$ MPa，$b = 1.12$ MPa，故

$$\sigma_{cr} = a - b\lambda = (304 - 1.12 \times 80) \text{MPa} = 214.4 \text{MPa}$$

$$F_{cr} = \sigma_{cr} A = \left(214.4 \times \frac{3.14 \times 40^2}{4}\right) \text{N} = 269.3 \times 10^3 \text{N} = 269.3 \text{kN}$$

（3）计算杆长$l = 0.5$ m时的临界应力和临界力

$$柔度 \lambda = \frac{\mu l}{i} = \frac{1 \times 0.5 \times 10^3}{10} = 50 < \lambda_s = 62$$

此时压杆为短粗杆（小柔度杆），其临界应力就取屈服应力，即 $\sigma_{cr} = \sigma_s$。

$$F_{cr} = \sigma_{cr} A = \sigma_s A = \left(235 \times \frac{3.14 \times 40^2}{4} \right) N = 295.2 \times 10^3 N = 295.2 kN$$

 想一想

1. 什么叫临界力？欧拉公式的适用条件是什么？

2. 图7-5所示各杆的材料和截面形状及尺寸均相同，各杆的长度不同，当压力 F_P 从零开始以相同的速率逐渐增加时，哪根杆首先失稳？

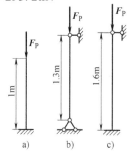

图 7-5

7.3 压杆稳定的计算

【**学习要求**】 了解压杆稳定计算的实用计算公式及解决的三类问题。

当压杆中的应力达到其临界应力时，压杆将要丧失稳定，因此正常工作情况下的压杆，其横截面上的正应力应小于临界应力。在工程中，为了保证压杆具有足够的稳定性，还必须考虑一定的安全储备，这就要求横截面上的应力不能超过压杆的容许临界应力值 $[\sigma_{cr}]$，即

$$\sigma = \frac{F}{A} \leqslant [\sigma_{cr}] \tag{7-7}$$

式（7-7）即为压杆需满足的稳定条件。因为压杆的临界应力总是随柔度而改变，柔度越大，临界应力越小，所以在对压杆进行稳定计算时，为了使用上的方便，将容许临界应力表示为材料的抗压强度许用应力 $[\sigma]$ 乘一个随柔度而变化的系数 φ，φ 称为折减系数。φ 仅取决于柔度 λ 值的大小，且值小于1，即

$$[\sigma_{cr}] = \varphi[\sigma]$$

则可将式（7-7）写为

$$\frac{F}{A} \leqslant \varphi[\sigma] \tag{7-8}$$

表7-3中列出了 Q235 钢、16Mn 钢和木材的部分折减系数 φ 值。

式（7-8）即为满足压杆稳定条件的**实用计算方法**。

与强度条件类似，应用式（7-8）可以解决压杆稳定的以下三类问题：

（1）稳定校核 即当压杆的几何尺寸、所用材料、支承情况及压力 F 均为已知时，校核其是否满足稳定条件。即

$$\frac{F}{A} \leqslant \varphi[\sigma]$$

计算时，先计算压杆的柔度值 λ，根据 λ 查出相应的折减系数 φ 值，再按上式校核。

（2）求稳定容许荷载 即当压杆的几何尺寸、所用材料及其支承情况已知时，按稳定条件计算容许荷载值 F。即

$$F \leqslant \varphi A[\sigma]$$

表7-3 折减系数表

λ	φ			λ	φ		
	Q235 钢	16 锰钢	木材		Q235 钢	16 锰钢	木材
0	1.000	1.000	1.000	110	0.536	0.386	0.248
10	0.995	0.993	0.971	120	0.446	0.325	0.208
20	0.981	0.973	0.932	130	0.401	0.279	0.178
30	0.958	0.940	0.883	140	0.349	0.242	0.153
40	0.927	0.895	0.822	150	0.306	0.213	0.133
50	0.888	0.840	0.751	160	0.272	0.188	0.117
60	0.842	0.776	0.668	170	0.243	0.168	0.104
70	0.789	0.705	0.575	180	0.218	0.151	0.093
80	0.731	0.627	0.470	190	0.197	0.136	0.083
90	0.669	0.546	0.370	200	0.180	0.124	0.075
100	0.604	0.462	0.300				

此时也需先计算压杆的柔度值 λ，根据 λ 查出相应的折减系数 φ 值，再按上式计算。

（3）选择截面　即当杆的长度、所用材料、支承情况及荷载已知时，按稳定条件选择杆的截面尺寸。即

$$A \geqslant \frac{F}{\varphi[\sigma]}$$

因公式中的 φ 是根据压杆的柔度值 λ 查表而得的，但在截面未确定之前，无法确定 λ，也就无法确定 φ 值，故应采用试算法。

 想一想

实心截面改为空心截面可增大截面的惯性矩，从而提高压杆的稳定性，是否可以在截面面积不变的情况下加工材料，使其无限制地远离截面形心，以提高压杆的稳定性？

7.4　提高压杆稳定性的措施

【**学习要求**】　从细长压杆的临界力计算公式出发，理解提高压杆稳定性的措施。

要提高压杆的稳定性，关键在于提高压杆的临界力或临界应力，所以提高压杆稳定性的措施应从影响压杆临界力的各种因素去考虑。从前面的讨论得知，影响压杆临界应力的主要因素是柔度。临界应力与压杆的柔度 λ 的平方成反比，柔度 λ 值越小，临界应力 σ_{cr} 值越大，压杆稳定性就越好。而柔度 λ 取决于压杆的长度、截面形状和尺寸以及支承条件。因此，要提高压杆的稳定性，应从以下几个方面考虑：

1. 合理选择材料

由欧拉公式可知，大柔度杆的临界应力与材料的弹性模量成正比，所以选择弹性模量较高的材料，就可以提高大柔度杆的临界应力，也就提高了其稳定性。但是，对于钢材而言，各种钢的弹性模量大致相同，所以选用高强度钢并不能明显提高大柔度杆的稳定性。而中、

小柔度杆的临界应力则与材料的强度有关，采用高强度钢材，可以提高这类压杆抵抗失稳的能力。

2. 选择合理的截面形状

增大截面的惯性矩，可以增大截面的惯性半径，降低压杆的柔度，从而提高压杆的稳定性。在压杆的横截面面积相同的条件下，应尽可能使材料远离截面形心轴，以取得较大的惯性矩，从这个角度出发，空心截面要比实心截面合理，如图7-6所示。在工程实际中，若压杆的截面是用两根槽钢组成的，则应采用如图7-7所示的布置方式，可以取得较大的惯性矩或惯性半径。

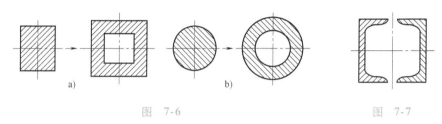

图　7-6　　　　　　　　　　　　　　　　图　7-7

另外，由于压杆总是在柔度较大（临界力较小）的纵向平面内首先失稳，所以应注意尽可能使压杆在各个纵向平面内的柔度都相同，以充分发挥压杆的稳定承载力。

3. 改善约束条件、减小压杆长度

根据欧拉公式可知，压杆的临界力与其计算长度的平方成反比，而压杆的计算长度又与其约束条件有关。因此，改善约束条件，可以减小压杆的长度系数和计算长度，从而增大临界力。在相同条件下，从表7-1可知，自由支座最不利，铰支座次之，固定支座最有利。减小压杆长度的另一个方法是在压杆的中间增加支承，把一根压杆的计算长度减小。

 **想一想**

只要保证压杆的稳定性就能保证其承载力，对吗？

本 章 回 顾

1. 压杆的失稳

压杆直线形状的平衡状态，根据它对干扰力的抵抗能力不同，可分为稳定的与不稳定的。所谓压杆丧失稳定，就是指压杆在压力作用下，直线形状的平衡状态由稳定变成了不稳定。

2. 临界力和临界应力

临界力是压杆从稳定平衡状态过渡到不稳定平衡状态的压力值。确定临界力（或临界应力）的大小，是解决压杆稳定问题的关键。

计算临界力的公式为

（1）细长杆（$\lambda \geqslant \lambda_p$），使用欧拉公式

$$F_{cr} = \frac{\pi^2 EI}{(\mu l)^2} \quad 或 \quad \sigma_{cr} = \frac{\pi^2 E}{\lambda^2}$$

（2）中长杆（$\lambda_p > \lambda > \lambda_s$），使用经验公式

$$\sigma_{cr} = a - b\lambda$$

（3）中长杆（$\lambda \leqslant \lambda_s$），对塑性材料

$$\sigma_{cr} = \sigma_s$$

3. 长细比（柔度）

长细比是反映压杆的长度、截面形状和尺寸以及支承条件对临界力影响的一个综合因素

$$\lambda = \frac{\mu l}{i}$$

长细比 λ 是稳定计算中的一个重要几何参数，有关压杆的稳定计算都要先算出 λ。

压杆总是在柔度大的平面内首先失稳。当压杆两端支承情况各方向相同时，计算最小形心主惯性矩 I_{min}，求得最小惯性半径 i_{min}，再求出 λ_{max}。当压杆两个方向的支承情况不同时，则要比较两个方向的柔度值，取大者进行计算。

4. 稳定性计算

工程通常采用实用计算法，其稳定条件是

$$\frac{F}{A} \leqslant \varphi[\sigma]$$

应用稳定条件可以解决校核稳定性、确定稳定容许荷载、设计压杆截面等三类问题。

在压杆截面有局部削弱时，稳定计算可不考虑削弱，但必须同时对削弱的截面（用净面积）进行强度校核。

5. 提高压杆稳定性的措施

1）合理选择材料。

2）选择合理的截面形状。

3）改善约束条件、减小压杆长度。

* 第 8 章

平面体系的几何
组成分析

- 几何组成分析的目的（了解）
- 几何组成分析的几个概念（理解）
- 无多余约束几何不变体系组成规则（掌握）
- 静定结构和超静定结构（理解）

8.1 几何组成分析的目的

课题导入

　　准备七根竹筷和细绳，先将三根竹筷绑成三角形，再将四根竹筷绑成平行四边形，然后在三角形上施加一个力，观察其变形。然后在四边形上施加一个力，观察其变形。看看它们有何不同？

　　【学习要求】　了解几何组成分析的目的，掌握几何不变体系、几何可变体系和几何瞬变体系的概念。

8.1.1　平面几何组成分析的目的

　　几何组成分析，也称几何构造分析或机动分析，是以几何组成规则为依据，确定体系的几何形状和空间位置是否稳定的一种分析方法。建筑工程中的结构是用来承受荷载的，若不考虑材料的应变，其几何形状必须保持不变。因此，在结构设计和计算之前，首先要研究其几何性质，判断其是否几何不变，能否作为结构使用。对体系进行几何组成分析的目的在于：

　　1）判别体系是否为几何不变体系，以判定其能否作为工程结构使用。

　　2）掌握几何不变体系的组成规则，以便合理布置构件，使所设计的结构在荷载作用下能够维持平衡。

　　3）根据体系的几何组成情况，确定结构是静定的还是超静定的，以便选择相应的计算方法。

8.1.2　几何不变体系、几何可变体系、几何瞬变体系

　　1. 几何不变体系

　　在任意荷载作用和不考虑材料应变的条件下，位置和形状都不能改变的体系（见图8-1a、b、c）。

　　2. 几何可变体系

　　在任意荷载作用和不考虑材料应变的条件下，位置或形状可以改变的体系（见图8-1d、e、f）。

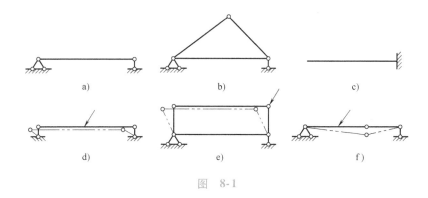

图　8-1

3. 几何瞬变体系

体系本身是几何可变的，但经微小位移后又成为几何不变的体系。

 想一想

1. 为什么要对结构进行几何组成分析？
2. 分别解释什么是几何不变体系、几何可变体系及几何瞬变体系。

8.2　几何组成分析的几个概念

【**学习要求**】　理解刚片、自由度和约束的概念；掌握平面上一个点、刚片的自由度；掌握约束的类型及其对自由度的影响。

8.2.1　刚片

刚片是指几何不变的平面刚体。由于不考虑材料的应变，一个几何不变体系，无论大小、形状，也无论是整体或局部，分析中均可视为一个刚片。显然，每根杆件或每根梁、柱都可以看作是一个刚片，建筑物的基础或地球表面也可看作是一个大刚片，某一个几何不变部分也可视为一个刚片。这样，平面体系的几何分析就在于分析体系各个刚片之间的联接方式能否保证体系的几何不变性。

8.2.2　自由度

自由度是指确定体系位置所需要的独立坐标（参数）的数目。

1. 点的自由度

一个点在平面内运动时，其位置可用两个坐标来确定，所以**平面内的一个点有两个自由度**（见图8-2a）。

2. 刚片的自由度

一个刚片在平面内运动时，其位置要用 x、y、φ 三个独立参数来确定，所以**平面内的一个刚片有三个自由度**（见图8-2b）。

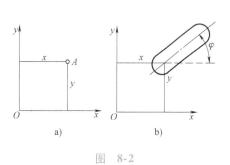

图　8-2

由此可知，体系几何不变的必要条件是自由度等于或小于零。

8.2.3 约束及其对自由度的影响

1. 约束的概念

能够减少体系自由度的装置称为约束，也称联系，也就是杆件与基础之间、杆件之间的联系装置。约束可使体系的自由度减少，能够减少几个自由度，就相当于几个约束。

2. 约束的类型

约束主要有链杆（一根两端铰结于两个刚片的杆件称为链杆，它可以是直杆、曲杆、折杆）、单铰（即联接两个刚片的铰）、复铰（如图8-3所示联接多于两个刚片的铰）和刚结点四种形式。

图 8-3

3. 各类约束对自由度的影响

（1）链杆　假设有两个刚片，其中一个不动设为基础，此时体系的自由度为3。若用一个链杆将它们联接起来，如图8-4a所示，则除了确定联接链杆需一转角坐标 φ_1 外，还需一个确定刚片绕 A 转动的转角坐标 φ_2，此时只需两个独立坐标就能确定该体系的运动位置，则体系的自由度为2，它比没有链杆时减少了一个自由度，所以**一根链杆相当于一个约束**。

（2）单铰　若用一个单铰把刚片同基础联接起来，如图8-4b所示，则只需一个转角坐标 φ 就能确定体系的运动位置，这时体系比原体系减少了两个自由度，所以**一个单铰相当于两个约束**。

（3）复铰　复铰约束，如图8-5所示，若要确定刚片 I 的位置需要三个坐标，但当刚片 II、III 和 I 用一个复铰联接在一起后，刚片 II、III 都只能绕 A 点转动，则 II、III 刚片位置的确定只需再增加两个坐标，自由度共计为五个，它比 I、II、III 之间没有复铰联接时的九个自由度少了四个自由度。所以，**联接三个刚片的复铰相当于两个单铰的作用**，由此可推知，**联接 n 个刚片的复铰相当于 $n-1$ 个单铰约束**（n 为刚片数）。

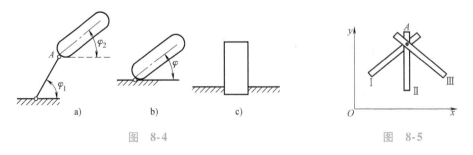

图 8-4　　　　　　　　　　　　　　　　图 8-5

（4）刚结点　若将刚片同基础刚性连接起来，如图 8-4c 所示，则它们成为一个整体，刚片既不能移动，也不能转动，体系的自由度为 0，因此**刚结点相当于三个约束**。

想一想

分别解释什么是刚片、自由度及约束。

8.3　无多余约束几何不变体系组成规则

【学习要求】　理解无多余约束几何不变体系、有多余约束的几何不变体系及虚铰的概念；掌握无多余约束几何不变体系的组成规则及其推论。

无多余约束几何不变体系是指一个几何不变体系，如果去掉任何一个约束就变成几何可变体系的体系。反之，若去掉某一个约束后，体系才变为无多余约束几何不变体系，则称该体系为有一个多余约束的几何不变体系，若去掉某 n 个约束后，体系才变为无多余约束几何不变体系，则称该体系为有 n 个多余约束的几何不变体系。

基本规则是几何组成分析的基础，在进行几何组成分析之前先介绍一下虚铰的概念：如果两个刚片用两根链杆联接（见图 8-6a），则这两根链杆的作用就和一个位于两杆交点 O 的铰的作用

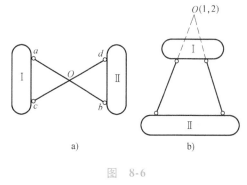

图　8-6

完全相同。由于在这个交点 O 处并不是真正的铰，所以称它为**虚铰**。虚铰的位置在这两根链杆的交点上，如图 8-6a 的 O 点。如果联接两个刚片的两根链杆并没有相交，则虚铰在这两根链杆延长线的交点上，如图 8-6b 所示。

无多余约束几何不变体系的组成规则是以图 8-7 所示铰接三角形为基础的。显然图 8-7 所示铰接三角形是几何不变的。将上述三杆全部或其中两杆或其中一杆视为刚片，就可得到以下三个规则。

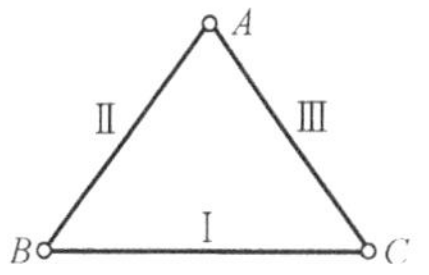

图　8-7

8.3.1　三刚片规则

将图 8-7 中的三根链杆当做三个刚片，如图 8-8a 所示，就可得到三刚片规则：

规则 1　三刚片用不在一条直线上的三个铰两两联接，则组成无多余约束的几何不变体系。

如果将图中联接三刚片之间的铰 A、B、C 全部用虚铰代替，即都用两根不共线、不平行的链杆来代替，成为图 8-8b 所示体系，则有：

推论 1　三刚片分别用不完全平行也不共线的两根链杆两两联接，且所形成的三个虚铰不在同一条

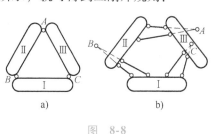

图　8-8

直线上，则组成无多余约束的几何不变体系。

8.3.2 两刚片规则

将图 8-7 中的两根链杆当做两个刚片，如图 8-9a 所示，就可得到两刚片规则：

规则 2 两刚片用一个铰（B 铰）和不通过铰的一根链杆（AC 链杆）联接，则组成无多余约束的几何不变体系。

如果将图 8-9a 中联接两刚片的铰 B 用虚铰代替，即用两根不共线、不平行的链杆 a、b 来代替，成为图 8-9b 所示体系，则有：

推论 2 两刚片用既不完全平行也不交于同一点的三根链杆联接，则组成无多余约束的几何不变体系。

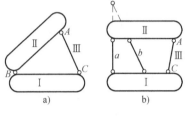

图 8-9

8.3.3 二元体规则

所谓二元体，是指仅由单铰相连，且不在同一直线上的两根链杆（见图 8-10b 中的 BA、AC）。如图 8-10a 所示为一个三角形铰结体系，它是一个几何不变体系。将图 8-10a 中的链杆 Ⅰ 看作一个刚片，成为图 8-10b 所示的体系。从而得出：

规则 3（二元体规则） 一个点与一个刚片用两根不共线的链杆相连，则组成无多余约束的几何不变体系。

推论 3 在一个体系上增加或减少若干个二元体，都不会改变原体系的几何组成性质。

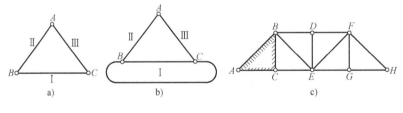

图 8-10

如图 8-10c 所示的桁架，就是在铰接三角形 ABC 的基础上，依次增加二元体而形成的一个无多余约束的几何不变体系。同样，也可以对该桁架从 H 点起依次拆除二元体而成为铰接三角形 ABC。

从以上叙述可知，这三个规则及其推论，实际上都是三角形规律的不同表达方式，即三个不共线的铰，可以组成无多余约束的三角形铰结体系。

 想一想

1. 什么是虚铰？
2. 什么是无（有）多余约束的几何不变体系？
3. 什么是二元体？

8.4　几何组成分析举例

【学习要求】　熟悉运用无多余约束几何不变体系组成规则来分析平面体系的几何组成。

进行几何组成分析的基本依据是上节的三个规则。要用这三个规则去分析形式多样的平面杆系，关键在于选择哪些部分作为刚片，哪些部分作为约束，这就是问题的难点所在，通常可以作以下的选择：一根杆件或某个几何不变部分（包括地基），都可选作刚片；体系中的铰都是约束；只用两个铰与其他部分相连的杆件或几何不变部分，根据分析需要，可将其选作为刚片，也可选作为链杆约束；在选择刚片时，要联想到组成规则的约束要求（铰或链杆的数目和布置），同时考虑哪些是联接这些刚片的约束。

体系几何组成虽然灵活多样，但分析也有一定规律可循。对于比较简单的体系，可以直接用两个或三个刚片规则分析其几何组成。对于复杂体系，可以采用以下方法：

1）当体系上有二元体时，应去掉二元体使体系简化，以便于应用规则。但需注意，每次只能去掉体系外围的二元体（符合二元体的定义），而不能从中间任意抽取。也可以增加二元体，增加二元体时可以从一个刚片（例如地基或铰结三角形等）开始，依次增加二元体，尽量扩大刚片范围，使体系中的刚片个数尽量少，以便应用规则。

【例8-1】　试对图8-11所示体系进行几何组成分析。

解法一：　去二元体

该体系节点1处有一个二元体，拆除后，节点2处又是二元体，再拆除后，又可在节点3处拆除二元体，剩下为三角形A4B。它是几何不变的，故原体系为无多余约束的几何不变体系。也可以继续在节点4处拆除二元体，剩下的只是大地了，这也说明原体系为无多余约束的几何不变体系。

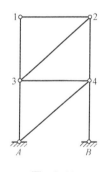

图　8-11

解法二：　增加二元体

将地基视为一个刚片，增加二元体A4B，再增加二元体A34，再增加二元体324，再增加二元体312。根据二元体规则的推论可知该体系为无多余约束的几何不变体系。

通过上例说明，在利用二元体规则时，去掉二元体的顺序刚好与增加二元体的顺序相反。

2）如果体系的支座链杆只有三根，且不全平行也不交于同一点，则地基与体系本身的联接已符合二刚片规则，因此可去掉支座链杆和地基而只对体系本身进行分析。

【例8-2】　试对图8-12a所示体系进行几何组成分析。

解：除去支座3根链杆，只需对图8-12b所示体系进行分析，根据两刚片规则，两刚片A2和B1通过铰1和一根不通过铰1的链杆23联接，组成无多余约束的几何不变体系。

3）当体系的支座链杆多于三根时，将地基作为一刚片，与体系一起进行分析。

【例8-3】　试对图8-13所示体系进行几何组成分析。

解：将ABC、DEF作为两个刚片，再将地基作为一个刚片，刚片ABC、DEF通过1、2两根链杆相连，刚片ABC与地基通过铰A相连，刚片DEF与地基通过铰F相连，根据三刚片规则可知，该体系是无多余约束的几何不变体系。

4）当体系较复杂时，可先确定一部分为刚片，再连续使用二刚片或三刚片规则，逐步扩大到整个体系。

【例8-4】　试对如图8-14所示体系进行几何组成分析。

解：先分析下层，刚片 ACH、BGH 和地基通过不共线的三个铰 A、H、B 相连，根据三刚片规则，下层是一个无多余约束的几何不变体系（即三铰刚架 ABH），将其看作为一个大刚片；上层两个刚片 CDE 与 EFG 和下层刚片（即三铰刚架 ABH）也用不共线的三个铰 C、E、G 相连，根据三刚片规则可知，该体系是无多余约束的几何不变体系。

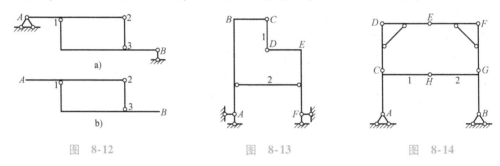

图 8-12　　　　图 8-13　　　　图 8-14

通过以上体系几何组成分析举例可知，分析时要注意以下几点：

1）在进行组成分析时，体系中的每根杆件和约束都不能遗漏，也不可重复使用。

2）当分析进行不下去时，一般是所选择的刚片或约束不恰当，应重新选择刚片或约束再试。

3）对某一体系，可能有多种分析方法，但结论是唯一的。

4）不管如何分析，最后都归结为三个规则及其推论。

8.5　静定结构和超静定结构

【学习要求】　熟悉静定结构和超静定结构的概念。

用来作为结构的杆件体系，必须是几何不变的，而几何不变体系又可分为无多余约束的和有多余约束的。故结构可分为无多余约束的和有多余约束的两类，有多余约束的结构其约束数目除满足几何不变性外还有多余。例如图8-15a所示连续梁，如果将 C、D 两支座链杆去掉（见图8-15b）仍能保持其几何不变性，且此时无多余约束，所以该连续梁有两个多余约束。又如图8-16a所示组合结构，若将链杆 ab 去掉（见图8-16b），则结构成为没有多余约束的几何不变体系，故该组合结构具有一个多余约束。

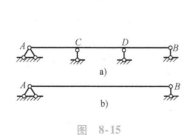

图　8-15

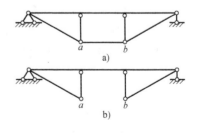

图　8-16

对于无多余约束的结构，如图 8-17 所示简支梁，由静力学可知，它的全部约束力和内力可由静力平衡条件（$\sum F_x=0$、$\sum F_y=0$、$\sum M=0$）求得，这类结构称为**静定结构**。

但是，对于具有多余约束的结构，却不能仅由静力平衡条件求出其全部约束力和内力。如图 8-18 所示的连续梁，其支座约束力共有五个，而静力平衡方程只有三个，因而仅利用三个静力平衡条件无法求得其全部约束力，因此也不能求出其全部内力，这类结构称为**超静定结构**。

综上所知，**静定结构是没有多余约束的几何不变体系，超静定结构是有多余约束的几何不变体系**。结构的超静定次数就等于几何不变体系的多余约束个数。

图　8-17　　　　　　　　　　　图　8-18

 **想一想**

静定结构、超静定结构有何特征?

本 章 回 顾

平面体系是指杆件轴线皆在同一平面内的杆件体系。平面体系几何组成分析的主要目的在于，确定体系为几何不变体系还是几何可变体系，以确定其是否能作为结构使用。另外，确定结构为静定结构还是超静定结构，便于选择计算方法。

1. 平面体系分为几何不变体系与几何可变体系，几何可变体系又分为瞬变体系和常变体系。

2. 几何组成分析的几个概念：刚片、自由度和约束；平面内的一个点有两个自由度、平面内的一个刚片有三个自由度；一根链杆相当于一个约束、一个单铰相当于两个约束、联接 n 个刚片的复铰相当于（$n-1$）个单铰（n 为刚片数）约束、刚结点相当于三个约束。

3. 判断无多余约束几何不变体系的规则及其推论

（1）三刚片规则

规则 1：三刚片用不在一条直线上的三个铰两两联接，则组成无多余约束的几何不变体系。

推论 1：三刚片分别用不完全平行也不共线的两根链杆两两联接，且所形成的三个虚铰不在同一条直线上，则组成无多余约束的几何不变体系。

（2）两刚片规则

规则 2：两刚片用一个铰和不通过此铰的一根链杆联接，则组成无多余约束的几何不变体系。

推论 2：两刚片用既不完全平行也不交于同一点的三根链杆联接，则组成无多余约束的几何不变体系。

（3）二元体规则

规则 3：一个点与一个刚片用两根不共线的链杆相连，则组成无多余约束的几何不变体系。

推论 3：在一个体系上增加或减少若干个二元体，都不会改变原体系的几何组成性质。

4. 无多余约束的几何不变体系称为静定结构，其静力特征是：用静力平衡条件可求得全部约束力和内力。有多余约束的几何不变体系，称为超静定结构，其静力特征是：仅用静力平衡条件不能求得全部约束力和内力。

第 9 章

静定结构的内力

- 多跨静定梁、斜梁（掌握）
- 静定平面刚架（熟悉）
- 静定平面桁架（掌握）

9.1 多跨静定梁、斜梁

课题导入

准备一个多跨静定梁模型，观察其组成情况，然后在不同的跨中上施加一个竖向力，观察其传力情况；取一根斜杆，从上方施加竖向力，观察其变形。思考这两种静定结构的内力如何计算？

【学习要求】 了解多跨静定梁组成方式，熟悉多跨静定梁的内力计算和内力图绘制；掌握简支斜梁的内力计算和内力图的绘制，以及与相应水平简支梁约束力、内力的关系。

9.1.1 多跨静定梁

1. 多跨静定梁的组成

多跨静定梁（见图9-1a）是无多余约束的几何不变体系，因而是静定的，又由于是多跨的（AB、BE、EF、FH 称为跨），故称为多跨静定梁。

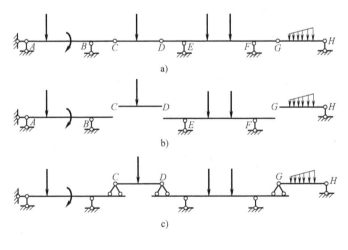

图 9-1

多跨静定梁由基本部分及附属部分组成。

基本部分是可以独立平衡其上作用的外力的部分，它可以是几何不变的，也可以是几何可变的。下面所说的基本部分和附属部分都是针对竖向荷载而言的。

为了分辨主从关系，将相互联系的铰 C、D、G 切断（见图9-1b）。根据上述定义，梁 ABC 是基本部分，它是几何不变的。梁 $DEFG$ 也是基本部分，虽然是可变的（在水平方向要靠 $ABCD$ 部分支持），但是能独立平衡竖向外力，而 CD 与 GH 则是附属部分，它们离开基本部分不能单独平衡竖向外力。

为了清楚地表明主从关系，把附属梁（附属部分）放在基本梁（基本部分）上面，把铰用两个支杆代替，如图9-1c所示，称作主从关系图或层次图。

2. 多跨静定梁的组成方式

多跨静定梁的组成方式，常见的有以下三种：

（1）主从关系　除一跨为基本梁外，其余各梁依次附属于前一梁，如图9-2a所示，其层次图示见图9-2b。

（2）主从相间（见图9-3）

（3）以上两种形式的混合（见图9-4）

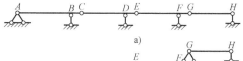

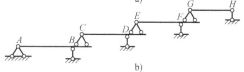

图 9-2

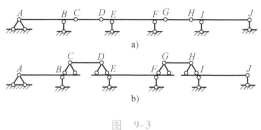

图 9-3

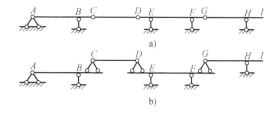

图 9-4

3. 多跨静定梁的内力计算

多跨静定梁是主从结构，内力计算时要先画出其层次图，分清主从关系，然后先算附属梁，后算基本梁，且在计算基本部分时，应将附属部分的约束力反向作用在基本梁上再计算。力作用在基本梁上时附属梁不受力，力作用在附属梁上时附属梁及基本梁都受力。

【例9-1】　如图9-5a所示的多跨静定梁，绘制其弯矩图及剪力图。

解：将铰 C 及 F 切断，可看出中间的梁是基本梁，两边的梁是附属梁，层次图见图9-5b。

先算附属梁 ABC 及 FHG（见图9-5c），然后将 C、F 处的**约束力反向**作用到基本梁 $CDEF$ 上去，计算基本梁。分别绘制各梁的弯矩图、剪力图，拼起来即得多跨静定梁的弯矩图及剪力图（见图9-5d、e）。

拼弯矩图及剪力图时要注意，由于 BD 间无外载作用，弯矩图应为一条直线，剪力图为一个常数，对于右面 EH 段也是这样。

为了表示轴力是静定的，在图9-5c中撤去了梁间的水平联系，而代以轴力（轴力等于零）。

若多跨静定梁上只有一个力作用，则利用 M 与 F_Q 间的微分关系可以更简捷地画出弯

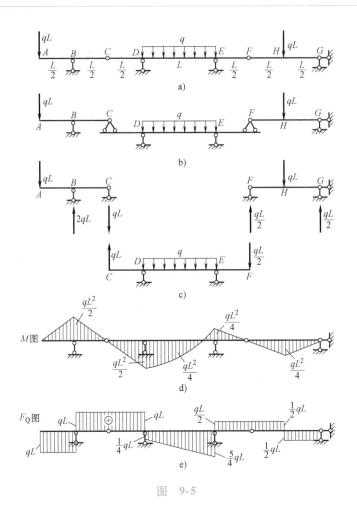

图 9-5

矩图。

【例9-2】 画如图9-6a所示梁的弯矩图。

解：画出层次关系图示于图9-6b。

分析受力范围：力 **F** 作用于左边附属梁上，左边附属梁及基本梁受力，右面附属梁不受力。由于右面附属梁不受力，所以基本梁的挑臂 EF 也不受力，截面 E 上弯矩等于零。这样受力范围就限于由 A 到 E 的区间了。

AB 间的弯矩图立即可以画出。由 B 到 D（见图9-6a）之间无外载作用，弯矩图为一条直线，铰 C 处弯矩等于零，于是 BCD 段的弯矩图即可画出，DE 间无外载作用，弯矩图为一条直线，由前面分析已知 E 处弯矩等于零，由此 DE 段的弯矩图就确定了，全部弯矩图如图9-6c所示。

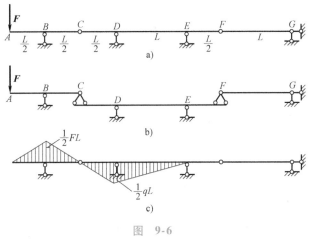

图 9-6

9.1.2 斜梁

在建筑工程中，常遇到杆轴为倾斜的斜梁，如楼梯梁。斜梁通常承受两种形式的均布荷载：

（1）沿水平方向均布的荷载 q（见图 9-7a）　楼梯斜梁承受的人群荷载就是沿水平方向均匀分布的荷载。

（2）沿斜梁轴线均匀分布的荷载 q'（见图 9-7b）　等截面斜梁的自重就是沿梁轴均匀分布的荷载。

由于斜梁按水平均布荷载计算起来更为方便，故可根据总荷载不变的原则，将沿斜梁轴线均匀分布的荷载 q' 等效换算成沿水平方向均布的荷载 q 后再作计算，即由 $q'l' = ql$ 得：

$$q = q'l'/l = q'/\cos\alpha$$

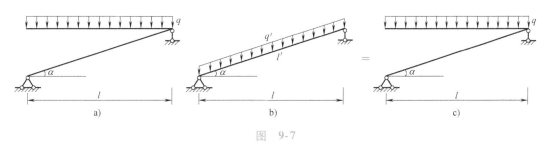

图　9-7

上式表明：沿斜梁轴线分布的荷载 q' 除以 $\cos\alpha$ 就可化为沿水平分布的荷载 q。这样换算以后，对斜梁的一切计算都可按图 9-7c 的简图进行。

如图 9-8a 所示为一根简支斜梁，倾角为 α。为了便于比较，我们将作用荷载、跨度与简支斜梁荷载、水平跨度相同的水平简支梁，称为相应水平简支梁，如图 9-8f 所示。下面通过对两种梁的支座约束力、内力计算和内力图的绘制，来比较它们之间的关系。

设相应水平简支梁的支座约束力为 F_{HA}^{0}、F_{VA}^{0}、F_{VB}^{0}，任意截面 K 的内力为 M_K^{0}、F_{VK}^{0}、F_{NK}^{0}。而斜梁的支座约束力为 F_{HA}、F_{VA}、F_{VB}，任意截面 K 的内力为 M_K、F_{VK}、F_{NK}。

（1）求斜梁支座约束力

以全梁为研究对象，由静力平衡条件求得支座约束力为

$$F_{HA} = 0, \quad F_{VA} = F_{VB} = ql/2$$

（2）求斜梁内力

列弯矩方程。设截面 K 距左端为 x，取脱离体如图 9-8b 所示；由 $\sum M_K = 0$，可得弯矩方程为

$$M_K = F_{VA}x - qx\frac{x}{2} = \frac{ql}{2}x - \frac{q}{2}x^2$$

由上式可知弯矩图为一个抛物线，如图 9-8c 所示，跨中弯矩为 $\frac{1}{8}ql^2$。可见斜梁中最大弯矩的位置（梁跨中）和大小 $\left(\frac{1}{8}ql^2\right)$ 与相应简支梁是相同的。

求剪力和轴力时，将约束力 F_{VA} 和荷载 qx 沿截面切线方向（v 方向）和法线方向（u 方

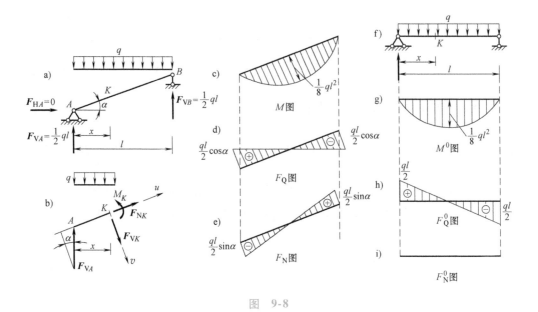

图 9-8

向）投影（见图9-8b），由 $\sum F_V = 0$，得

$$F_{VK} = F_{VA}\cos\alpha - qx\cos\alpha = \left(\frac{ql}{2} - qx\right)\cos\alpha$$

由 $\sum F_{NK} = 0$，得

$$F_{NK} = -F_{VA}\sin\alpha + qx\sin\alpha = -\left(\frac{ql}{2} - qx\right)\sin\alpha$$

根据以上二式分别作出剪力图和轴力图，如图9-8d、e所示。

同理，可由截面法求得图9-8f所示相应水平简支梁任一截面 K 的弯矩 M_K^0、剪力 F_{VK}^0 和轴力 F_{NK}^0 为

$$M_K^0 = \frac{ql}{2}x - \frac{q}{2}x^2, \quad F_{VK}^0 = \frac{ql}{2} - qx, \quad F_{NK}^0 = 0$$

作出相应水平简支梁的内力图，如图9-8g、h、i所示。

将斜梁与相应水平简支梁的反力和内力加以比较，可知二者有如下关系：

$$F_{HA} = F_{HA}^0 = 0, \quad F_{VA} = F_{VA}^0 = \frac{ql}{2}, \quad F_{VB} = F_{VB}^0 = \frac{ql}{2}$$

$$M_K = M_K^0, \qquad F_{VK} = F_{VK}^0\cos\alpha, \quad F_{NK} = -F_{VK}^0\sin\alpha$$

由此可得如下结论：

1）简支斜梁在竖向荷载作用下的支座约束力，等于相应水平简支梁支座约束力。

2）简支斜梁在竖向荷载作用下的弯矩值，等于相应水平简支梁弯矩值（因此叠加法也适用于斜梁）。

3）斜梁上任意截面 K 的剪力和轴力，分别等于相应水平简支梁相应截面的剪力沿斜梁截面的切向和法向的投影。

4）对称结构在对称荷载作用下，其约束力、弯矩图、轴力图对称，而剪力图反对称（见图9-8g～i）。

想一想

1. 多跨静定梁由哪两部分组成？
2. 当荷载作用在多跨静定梁的基本部分上时，附属部分为什么不受力？
3. 如何求解简支斜梁的支座约束力和内力？

9.2　静定平面刚架

用钢丝弯成一个 L 形杆件，将其立放，用左手握住下端，右手食指在自由端施加一个竖向力，观察杆件的变形。思考杆件有哪些内力存在？

【学习要求】　了解常用静定平面刚架有哪些形式，熟悉其内力计算和内力图绘制。

平面刚架是由梁和柱组成的平面结构，其特点是杆段的连接点中有刚结点，当刚架受力而发生变形时，刚结点处各杆端间的夹角始终保持不变，如图 9-9 所示。由于刚结点能约束杆端的相对转动，故能承受弯矩，与梁相比刚架具有减小弯矩极值、节省材料并有较大的净空间等特点。在建筑工程中常用刚架作为承重结构。

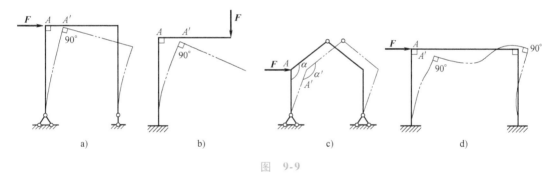

图　9-9

平面刚架可分为静定刚架和超静定刚架。常见的静定刚架有悬臂刚架（见图 9-10a）、简支刚架（见图 9-10b）、三铰刚架（见图 9-10c）等。

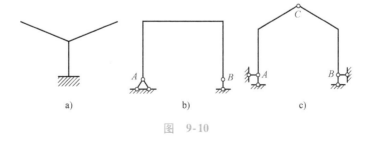

图　9-10

9.2.1　静定刚架支座约束力的计算

在计算静定刚架内力之前，通常先根据静力平衡条件计算出支座约束力。如图 9-10a、

b 所示刚架由一个构件组成，可列出三个独立的平衡方程，求出所有的支座约束力。若刚架由两个构件（如图 9-10c 所示）或多个构件组成，可按物体系统平衡来求解支座约束力。

9.2.2 静定刚架的内力计算和内力图

1. 内力计算

在计算刚架内力之前，首先要知道刚架在荷载作用下，杆件横截面会产生什么样的内力。现以图 9-11a 所示静定悬臂刚架为例来说明。

现在考察刚架在外荷载作用下，任意一截面 $m-m$ 会产生什么内力。先用截面法假想将刚架从 $m-m$ 截面处截断，取上部分为脱离体如图 9-11b 所示。在脱离体上，由于外荷载作用，截面 $m-m$ 上必产生内力，并与外荷载平衡。从 $\sum F_x = 0$ 可知，截面上将会有一个水平力，即截面的剪力 F_V；从 $\sum F_y = 0$ 可知，截面将会有一个竖向力，即截面的轴力 F_N；再以截面的形心 O 为矩心，从 $\sum M_O = 0$ 可知，截面必有一个力偶，即截面的弯矩 M。由此可知：**刚架受荷载作用产生三种内力：弯矩、剪力和轴力。**

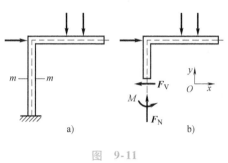

图 9-11

求静定刚架中任意截面的内力（M、F_V、F_N）与计算梁的内力一样，用截面法将刚架从指定截面处截开，考虑其中一部分脱离体的平衡，建立平衡方程，解方程从而求出它的内力。因此，关于静定梁弯矩和剪力的计算方法，对于刚架来说同样是适用的。即：

"任意一个截面的弯矩数值等于该截面任意一侧所有外力（包括支座约束力）对该截面形心力矩的代数和"。

"任意一个截面的剪力数值等于该截面任意一侧所有外力（包括支座约束力）沿该截面切向投影的代数和"。

"任意一个截面的轴力数值等于该截面任意一侧所有外力（包括支座约束力）在该截面法向投影的代数和"。

2. 内力图的绘制

在作内力图时，一般先要计算出刚架的支座约束力，然后根据荷载情况确定各段杆件内力图的形状，之后再用截面法计算出控制截面的内力值，这样即可作出整个刚架的内力图。**对于弯矩图通常不标明正负号，而把它画在杆件受拉一侧，而剪力图和轴力图则应标出正负号。**

在运算过程中，**内力的正负号可作如下规定：使刚架内侧受拉的弯矩为正，反之为负；轴力正负号的规定同轴向拉（压）杆一致，即以拉力为正、压力为负；剪力正负号的规定与梁相同。**

为了明确表示各杆端的内力，规定内力字母后面用两个下标表示，第一个下标表示该内力所属杆端，第二个下标表示杆的另一端。如 AB 杆 A 端的弯矩记为 M_{AB}，B 端的弯矩记为 M_{BA}；CD 杆 C 端的剪力记为 F_{VCD}，D 端的剪力记为 F_{VDC} 等。

全部内力图作出后，可截取刚架的任意一部分为隔离体，按静力平衡条件进行校核。下面举例来说明静定平面刚架的内力计算和内力图绘制过程。

【例9-3】 试计算如图9-12a所示刚架各杆的杆端内力。

解：（1）利用整体刚架的三个平衡方程，可求出支座反力，见图9-12a。

（2）计算各杆的杆端内力。

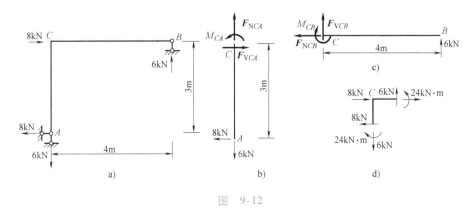

图 9-12

AC杆：取出AC杆为脱离体，画出受力图（杆端内力均按正向画出），如图9-12b所示，列平衡方程：

$$\sum F_x = 0 \quad F_{VCA} - 8 = 0 \quad F_{VCA} = 8kN$$

$$\sum F_y = 0 \quad F_{NCA} - 6 = 0 \quad F_{NCA} = 6kN$$

$$\sum M_C = 0 \quad M_{CA} - 8 \times 3 = 0 \quad M_{CA} = 24kN \cdot m \text{（右侧受拉）}$$

AC杆A端的内力可以直接得出：

$$F_{VAC} = 8kN \quad F_{NAC} = 6kN \quad M_{AC} = 0kN \cdot m$$

BC杆：取出BC杆为脱离体，画出受力图（杆端内力均按正向画出），如图9-12c所示，列平衡方程：

$$\sum F_x = 0 \quad F_{NCB} = 0$$

$$\sum F_y = 0 \quad F_{VCB} + 6 = 0 \quad F_{VCB} = -6kN$$

$$\sum M_C = 0 \quad -M_{CB} + 6 \times 4 = 0 \quad M_{CB} = 24kN \cdot m \text{（下侧受拉）}$$

BC杆B端的内力可以直接得出：

$$F_{VBC} = -6kN \quad F_{NBC} = 6kN \quad M_{BC} = 0kN \cdot m$$

（3）校核。取结点C为脱离体，画出受力图（如图9-12d所示）来校核。画受力图时应注意：①脱离体必须包括作用在其上的所有外力和计算的内力。②受力图的内力均按求得的实际方向画出，不再带正负号。校核如下：

$$\sum F_x = 0 \quad 8kN - 8kN = 0kN$$

$$\sum F_y = 0 \quad 6kN - 6kN = 0kN$$

$$\sum M_C = 0 \quad 24kN \cdot m - 24kN \cdot m = 0kN \cdot m$$

计算无误。

【例9-4】 试作如图9-13a所示刚架的内力图。

解：（1）求支座约束力。

利用整体刚架的三个平衡方程求得：

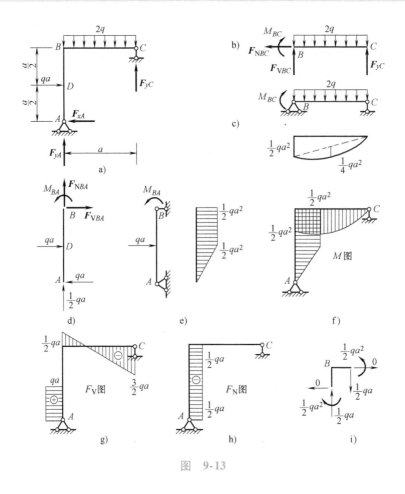

图 9-13

$$F_{xA} = qa, \quad F_{yA} = \frac{qa}{2}, \quad F_{yC} = \frac{3qa}{2}$$

（2）作 M 图。

BC 杆：脱离体受力图如图 9-13b 所示，由平衡方程 $\sum M_B = 0$

得 $$M_{BC} = \frac{1}{2}qa^2 \text{（下侧受拉）}$$

C 端为铰接 $\qquad M_{CB} = 0$

弯矩图按叠加法画出，如图 9-13c 所示。

AB 杆：脱离体受力图如图 9-13d 所示，由平衡方程 $\sum M_B = 0$

得 $$M_{BA} = \frac{1}{2}qa^2 \text{（右侧受拉）}$$

A 端为铰接 $\qquad M_{AB} = 0$

弯矩图按叠加法画出，如图 9-13e 所示。

整个刚架的弯矩图如图 9-13f 所示。

（3）作 F_V 图。

按脱离体受力图 9-13b、d 列投影方程，求得

$$F_{VBC} = \frac{1}{2}qa, \quad F_{VCB} = F_{yC} = -\frac{3}{2}qa, \quad F_{VAB} = qa, \quad F_{VBA} = 0$$

注意：D 截面剪力值有突变，刚架的剪力图如图 9-13g 所示。

（4）作轴力图。

按脱离体受力图 9-13b、d 列投影方程，求得

$$F_{NBC} = 0, \quad F_{NBA} = -\frac{1}{2}qa$$

刚架轴力图如图 9-13h 所示。

（5）内力图校核。

取刚结点 B 为脱离体，画出受力图，如图 9-13i 所示，可知结点 B 满足平衡条件，计算无误。

 想一想

1. 刚架有何特点？在工程中有何应用？
2. 刚架的内力正负符号是如何规定的？作内力图时有何规定？
3. 试述计算刚架杆件内力的规律。

9.3　静定平面桁架

取一个简易三角形屋架模型，介绍屋架各杆件名称，以及相应的计算简图，思考屋架在结点荷载作用下，各杆件是什么受力杆件，其上有什么内力？

【学习要求】　了解桁架的概念和几何组成分类；了解几种常用桁架受力性能的不同；掌握结点法、截面法求解桁架内力的方法，特别是零杆的判别。

9.3.1　概述

1. 桁架的概念

桁架是由若干直杆在两端用铰联接组成的结构。静定平面桁架是指杆轴线、荷载作用线都在同一个平面内的静定桁架。桁架的杆件按其所在位置不同，可分为弦杆和腹杆两类。弦杆是组成桁架上、下边缘的杆件，故分为上弦杆和下弦杆；腹杆是桁架上、下弦杆之间的杆件，分为竖腹杆和斜腹杆，端斜杆又称为短柱。弦杆上相邻两结点的距离 d 称为节间。左右支座间的水平距离 l 称为跨度。支座连线至桁架最高点的距离 h 称为桁架高度，简称桁高，如图 9-14 所示。

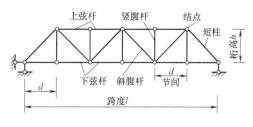

图　9-14

桁架结构在建筑工程中有着广泛的应用，通常是用来跨越较大跨度的一种结构形式。如图 9-15a、c 所示的钢筋混凝土屋架和钢木屋架，通常简化为如图 9-15b、d 所示的计算简图进行计算。

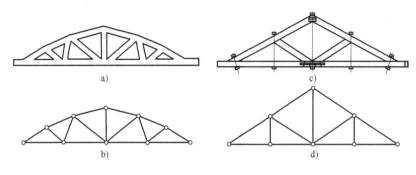

图 9-15

桁架的计算简图是建立在以下基本假设基础上的，即

1）各杆端部都用理想铰联接。

2）各杆轴线均为直线，且位于同一平面内，并通过铰心。

3）荷载和支座约束力都作用在结点上，且位于桁架平面内。

符合上述假定的桁架计算简图，各杆均可用轴线表示，且各杆均为只受轴向力的二力杆。这种桁架称为**理想桁架**。由于理想桁架的各杆只受轴力，应力分布均匀，材料可得到充分利用。因而与梁比较，桁架可用更少材料，跨越更大跨度。

但实际的桁架与上述假定是有差别的。例如：组成桁架各杆的轴线不可能都是平直的；荷载也不一定作用在结点上；有些杆件在结点处是连续的，桁架结点往往是榫接、螺栓联接、铆接或焊接而不是无摩擦的铰接等。但理论计算和实际量测结果表明，在一般情况下，用理想桁架计算可以满足工程精度的要求。

2. 桁架的几何组成分类

（1）简单桁架　在铰接三角形或基础上依次增加二元体所组成的桁架，如图9-16a、b所示。

（2）联合桁架　由几个简单桁架，按两刚片或三刚片规则所组成的桁架，如图9-16c所示。

（3）复杂桁架　凡不属于上述两类的桁架都是复杂桁架，如图9-16d所示。

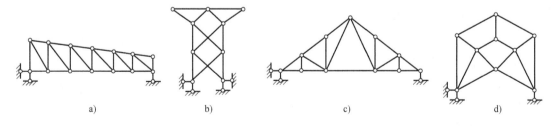

图 9-16

9.3.2 桁架内力的计算

1. 结点法

结点法就是以桁架的结点为脱离体，由平面汇交力系的平衡方程（$\sum F_x = 0$ 和 $\sum F_y = 0$）求解杆件内力的方法。由于结点上的荷载、约束力和杆件内力作用线都汇交于一点，组成了

一个平面汇交力系。平面汇交力系可以建立两个平衡方程式，求解两个未知力。因此，应用结点法时，应从不多于两个未知力的结点开始，**杆件的未知轴力先假设为拉力，这样求出的结果为正，表示轴力为拉力，如果为负，表示轴力为压力。**且在计算过程中应尽量使每次选取的计算结点，其未知力不超过两个。

下面以图 9-17 所示简单桁架为例，说明其求解过程。在桁架支座约束力已求出的情况下，从结点 A 开始，按照 A、D、E、C、F、G 的顺序，便可求出全部内力，最后一个结点 B 可用来校核前面的计算结果是否正确。

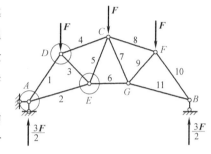

图 9-17

用结点法计算桁架内力时，利用某些结点平衡的特殊情况，可以先找出零杆（**轴力为零的杆件**），使计算简化。常用的零杆判别方法有如下三种情况：

1）不共线的两根杆件的结点，无结点荷载作用时（见图 9-18a），则两根杆件的内力均为零。

2）不共线的两根杆件的结点，当外力作用线与一杆的轴线重合时（见图 9-18b），则该杆的轴力等于外力的大小，另一杆为零杆。

3）三杆结点，两杆共线，且无结点荷载作用时（见图 9-18c），则不共线的第三杆为零杆，共线的两杆内力相等，符号相同。

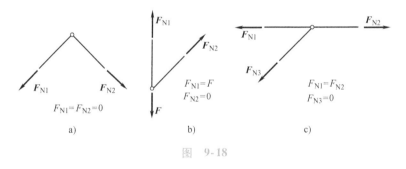

图 9-18

应用以上判断零杆的方法可以判断出图 9-19a、b 所示桁架中的零杆，用虚线所示各杆均为零杆，这样可以简化计算工作。

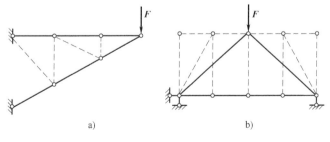

图 9-19

现举例说明结点法的应用。

【例 9-5】 试用结点法求图 9-20a 所示桁架各杆的内力。

解：由于桁架和荷载都对称，只需计算一半桁架各杆内力，另一半利用对称关系即可确定。

（1）求支座约束力

由于结构和荷载均对称，故

$$F_{HA} = 0 \quad F_{VA} = F_{VB} = 25\text{kN}$$

（2）利用结点的平衡条件计算各杆内力

先假定杆件轴力均为拉力，若计算结果为负，则表明为压力。为简化计算，首先判别各特殊杆内力：由判别零杆的方法可知，结点 F、结点 H 和结点 D 的轴力 F_{NCF}、F_{NEH} 和 F_{NDG} 均为零，且 $F_{NAF} = F_{NFG}$，$F_{NHG} = F_{NHB}$。因此只需计算结点 A 和结点 C，便可求得各杆内力。

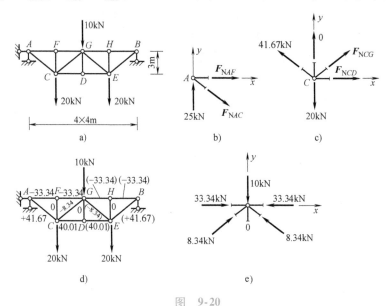

图 9-20

结点 A：受力图见图 9-20b，由 $\sum F_y = 0$ 得

$$-F_{NAC} \times \frac{3}{5} + 25 = 0 \quad F_{NAC} = 41.67\text{kN（拉）}$$

由 $\sum F_x = 0$ 得

$$F_{NAF} + F_{NAC} \times \frac{4}{5} = 0 \quad F_{NAF} = -F_{NAC} \times \frac{4}{5} = \left(-41.67 \times \frac{4}{5}\right)\text{kN} = -33.34\text{kN（压）}$$

结点 C：受力图如图 9-20c，由 $\sum F_y = 0$ 得

$$F_{NCG} \times \frac{3}{5} - 20 + F_{NAC} \times \frac{3}{5} = 0$$

$$F_{NCG} = \frac{5}{3}\left(20 - F_{NAC} \times \frac{3}{5}\right) = \frac{5}{3}\left(20 - 41.67 \times \frac{3}{5}\right)\text{kN} = -8.34\text{kN（压）}$$

由 $\sum F_x = 0$ 得

$$F_{NCG} \times \frac{4}{5} - F_{NAC} \times \frac{4}{5} + F_{NCD} = 0$$

$$F_{NCD} = F_{NAC} \times \frac{4}{5} - F_{NCG} \times \frac{4}{5} = \left(41.67 \times \frac{4}{5} - (-8.34) \times \frac{4}{5}\right)\text{kN} = 40.01\text{kN（拉）}$$

（3）将计算结果写于图 9-20d 所示桁架上（左半桁架各杆所注数字系计算成果，右半

桁架各杆所注括号内的数字系根据对称关系求得成果）。

（4）校核：取结点 G，受力图如图 9-20c 所示

$$\sum F_x = 8.34 \times \frac{4}{5} + 33.34 - 8.34 \times \frac{4}{5} - 33.34 = 0$$

$$\sum F_y = 8.34 \times \frac{3}{5} + \frac{3}{5} \times 8.34 - 10 = 0$$

说明计算无误。

由以上可见，结点法可以计算出简单桁架全部杆件的内力。

2. 截面法

通过结点法的学习可知，用结点法计算桁架内力时，是按一定顺序逐个取结点计算，但在桁架内力分析中，有时仅需求桁架中的某几根指定杆件的轴力，用结点法求解就显得非常烦琐，此时用截面法就比较方便。

截面法是用一个截面截断若干根杆件将整个桁架分为两部分，并取其中一部分作为脱离体，建立平衡方程求出所截断杆件内力的一种方法。此时，作用在脱离体上的荷载、约束力及杆件内力组成一个平面一般力系，可以建立三个平衡方程，求解算三个未知力。因此，只要此脱离体上的未知力数目不多于三个，可利用平面一般力系的三个静力平衡方程，把截面上的全部未知力求出。

现举例说明截面法的应用。

【例 9-6】 试用截面法求如图 9-21a 所示桁架中 a、b、c 三杆的轴力。

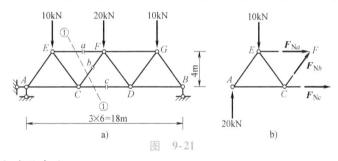

图 9-21

解：（1）求支座约束力

由于对称，故

$$F_{HA} = 0 \quad F_{VA} = F_{VB} = 20\text{kN}$$

（2）求 a、b、c 三杆的轴力

用①－①截面切断 a、b、c 三杆，取①－①以左部分为脱离体，画受力图如图 9-21b 所示。

由 $\sum M_C = 0$

$$F_{Na} \times 4 + 20 \times 6 - 10 \times 3 = 0 \quad F_{Na} = -22.5\text{kN}（压）$$

由 $\sum M_F = 0$

$$F_{Nc} \times 4 + 10 \times 6 - 20 \times 9 = 0 \quad F_{Nc} = 30\text{kN}（拉）$$

由 $\sum F_x = 0$

$$F_{Nb} \times \frac{3}{5} + 30 - 22.5 = 0 \quad F_{Nb} = -12.5\text{kN}（压）$$

(3) 校核

利用图 9-21b 中未用过的力矩方程 $\sum M_E = 0$ 进行校核。

$$\sum M_E = 20 \times 3 + 12.5 \times \frac{3}{5} \times 4 + 12.5 \times \frac{4}{5} \times 3 - 30 \times 4 = 0$$

计算无误。

3. 截面法与结点法的联合应用

结点法和截面法是计算桁架内力的两种常用方法。对于简单桁架来说，无论采用哪一种方法计算都很方便。对于某些组成比较复杂的桁架，需要联合使用结点法和截面法才能求出杆件内力。

例如图 9-22 所示为一个工程结构中常用的联合桁架（称芬克式屋架）。如果用结点法计算各杆内力，则由图可见，除 1、2、3、13、14、15 各结点外，其余结点的未知力均超过三个，不能解出。为此，宜先用截面① – ①求出联接杆件 5 ~ 12 的内力，则其他杆件的内力便可用结点法逐次求出。

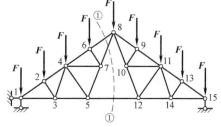

图　9-22

9.3.3　几种桁架受力性能的比较

现将工程中常用的平行弦、三角形和抛物线形三种桁架，以相同跨度、相同高度、相同节间及相同荷载作用下的内力分布（见图 9-23）加以分析比较。从而了解桁架的形式对内力分布和构造上的影响，以及它们的应用范围，以便在结构设计或对桁架作定性分析时，可根据不同的情况和要求，选用适当的桁架形式。

1. 平行弦桁架

从图 9-23a 的内力图来看，其内力分布很不均匀。上弦杆和下弦杆内力值均是靠支座处小，向跨度中间增大。腹杆则是靠近支座处内力大，向跨中逐渐减小。如果按各杆内力大小选择截面，杆件截面沿跨度方向必须逐渐改变，这样节点的构造处理较为复杂。如果各杆采用相同截面，则靠近支座处弦杆材料性能不能充分利用，造成浪费。其优点是节点构造统一，腹杆可标准化。因此，可在轻型桁架中应用。

2. 三角形桁架

从图 9-23b 的内力图来看，其内力分布是不均匀的。其弦杆的内力从中间向支座方向递增，近支座处最大。在腹杆中，斜杆受压，而竖杆则受拉（或为零杆），而且腹杆的内力是从支座向中间递增。这

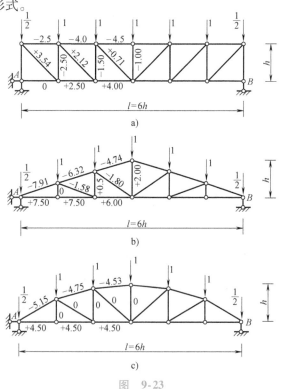

图　9-23

种桁架的端节点处，上下弦杆之间夹角较小，构造复杂。但由于其两面斜坡的外形符合屋顶构造的要求，所以在跨度较小、坡度较大的屋盖结构中较多采用三角形桁架。

3. 抛物线形桁架

抛物线形桁架的上、下弦杆内力分布均匀。当荷载作用在上弦杆节点时，腹杆内力为零；当荷载作用在下弦杆节点时，腹杆中的斜杆内力为零，竖杆内力等于结点荷载。所以它是一种受力性能较好、较理想的结构形式。但上弦的弯折较多，构造复杂，结点处理较为困难。因此，工程中多采用的是如图 9-23c 所示的外形接近抛物线形的折线形桁架，且只在跨度为 18~30m 的大跨度屋盖中采用。

 想一想

1. 桁架有何特点？在工程中有何应用？
2. 如何判断桁架的零杆？
3. 在某一荷载作用下，若桁架中存在零杆，则表示该杆不受力，可否将其拆除？

本 章 回 顾

1. 多跨静定梁、斜梁

1）多跨静定梁是无多余约束的几何不变体系，它由基本部分及附属部分组成。多跨静定梁常见的有主从关系、主从相间、以上两种形式的混合三种组成方式。

多跨静定梁是主从结构，内力计算时要先画出其层次图，分清主从关系，然后先算附属梁，后算基本梁，且在计算基本梁时，应将附属部分的反力反向作用在基本梁上再计算。力作用在基本梁上时附属梁不受力，力作用在附属梁上时附属梁及基本梁都受力。

2）掌握简支斜梁在竖向荷载作用下与等于相应水平简支梁反力内力的关系。

简支斜梁在竖向荷载作用下的支座约束力，等于相应水平简支梁支座约束力；

简支斜梁在竖向荷载作用下的弯矩值，等于相应水平简支梁弯矩值（因此叠加法也适用于斜梁）；

斜梁上任意截面 K 的剪力和轴力，分别等于相应水平简支梁相应截面的剪力沿斜梁截面的切向和法向的投影。

对称结构在对称荷载作用下，其约束力、弯矩图、轴力图对称，而剪力图反对称。

2. 静定平面刚架

1）平面刚架是由梁和柱组成的平面结构，其特点是杆段的连接点中有刚结点，当刚架受力而发生变形时，刚结点处各杆端间的夹角始终保持不变。平面刚架可分为静定刚架和超静定刚架。常见的静定平面刚架有悬臂刚架、简支刚架、三铰刚架等。

2）静定刚架的内力计算和内力图。

① 内力计算

刚架受荷载作用截面上将产生三种内力：弯矩、剪力和轴力。

求静定刚架中任一截面的内力的方法仍是截面法，即

"任意一个截面的弯矩数值等于该截面任意一侧所有外力（包括支座约束力）对该截面形心的力矩的代数和"。

"任意一个截面的剪力数值等于该截面任意一侧所有外力（包括支座约束力）沿该截面切向投影的代数和"。

"任意一个截面的轴力数值等于该截面任意一侧所有外力（包括支座约束力）在该截面法向投影的代数和"。

② 内力图的绘制

在作内力图时，一般先要计算出刚架的支座约束力，然后根据荷载情况确定各段杆件内力图的形状，之后再用截面法计算出控制截面的内力值，这样即可作出整个刚架的内力图。对于弯矩图通常不标明正负号，而把它画在杆件受拉一侧，而剪力图和轴力图则应标出正负号。

3. 静定平面桁架

1）桁架是由若干直杆在两端用铰联接组成的结构。静定平面桁架是指杆轴线、荷载作用线都在同一平面内的静定桁架。桁架结构在建筑工程中有着广泛的应用，通常用在大跨度结构中。

2）桁架按其几何组成可分为简单桁架、联合桁架、复杂桁架三类。

3）桁架内力的计算方法有结点法和截面法。

结点法就是以桁架的结点为脱离体，用平面汇交力系的平衡方程求解杆件内力的方法。

截面法是用一个截面将整个桁架分为两部分，取其中一部分作为脱离体，用平面一般力系的平衡方程来求解杆件内力的一种方法。

结点法和截面法是计算桁架内力的两种常用方法。对于简单桁架来说，无论采用哪一种方法计算都很方便。对于某些组成比较复杂的桁架，需要联合使用结点法和截面法才能求出杆件内力。

4）用结点法和截面法计算桁架内力时，可先找出零杆使计算简化。常用的零杆判别方法有如下三种情况：

① 不共线的两根杆件的结点，无结点荷载作用时，则两根杆件的内力均为零。

② 不共线的两根杆件的结点，外力作用线与一个杆的轴线重合，则该杆的轴力等于外力的大小，另一杆为零杆。

③ 三杆结点，两杆共线，且无结点荷载作用，则不共线的第三杆为零杆，共线的两杆内力相等，符号相同。

5）平行弦桁架、三角形桁架、抛物线形桁架三种桁架受力性能的比较。

超静定结构简介

- 超静定结构的特点（了解）
- 力法（理解）
- 位移法（了解）
- 力矩分配法（理解）
- 简单超静定结构弯矩图的定性分析（了解）

10.1　超静定结构的特点

课题导入

　　静定结构的所有约束力和内力均可由静力平衡方程求出；而超静定结构的约束力和内力仅由静力平衡方程不能全部求出，必须要补充相应条件才能解出，那么要补充什么样的条件呢？

　　【学习要求】　了解超静定结构的特点。

　　在前面各章中，已学习了各种静定结构的内力计算。工程实际中，除采用静定结构外，还采用超静定结构。

　　超静定结构与静定结构相比较，主要有如下三方面特点：

　　1）从几何组成看，静定结构为没有多余联系的几何不变体系，而超静定结构是具有多余联系的几何不变体系。这里所指的"多余联系"是指相对于静定结构的联系而言，这些联系是多余的。在多余联系中产生的力，称为多余未知力或多余约束力。超静定结构的多余联系不是唯一的，如图 10-1a 所示连续梁中，可以把支座链杆 B 看作多余联系，也可以把支座链杆 C 看作多余联系（如图 10-1b、c 所示）。

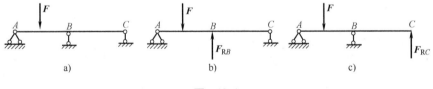

图　10-1

　　2）从静力特征看，静定结构仅凭静力平衡条件便可以完全确定它的约束力和内力，而超静定结构仅凭静力平衡条件还不能确定其全部约束力和内力，必须建立附加方程式才能求解。

　　3）当无外荷载作用时超静定结构有产生内力的可能性。例如，温度变化、支座沉陷、制造误差和材料收缩等因素都不会使静定结构产生内力，但对于超静定结构则会产生内力。

综上所述，凡有多余联系存在，其约束力和内力不能完全由静力平衡条件确定的结构，称为超静定结构。

超静定杆件结构的分类与一般结构分类相同，也可分为超静定梁、刚架、桁架、拱以及组合结构。

 **想一想**

超静定结构与静定结构相比较，主要有哪些特点？

10.2 求解超静定结构内力的方法简介

【学习要求】 了解求解超静定结构内力的方法；掌握超静定次数的确定和力法基本结构；理解力法基本原理；了解位移法基本思路；掌握力矩分配法里的几个基本概念；理解力矩分配法基本思路。

计算超静定结构的基本方法可分为两大类：一类是力法，另一类是位移法。两类方法的主要区别在于基本未知量的选择不同。所谓基本未知量，指首先确定该未知量后，便可确定整个结构的内力和位移。在力法中，以多余联系的内力或约束力作为基本未知量；在位移法中，常以结构的结点位移（线位移或角位移）作为基本未知量。除力法和位移法外，还有力矩分配法，但它是以位移法为基础的一种渐近法。

10.2.1 力法

1. 超静定次数与力法基本结构

由上节可知，超静定结构与静定结构的基本区别在于，除了形成静定结构所必需的联系外，超静定结构存在着多余联系。多余联系是指在保持结构几何不变性的前提下可以除去的联系，必要联系是指为保持结构几何不变性所必需的联系。一个结构所含多余联系的数目，称为超静定结构的**超静定次数**。

确定超静定次数最直接的方法，是在原结构上解除多余联系，使超静定结构变成静定结构，去掉的多余联系的数目，就是原结构的超静定次数。解除多余联系代以多余未知力后，所形成的静定结构称为原超静定结构的**基本结构**。

为了确定一个结构的超静定次数，应掌握从超静定结构上解除多余联系的方法。去掉多余联系的方法常有如下几种：

1）去掉一根支座链杆或切断一根链杆，相当于去掉一个联系，如图 10-2、图 10-3 所示。

2）去掉一个铰支座或去掉一个单铰，相当于去掉两个联系，如图 10-4、图 10-5 所示。

3）切断一根受弯杆或去掉一个固定端支座，相当于去掉三个联系，如图 10-6 所示。

4）将固定支座改成不动铰支座，或将联接两根杆件的刚结点改为铰结点，或将受弯杆切断改成铰结，各相当于去掉一个联系，如图 10-7 所示。

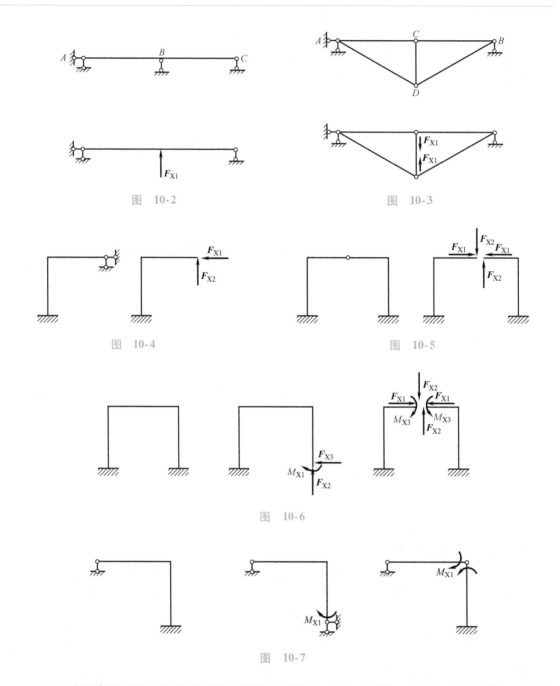

图 10-2

图 10-3

图 10-4

图 10-5

图 10-6

图 10-7

用去掉多余联系的方法可确定任何超静定结构的次数，对同一超静定结构来说，去掉多余约束可以有多种方式，所以基本结构也有多种形式。无论采用哪种，所去掉的多余约束的数目是相同的。如图 10-8a 所示为三次超静定梁，图 10-8b、c 为去掉多余约束的基本结构，一个是悬臂梁，一个是简支梁，它们都是原结构的基本结构，去掉的多余约束都是三个。

2. 力法基本原理

力法是计算超静定结构内力的一种基本方法，现以图 10-9a 所示一次超静定梁来说明力法的基本原理。

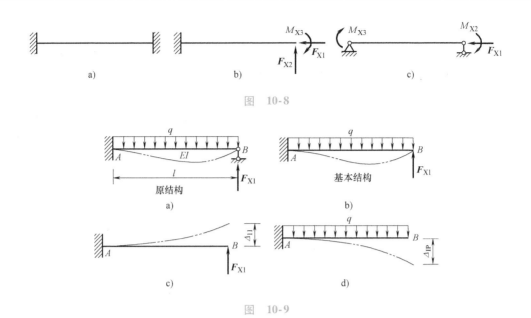

图　10-8

图　10-9

将支座 B 链杆当成多余约束去掉，选取图 10-9b 所示的静定悬臂梁为基本结构。为保持基本结构受力状态和原结构的一致，B 支座处的支座约束力用 $\boldsymbol{F}_{X1}$ 代替，称为基本未知量。同时，基本结构 B 支座处的几何变形要保持和原结构一致，即竖向位移为零：$\Delta = 0$。

这样基本结构和原结构的受力状况是完全一致的，如果能够求出基本结构上的基本未知量，再利用静力平衡方程求出其余的支座约束力，则结构的内力也就可以全部求解出来，这就是力法分析的基本思路。

如何求解基本未知量呢？

利用叠加法，把基本结构中的竖向位移 Δ 分为两部分位移，即

$$\Delta = \Delta_{11} + \Delta_{1P} = 0 \tag{10-1}$$

式（10-1）实际上是反映 B 点变形协调的一个条件式，即 B 点竖向位移为零。

其中 Δ_{1P} 表示基本结构在荷载作用下 B 点沿 $\boldsymbol{F}_{X1}$ 方向的位移，Δ_{11} 表示基本结构在 $\boldsymbol{F}_{X1}$ 作用下 B 点沿 $\boldsymbol{F}_{X1}$ 方向的位移，如图 10-9c、d 所示。

Δ_{1P} 和 Δ_{11} 可以查表 6-2 求得，即

$$\Delta_{1P} = \frac{ql^4}{8EI}$$

$$\Delta_{11} = -\frac{F_{X1}l^3}{3EI}$$

代入式（10-1）得

$$\frac{ql^4}{8EI} - \frac{F_{X1}l^3}{3EI} = 0$$

解得

$$F_{X1} = \frac{3ql}{8}$$

所得结果为正，说明 $\boldsymbol{F}_{X1}$ 的实际方向与基本结构中假设的方向相同。

求得 $\boldsymbol{F}_{X1}$ 后，原超静定结构的弯矩图 M 即可绘出，原结构弯矩图如图 10-10 所示。

综上所述，力法的基本原理就是以多余约束的约束力作为基本未知量，取去掉多余约束的基本结构为研究对象，根据多余约束处的几何位移条件建立力法方程，求出多余约束力，然后求解出整个超静定结构的内力。

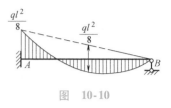

图　10-10

结构复杂或多余未知量较多的力法计算可参见其他力学书籍。

10.2.2　位移法

位移法和力法一样，也是分析超静定结构的一种基本方法。19世纪末力法就用来分析各种超静定结构问题，但随着结构的日益增高和体型日益复杂，出现了大量高次超静定刚架结构，若再用力法计算就显得十分烦琐和困难。于是在20世纪初，在力法的基础上又提出了位移法。

位移法与力法的主要区别是它们所选取的基本未知量不同。力法是以结构中的多余未知力为基本未知量，求出多余未知力后，再据此算得其他未知力和位移。而位移法是取结点位移为基本未知量，根据求得的结点位移再计算结构的未知内力和其他未知位移。**位移法未知量的个数与超静定次数无关**，这就使得对一个超静定结构的力学计算，有时候用位移法比用力法计算要简单得多，尤其是对于一些超静定梁和刚架。

1. 位移法基本假定及杆端内力符号规定

我们主要讨论等截面直杆组成的刚架、连续梁等结构。为了简化计算，用位移法讨论多跨超静定梁和刚架时，作如下基本假定：

（1）杆件长度不变假定　对于受弯杆件，通常忽略轴向变形和剪切变形的影响，认为各杆端之间的连线长度在变形后仍保持不变。

（2）小变形假定　即结点线位移的弧线可用垂直于杆件的切线来代替。

这些基本假定是我们用位移法分析梁和刚架，画出结构变形示意图的主要依据。

在位移法中，规定杆端弯矩绕杆端顺时针转动为正，逆时针转动为负。与此相应，对结点A（或B）来说，绕结点逆时针转动为正，顺时针转动为负，如图10-11所示。剪力和轴力的正负号规定同前。

图　10-11

2. 位移法基本思路

如图10-12a所示超静定刚架，在荷载作用下，其变形如图中虚线所示。此刚架没有结点线位移，只有刚结点A处的转角位移。根据变形连续条件可知，AB、AC杆端在A点发生相同的转角θ_A，假设θ_A顺时针转动。

为了计算每根杆件的内力，在结点A假设加上一个只限制刚结点转动但不限制移动的刚臂约束，如图10-12b所示，同时，为了保持两段杆件受力状态不改变，让刚臂发生一个顺时针转角θ_A，这样，就可把刚架拆分成两段独立的单跨超静定梁分析，如图11-12c、d所示。

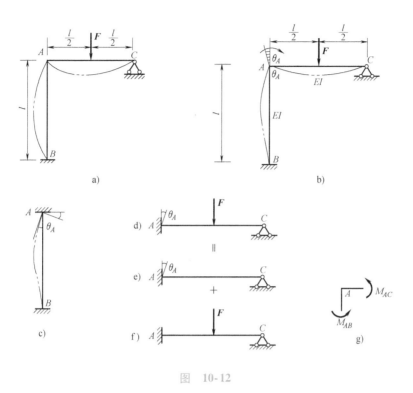

图　10-12

AB 为两端固定的单跨超静定梁，A 端发生转角位移 θ_A；AC 为 C 端铰支 A 端固定的单跨超静定梁，A 端发生转角位移 θ_A，同时梁上作用有集中荷载 F。对于单跨超静定梁来说，由于支座移动会产生内力，可以用力法计算出产生的内力。表 10-1 列出了常用的单跨超静定梁，发生不同支座位移以及承受不同荷载作用时的杆端内力，查表 10-1 得到 AB 杆端的弯矩为

$$M_{AB} = 4i\theta_A$$
$$M_{BA} = 2i\theta_A$$

AC 段的杆端弯矩可利用叠加法求出，如图 10-12e、f 所示，查表 10-1 中的第 3 和第 9 项，叠加后得到杆端弯矩为

$$M_{AC} = 3i\theta_A - \frac{3}{16}Fl$$

为了求出位移未知量，研究结点 A 的平衡，取隔离体如图 10-12g 所示，由 $\sum M_A = 0$ 得

$$M_{AB} + M_{AC} = 0$$

把上面 M_{AB}、M_{AC} 的表达式代入，得

$$4i\theta_A + 3i\theta_A - \frac{3}{16}Fl = 0$$

解得：$\theta_A = \dfrac{3}{112i}Fl$（得数为正，说明转向和原来假设的顺时针方向一样，$i = EI/l$，称为杆件的线刚度）。

表 10-1　单跨超静定梁杆端弯矩和杆端剪力

编号	梁的简图	弯矩图	杆端弯矩		杆端剪力	
			M_{AB}	M_{BA}	F_{VAB}	F_{VBA}
1			$\dfrac{4EI}{l}=4i$	$2i$　$\left(i=\dfrac{EI}{l}\text{以下同}\right)$	$-\dfrac{6i}{l}$	$-\dfrac{6i}{l}$
2			$-\dfrac{6i}{l}$	$-\dfrac{6i}{l}$	$\dfrac{12i}{l^2}$	$\dfrac{12i}{l^2}$
3			$3i$	0	$-\dfrac{3i}{l}$	$-\dfrac{3i}{l}$
4			$-\dfrac{3i}{l}$	0	$\dfrac{3i}{l^2}$	$\dfrac{3i}{l^2}$
5			i	$-i$	0	0
6			$-\dfrac{Fab^2}{l^2}$ 当 $a=b$ 时 $-FL/8$	$\dfrac{Fa^2b}{l^2}$　$(a=b)$ $\dfrac{Fl}{8}$	$\dfrac{Fb^2}{l^2}\left(1+\dfrac{2a}{l}\right)$　$\dfrac{F}{2}$ $(a=b)$	$-\dfrac{Fa^2}{l^2}\left(1+\dfrac{2b}{l}\right)$　$-\dfrac{F}{2}$ $(a=b)$
7			$-\dfrac{ql^2}{12}$	$\dfrac{ql^2}{12}$	$\dfrac{ql}{2}$	$-\dfrac{ql}{2}$

（续）

编号	梁的简图	弯 矩 图	杆端弯矩 M_{AB}	杆端弯矩 M_{BA}	杆端剪力 F_{VAB}	杆端剪力 F_{VBA}
8			$\dfrac{Mb(3a-l)}{l^2}$	$\dfrac{Ma(3b-l)}{l^2}$	$-\dfrac{6ab}{l^2}M$	$-\dfrac{6ab}{l^2}M$
9			$-\dfrac{Fab(l+b)}{2l^2}$ 当 $a=b=\dfrac{l}{2}$ 时 $-3Fl/16$	0	$\dfrac{Fb(3l^2-b^2)}{2l^3}$ $\dfrac{11}{16}F$ （$a=b$）	$\dfrac{Fa^2(2l+b)}{2l^3}$ $-\dfrac{5}{16}F$ （$a=b$）
10			$-\dfrac{ql^2}{8}$	0	$\dfrac{5}{8}ql$	$-\dfrac{3}{8}ql$
11			$\dfrac{M(l^2-3b^2)}{2l^2}$	0	$-\dfrac{3M(l^2-b^2)}{2l^3}$	$-\dfrac{3M(l^2-b^2)}{2l^3}$
12			$-\dfrac{Fl}{2}$	$-\dfrac{Fl}{2}$	F	F
13			$-\dfrac{Fa(l+b)}{2l}$ 当 $a=6$ 时 $-\dfrac{3Fl}{8}$	$-\dfrac{Fa^2}{2l}$ （$a=b$） $-\dfrac{Fl}{8}$	F	0
14			$-\dfrac{ql^2}{3}$	$-\dfrac{ql^2}{6}$	ql	0

再把 θ_A 代回各杆端弯矩式得到

$$M_{AB} = \frac{6}{56}Fl \text{（左侧受拉）}$$

$$M_{BA} = \frac{3}{56}Fl \text{（右侧受拉）}$$

$$M_{AC} = -\frac{6}{56}Fl \text{（上边受拉）}$$

$$M_{AC} = 0$$

根据杆端弯矩，作出弯矩图、剪力图、轴力图，如图 10-13 所示。

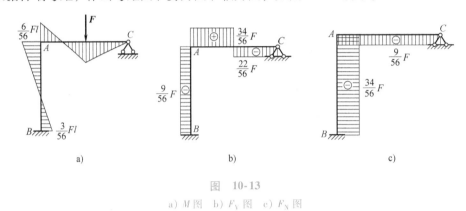

图 10-13

a）M 图　b）F_V 图　c）F_N 图

通过以上分析可见，位移法的基本思路是：选取结点位移为基本未知量，在结点位移处假设相应的约束，把每段杆件视为独立的单跨超静定梁，然后根据其位移以及荷载写出各杆端弯矩的表达式，再利用静力平衡条件求解出位移未知量，进而求解出各杆端弯矩。

该方法正是采用了位移作为未知量，故名为位移法。而力法则以多余未知力为基本未知量，故名为力法。在建立方程的时候，位移法是根据静力平衡条件来建立，而力法则是根据位移几何条件来建立，这是两个方法的相互对应之处。

10.2.3　力矩分配法

前面介绍的力法和位移法，是分析超静定结构的两种基本方法。两种方法都需要建立方程，需要求解方程甚至于要解联立方程。力矩分配法，是工程上广为采用的实用方法。它是一种渐近计算方法，可以不解方程而直接求得杆端弯矩。但它一般只能求解只有结点角位移的结构，因此用力矩分配法分析连续梁和无结点线位移超静定刚架内力十分简便。

力矩分配法以位移法为基础。因此，在力矩分配法中杆端弯矩正、负号的规定都与位移法相同，即杆端弯矩以顺时针转向为正，作用于结点的弯矩以逆时针转向为正；结点上的外力偶（荷载）仍以顺时针转向为正等。

1. 力矩分配法的三个基本概念

（1）转动刚度　图 10-14 所示各单跨超静定梁 AB，使 A 端产生单位转角 $\theta_A = 1$ 时，所需施加的力矩称为**转动刚度**，用 S_{AB} 表示，通常把产生转角的一端（A）称近端，另一端（B）称为远端。其值可由表 10-1 查得，如图 10-14 所示。

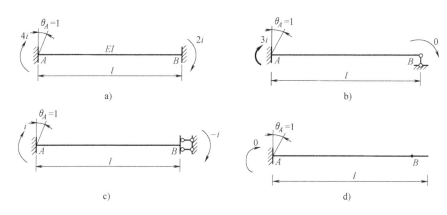

图 10-14

两端固定梁（见图 10-14a） $\qquad$ $S_{AB} = M_{AB} = 4i$

一端固定另端铰支的梁（见图 10-14b） $\qquad$ $S_{AB} = M_{AB} = 3i$

一端固定另端为定向支座的梁（见图 10-14c） $\qquad$ $S_{AB} = M_{AB} = i$

一端固定另端自由（或轴向支杆）（见图 10-14d） $\qquad$ $S_{AB} = M_{AB} = 0$

由此可知，转动刚度的值既取决于杆件的线刚度 $\left(i = \dfrac{EI}{l}\right)$，又取决于另端的支承情况。

它反映了杆端抵抗转动的能力，转动刚度越大杆端产生单位转角所需施加的力矩也越大。

当近端转角 $\theta_A \neq 1$ 时，$M_{AB} = S_{AB}\theta_A$。

（2）分配系数 现以图 10-15a 刚架为例，来说明分配系数和分配弯矩的概念。

1）由转角产生的杆端弯矩。由于结点 A 上力偶 M 的作用，使结点 A 发生转角 θ_A，由于结点 A 是刚结点，故汇交于该点的各杆近端转角相等，即 AB、AC、AD 各杆的 A 端转角均为 θ_A。由 θ_A 而产生的转动刚度分别为 S_{AB}、S_{AC}、S_{AD}，为清楚起见，取各杆为脱离体，如图 10-15b 所示，则各杆 A 端的弯矩为

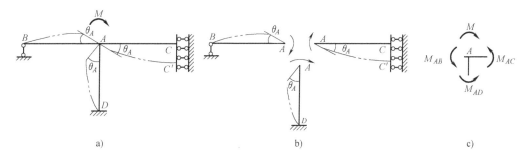

图 10-15

$$M_{AB} = S_{AB}\theta_A$$
$$M_{AC} = S_{AC}\theta_A \qquad\qquad (10-2)$$
$$M_{AD} = S_{AD}\theta_A$$

2）由刚结点 A 的平衡确定结点转角 θ_A。利用刚结点的平衡条件，确定转角 θ_A，从而求得各杆杆端弯矩。结点 A 所受的力矩如图 10-15c 所示。

由 $\sum M_A = 0$，得

$$M - M_{AB} - M_{AC} - M_{AD} = 0$$

将式（10-2）中个弯矩值代入上式得

$$M - (S_{AB} + S_{AC} + S_{AD})\theta_A = 0$$

解得

$$\theta_A = \frac{M}{S_{AB} + S_{AC} + S_{AD}} = \frac{M}{\sum\limits_A S} \qquad (10\text{-}3)$$

式中，$\sum\limits_A S = S_{AB} + S_{AC} + S_{AD}$，是相交于结点 A 各杆端转动刚度之和。

3）分配系数、分配弯矩。将式（10-3）代回式（10-2），可求得各杆 A 端弯矩分别为

$$M_{AB}^{\mu} = \frac{S_{AB}}{\sum\limits_A S} \cdot M = \mu_{AB} \cdot M$$

$$M_{AC}^{\mu} = \frac{S_{AC}}{\sum\limits_A S} \cdot M = \mu_{AC} \cdot M \qquad (10\text{-}4)$$

$$M_{AD}^{\mu} = \frac{S_{AD}}{\sum\limits_A S} \cdot M = \mu_{AD} \cdot M$$

式中，M_{AB}^{μ}、M_{AC}^{μ}、M_{AD}^{μ} 称为 A 端的**分配弯矩**。

式（10-4）中：

$$\mu_{AB} = \frac{S_{AB}}{\sum\limits_A S}$$

$$\mu_{AC} = \frac{S_{AC}}{\sum\limits_A S} \qquad (10\text{-}5)$$

$$\mu_{AD} = \frac{S_{AD}}{\sum\limits_A S}$$

式中，μ_{AB}、μ_{AC}、μ_{AD} 称为各杆在 A 端的**分配系数**。可以统一表示为

$$\mu_{Aj} = \frac{S_{Aj}}{\sum\limits_A S} \qquad (10\text{-}6)$$

由上式可知，相交于 A 点的各杆分配系数等于该杆 A 端的转动刚度除以汇交于该结点的各杆转动刚度之和。因此，汇交于同一结点各杆的分配系数之和应等于 1，即

$$\sum\mu_A = \mu_{AB} + \mu_{AC} + \mu_{AD} = 1 \qquad (10\text{-}7)$$

用力矩分配法解算时，分配系数计算的正确与否至关重要。必须用公式（10-7）校核，认定正确无误之后再开始力矩分配。

（3）传递系数 在图 10-15 中，力偶矩作用于结点 A，使各杆近端产生弯矩的同时，在各杆远端也产生弯矩。各杆远端弯矩与近端弯矩的比值称为**传递系数**，用 C 表示，即

$$C_{Aj} = \frac{M_{jA}}{M_{Aj}} \qquad (10\text{-}8)$$

对于等截面直杆来说，传递系数 C 的大小与杆件远端的支承情况有关。例如图 10-14a 所示，远端固定的杆，当近端（A 端）产生转角 θ_A 时，近端弯矩 $M_{AB} = 4i\theta_A$，远端弯矩 $M_{BA} = 2i\theta_A$；所以 AB 杆由 A 端至 B 端的传递系数为

$$C_{AB} = \frac{M_{BA}}{M_{AB}} = \frac{2i\theta_A}{4i\theta_A} = \frac{1}{2}$$

同理，可由图 10-14 求出远端为不同支承情况时各杆的传递系数。

两端固定的梁　　　　　　　　　　$M_{Aj} = 4i\theta_A$，$M_{jA} = 2i\theta_A$，$C_{Aj} = \dfrac{1}{2}$

一端固定另端铰支的梁　　　　　　$M_{Aj} = 3i\theta_A$，$M_{jA} = 0$，$C_{Aj} = 0$

一端固定另端定向支座的梁　　　　$M_{Aj} = i\theta_A$，$M_{jA} = -i\theta_A$，$C_{Aj} = -1$

一端固定另端自由（或轴向支杆）　$M_{Aj} = 0$，$M_{jA} = 0$，$C_{Aj} = 0$

有了传递系数后，便可根据分配系数求得分配弯矩，再用分配弯矩乘以传递系数便得传递弯矩（即远端弯矩），用 M_{jA} 表示，即

$$传递弯矩 = 传递系数 \times 分配弯矩$$

2. 力矩分配法的基本思路

图 10-16a 所示两跨连续梁，只有一个刚性结点 B，在 AB 跨跨中作用有集中荷载 F，BC 跨作用有均布荷载 q，刚结点 B 处有转角，变形曲线如图中虚线所示。

如果在刚结点 B 处加上控制转动的附加刚臂将结点锁住，如图 10-16b 所示，则连续梁被附加刚臂分隔为两个单跨的超静定梁 AB 和 BC，在荷载作用下其变形曲线如图 10-16b 中虚线所示。各单跨超静定梁的固端弯矩可由表 10-1 查得。一般情况下，汇交于刚结点 B 处的 AB 杆和 BC 杆的固端弯矩彼此不相等，即

$$M_{BA}^F \neq M_{BC}^F$$

因此，在附加刚臂上必有约束力矩 M_B，如图 10-16b 所示。此约束力矩 M_B 可以用刚结点 B 的力矩平衡条件求得。为此，取 B 结点为脱离体，画示意图如图 10-16d 所示。由 $\sum M_B = 0$，得

$$M_B - M_{BA}^F - M_{BC}^F = 0$$

所以　　　　　　　　$M_B = M_{BA}^F + M_{BC}^F$　　　　　　(10-9)

式（10-9）说明，约束力矩等于各杆固端弯矩之和，以顺时针转向为正，反之为负。

为了使图 10-16b 所示有附加刚臂的连续梁能和原图 10-16a 所示连续梁等同，必须放松附加刚臂，使结点 B 产生转角 θ_B。为此，在结点 B 加上一个与约束力矩 M_B 大小相等、转向相反的力矩（$-M_B$），即约束力矩的负值，如图 10-16c 所示，（$-M_B$）将使结点 B 产生所需的 θ_B 转角。

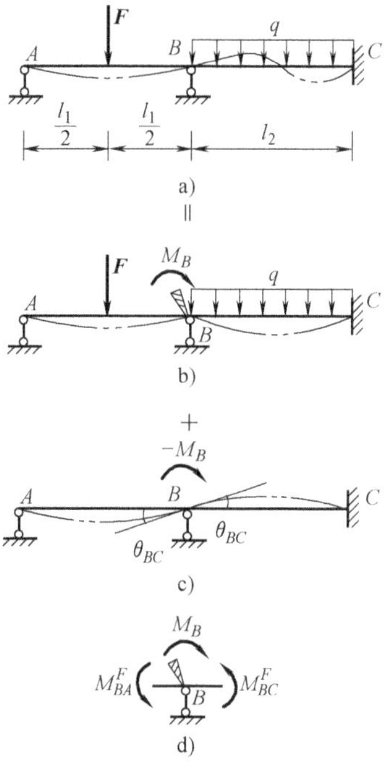

由以上分析可见，图 10-16a 所示连续梁的受力和变形情况，应等于图 10-16b 和图 10-16c 所示情况的叠加。也就是说，要计算连续梁相交于 B 结点各杆的近端弯矩，应分别计算图 10-16b 所示情况的杆端弯矩即固端弯矩和图 10-16c 所示

图　10-16

情况的杆端弯矩即分配弯矩，而分配弯矩等于分配系数乘以反号的约束力矩（ $-M_B$ ），然后将它们叠加。同样，连续梁相交于 B 结点各杆的远端弯矩，应是图 10-16b 所示情况的固端弯矩和图 10-16c 所示情况的传递弯矩相加。

下面举例说明力矩分配法的计算步骤。

【例】 试用力矩分配法作如图 10-17a 所示连续梁的弯矩图。

（1）计算固端弯矩和约束力矩

1）求各杆的固端弯矩，由表 10-1 查得各杆固端弯矩为

$$M_{AB}^F = 0$$

$$M_{BA}^F = \frac{ql^2}{8} = \left(\frac{1}{8} \times 10 \times 12^2\right) \text{kN} \cdot \text{m} = 180 \text{kN} \cdot \text{m}$$

$$M_{BC}^F = -\frac{Fl}{8} = \left(-\frac{1}{8} \times 100 \times 8\right) \text{kN} \cdot \text{m} = -100 \text{kN} \cdot \text{m}$$

$$M_{CB}^F = \frac{Fl}{8} = \left(\frac{1}{8} \times 100 \times 8\right) \text{kN} \cdot \text{m} = 100 \text{kN} \cdot \text{m}$$

2）求结点 B 处刚臂的约束力矩

$$M_B = M_{BA}^F + M_{BC}^F = (180 - 100) \text{kN} \cdot \text{m} = 80 \text{kN} \cdot \text{m}$$

（2）计算分配系数

1）求各杆的转动刚度，由图 10-14 得各杆的转动刚度为

$$S_{BA} = 3i_{BA} = 3 \times \frac{2EI}{12} = \frac{EI}{2}$$

$$S_{BC} = 4i_{BC} = 4 \times \frac{EI}{8} = \frac{EI}{2}$$

2）计算分配系数

$$\mu_{BA} = \frac{S_{BA}}{S_{BA} + S_{BC}} = \frac{\frac{EI}{2}}{EI} = \frac{1}{2}$$

$$\mu_{BC} = \frac{S_{BC}}{S_{BA} + S_{BC}} = \frac{\frac{EI}{2}}{EI} = \frac{1}{2}$$

校核： $\sum \mu_B = 1$ ，计算无误。

（3）计算分配弯矩

将约束力矩反号后乘以分配系数即得分配弯矩，即

$$M_{BA}^\mu = \mu_{BA} \cdot (-M_B) = \frac{1}{2} \times (-80) \text{kN} \cdot \text{m} = -40 \text{kN} \cdot \text{m}$$

$$M_{BC}^\mu = \mu_{BC} \cdot (-M_B) = \frac{1}{2} \times (-80) \text{kN} \cdot \text{m} = -40 \text{kN} \cdot \text{m}$$

（4）计算传递弯矩

传递系数为 $\qquad C_{BA} = 0 \qquad C_{BC} = \frac{1}{2}$

传递弯矩为 $\qquad M_{AB}^C = C_{BA} \quad M_{BA}^\mu = 0$

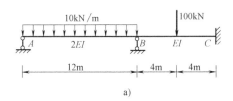

a)

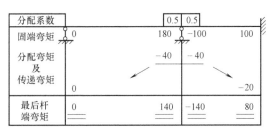

b)

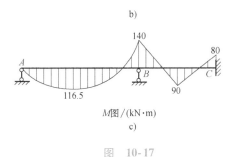

M图/(kN·m)

c)

图 **10-17**

$$M_{CB}^C = C_{BC} \cdot M_{BC}^\mu = \frac{1}{2} \times (-40)\ \text{kN} \cdot \text{m} = -20\text{kN} \cdot \text{m}$$

（5）计算各杆端最后弯矩

$$M_{AB} = M_{AB}^F + M_{AB}^\mu = 0$$

$$M_{BA} = M_{BA}^F + M_{BA}^\mu = (180 - 40)\text{kN} \cdot \text{m} = 140\text{kN} \cdot \text{m}$$

$$M_{BC} = M_{BC}^F + M_{BC}^\mu = (-100 - 40)\text{kN} \cdot \text{m} = -140\text{kN} \cdot \text{m}$$

$$M_{CB} = M_{CB}^F + M_{CB}^\mu = (100 - 20)\text{kN} \cdot \text{m} = 80\text{kN} \cdot \text{m}$$

实际计算时，可将上述（3）、（4）、（5）步骤在计算表格上完成，这样计算过程简单清楚，如图 10-17b 所示。表中分配弯矩下面画一条横线，传递弯矩用箭头指示，最后叠加得到的弯矩下面画双横线。

（6）画弯矩图

根据各杆端最后弯矩值和已知荷载，用叠加法画出弯矩图，如图 10-17c 所示。

想一想

1. 计算超静定结构的基本方法可分为哪两大类？它们的基本未知量、基本结构、基本方程有何不同？

2. 力法基本结构的受力与原超静定结构是否一致？

3. 力法方程的物理意义是什么？是根据什么条件建立的？

4. 力法基本未知量求出来后，怎样求原结构的其余支座约束力和绘制内力图？

5. 位移法基本假设有哪些? 其内力正负号是如何规定的?

6. 位移法求解超静定结构的基本思路是怎样的?

7. 力矩分配法一般适用于什么结构?

8. 什么是转动刚度? 它与哪些因素有关?

9. 分配系数与转动刚度有何关系? 什么是分配弯矩、传递系数、传递弯矩?

10. 试确定图 10-18 所示结构的超静定次数。

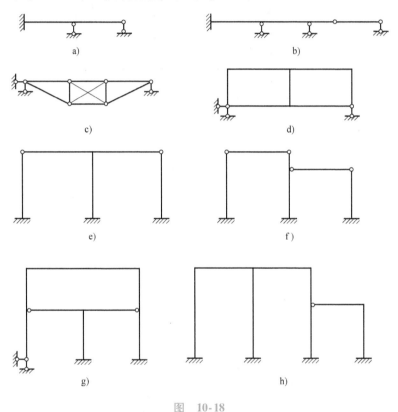

图 10-18

10.3 简单超静定结构弯矩图的定性分析

【学习要求】 了解简单超静定梁、刚架在荷载作用下的弯矩图大致形状。

由上一节的学习我们知道,超静定结构的内力是可以求出的。上一节仅简单列举了三种常用的解算方法,事实上解算超静定结构的方法很多,这里就不再一一列举了。但我们应对简单超静定结构的弯矩图的大致形状有所了解,以便大致判断结构的危险截面位置,这对今后的工作大有好处。

从图 10-10 可以看出,超静定梁的弯矩图和它的变形曲线 (10-9b) 有相似之处。在固定端不允许梁截面转动,因此在竖向荷载作用下,该截面上一定存在上部受拉的负弯矩;梁的中部下垂,所以跨中部分的弯矩使梁下部受拉;B 支座是铰支,弯矩为零(无外集中力偶作用时)。看来,把超静定结构的变形情况与杆件弯矩图的规律结合起来,就可大体上绘出超静定结构弯矩图的形状。

10.3.1 两端固定梁

两端均为固定支座的梁，在竖直向下的荷载作用下，其变形曲线如图 10-19b 所示。可以判断：梁在两端产生上部受拉的弯矩；跨中区段产生下部受拉的弯矩。在均布荷载作用下，根据弯矩图形的规律，其弯矩图是一条下凸的二次抛物线（见图 10-19c）；在集中荷载的作用下，其弯矩图如图 10-19e 所示。弯矩图形在集中力作用的截面发生转折，而在无荷载作用区的图形为斜直线。

10.3.2 连续梁

连续梁在竖向荷载作用下的变形曲线如图 10-20b 所示。可以判断：连续梁在中间支座处均产生上部受拉的负弯矩；而在每跨的跨中区段则产生下部受拉的正弯矩。在均布荷载作用下连续梁的弯矩图，是一条下凸的二次抛物线（见图 10-20c）；在集中荷载作用下的弯矩图形为折线（见图 10-20d）。

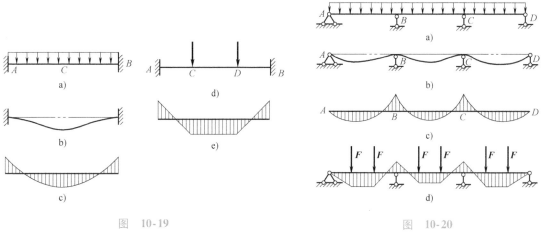

图 10-19

图 10-20

10.3.3 超静定刚架

在定性画超静定刚架的弯矩图时，可首先判断刚架中横杆的变形情况，再辅以弯矩图的规律，其弯矩图形就可大体确定。例如图 10-21a 中的超静定刚架，在竖直向下荷载的作用下，横杆 BC 的变形与一根两端固定的梁相似（变形图见图 10-21b），所以横杆的弯矩图与两端固定的梁相似；在刚节点 B、C 处，横杆与竖杆的弯矩值应相等，且受拉边在同一侧，所以竖杆 B、C 截面的弯矩值可以确定，

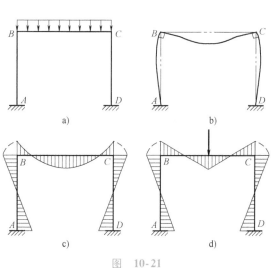

图 10-21

169

且为外侧受拉；在竖杆 *BA*、*CD* 上均无横向荷载作用，它们的弯矩图均为斜直线，两支座 *A*、*D* 是内侧受拉的弯矩（见图 10-21c），这一结果与刚架的变形情况及固定端支座的约束性能均相符。同理，可定性画出该刚架在集中荷载作用下的弯矩图（见图 10-21d）。

图 10-22a 中的刚架在水平力 *F* 作用下，刚节点 *C*、*D* 都将发生水平侧移。由于 *A*、*B* 两端均为固定支座，不允许截面的移动和转动，就形成了图中的变形曲线。由此可判断出：*AC* 杆的 *A* 端产生外侧受拉的弯矩；*C* 端则为内侧受拉的弯矩。再根据弯矩图的规律，可依次画出 *CD*、*DB* 杆的弯矩图（见图 10-22b）。同理，图 10-23 所示刚架的弯矩图也不难画出。

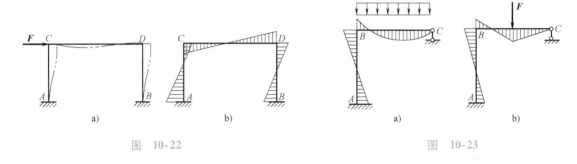

图 10-22　　　　　　　　　图 10-23

通过以上分析，即可定性画出简单超静定结构的弯矩图，并大体判断出危险截面的位置。

本 章 回 顾

1. 超静定结构的特点

1）从几何组成看，静定结构是没有多余联系的几何不变体系，而超静定结构是具有多余联系的几何不变体系。

2）从静力特征看，静定结构仅凭静力平衡条件便可以完全确定它的约束力和内力，而超静定结构仅凭静力平衡条件还不能确定其全部约束力和内力，必须建立附加方程式才能求解。

3）当无外荷载作用时超静定结构有可能产生内力。

2. 求解超静定结构的方法有力法、位移法、力矩分配法

1）力法的基本原理就是以多余约束的约束力作为基本未知量，取去掉多余约束的基本结构为研究对象根据多余约束处的几何位移条件建立力法方程，求出多余约束力，然后求解出整个超静定结构的内力。

2）位移法的基本思路是选取结点位移为基本未知量，在结点位移处假设相应的约束，把每段杆件视为独立的单跨超静定梁，然后根据其位移以及荷载写出各杆端弯矩的表达式，再利用静力平衡条件求解出位移未知量，进而求解出各杆端弯矩。

3）力矩分配法是以位移法为基础的一种求解超静定结构的渐近计算方法。其基本概念有：转动刚度、分配系数、分配弯矩、传递系数、传递弯矩。

3. 简单超静定结构弯矩图的定性分析

对工程中的一些常用简单超静定结构，要了解其在常见荷载作用下的变形曲线，以便绘出其大致的弯矩图形状，这对工作很有好处。

附 录

附录 A 型钢规格表

表 A-1 热轧等边角钢

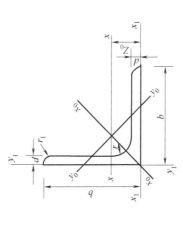

符号意义：

b —— 边宽度；
d —— 边厚度；
r —— 内圆弧半径；
r_1 —— 边端圆弧半径；
I —— 惯性矩；
i —— 惯性半径；
W —— 截面系数；
Z_0 —— 重心距离。

角钢号数	尺寸/mm b	尺寸/mm d	尺寸/mm r	截面面积/cm²	理论重量/(kg/m)	外表面积/(m²/m)	$x-x$ I_x/cm⁴	$x-x$ i_x/cm	$x-x$ W_x/cm³	x_0-x_0 I_{x_0}/cm⁴	x_0-x_0 i_{x_0}/cm	x_0-x_0 W_{x_0}/cm³	y_0-y_0 I_{y_0}/cm⁴	y_0-y_0 i_{y_0}/cm	y_0-y_0 W_{y_0}/cm³	x_1-x_1 I_{x_1}/cm⁴	Z_0/cm
2	20	3	3.5	1.132	0.889	0.078	0.40	0.59	0.29	0.63	0.75	0.45	0.17	0.39	0.20	0.81	0.60
		4		1.459	1.145	0.077	0.50	0.58	0.36	0.78	0.73	0.55	0.22	0.38	0.24	1.09	0.64
2.5	25	3	3.5	1.432	1.124	0.098	0.82	0.76	0.46	1.29	0.95	0.73	0.34	0.49	0.33	1.57	0.73
		4		1.859	1.459	0.097	1.03	0.74	0.59	1.62	0.93	0.92	0.43	0.48	0.40	2.11	0.76
3.0	30	3	4.5	1.749	1.373	0.117	1.46	0.91	0.68	2.31	1.15	1.09	0.61	0.59	0.51	2.71	0.85
		4		2.276	1.786	0.117	1.84	0.90	0.87	2.92	1.13	1.37	0.77	0.58	0.62	3.63	0.89

参 考 数 值

（续）

角钢号数	尺寸/mm b	尺寸/mm d	尺寸/mm r	截面面积/cm²	理论重量/(kg/m)	外表面积/(m²/m)	参考数值 x-x I_x/cm⁴	x-x i_x/cm	x-x W_x/cm³	x_0-x_0 I_{x_0}/cm⁴	x_0-x_0 i_{x_0}/cm	x_0-x_0 W_{x_0}/cm³	y_0-y_0 I_{y_0}/cm⁴	y_0-y_0 i_{y_0}/cm	y_0-y_0 W_{y_0}/cm³	x_1-x_1 I_{x_1}/cm⁴	Z_0/cm
3.6	36	3	4.5	2.109	1.656	0.141	2.58	1.11	0.99	4.09	1.39	1.61	1.07	0.71	0.76	4.68	1.00
		4		2.756	2.163	0.141	3.29	1.09	1.28	5.22	1.38	2.05	1.37	0.70	0.93	6.25	1.04
		5		3.382	2.654	0.141	3.95	1.08	1.56	6.24	1.36	2.45	1.65	0.70	1.09	7.84	1.07
4.0	40	3	5	2.359	1.852	0.157	3.59	1.23	1.23	5.69	1.55	2.01	1.49	0.79	0.96	6.41	1.09
		4		3.086	2.422	0.157	4.60	1.22	1.60	7.29	1.54	2.58	1.91	0.79	1.19	8.56	1.13
		5		3.791	2.976	0.156	5.53	1.21	1.96	8.76	1.52	3.01	2.30	0.78	1.39	10.74	1.17
4.5	45	3	5	2.659	2.088	0.177	5.17	1.40	1.58	8.20	1.76	2.58	2.14	0.90	1.24	9.12	1.22
		4		3.486	2.736	0.177	6.65	1.38	2.05	10.56	1.74	3.32	2.75	0.89	1.54	12.18	1.26
		5		4.292	3.369	0.176	8.04	1.37	2.51	12.74	1.72	4.00	3.33	0.88	1.81	15.25	1.30
		6		5.076	3.985	0.176	9.33	1.36	2.95	14.76	1.70	4.64	3.89	0.88	2.06	18.36	1.33
5	50	3	5.5	2.971	2.332	0.197	7.18	1.55	1.96	11.7	1.96	3.22	2.98	1.00	1.57	12.50	1.34
		4		3.897	3.059	0.197	9.26	1.54	2.56	14.70	1.94	4.16	3.82	0.99	1.96	16.69	1.38
		5		4.803	3.770	0.196	11.21	1.53	3.13	17.79	1.92	5.03	4.64	0.98	2.31	20.90	1.42
		6		5.688	4.465	0.196	13.05	1.52	3.68	20.68	1.91	5.85	5.42	0.98	2.63	25.14	1.46
5.6	56	3	6	3.343	2.624	0.221	10.19	1.75	2.48	16.14	2.20	4.08	4.24	1.13	2.02	17.56	1.48
		4		4.390	3.446	0.220	13.18	1.73	3.24	20.92	2.18	5.28	5.46	1.11	2.52	23.43	1.53
		5		5.415	4.251	0.220	16.02	1.72	3.97	25.42	2.17	6.42	6.61	1.10	2.98	29.33	1.57
		8		8.367	6.568	0.219	23.63	1.68	6.03	37.37	2.11	9.44	9.89	1.09	4.16	47.24	1.68
6.3	63	4	7	4.978	3.907	0.248	19.03	1.96	4.13	30.17	2.46	6.78	7.89	1.26	3.29	33.35	1.70
		5		6.143	4.822	0.248	23.17	1.94	5.08	36.77	2.45	8.25	9.57	1.25	3.90	41.73	1.74
		6		7.288	5.721	0.247	27.12	1.93	6.00	43.03	2.43	9.66	11.20	1.24	4.46	50.14	1.78

（续）

角钢号数	b	d	r	截面面积/cm²	理论重量/(kg/m)	外表面积/(m²/m)	I_x/cm⁴	i_x/cm	W_x/cm³	I_{x_0}/cm⁴	i_{x_0}/cm	W_{x_0}/cm³	I_{y_0}/cm⁴	i_{y_0}/cm	W_{y_0}/cm³	I_{x_1}/cm⁴	Z_0/cm
							$x-x$			x_0-x_0			y_0-y_0			x_1-x_1	
6.3	63	8	7	9.515	7.469	0.247	34.46	1.90	7.75	54.56	2.40	12.25	14.33	1.23	5.47	67.11	1.85
		10		11.657	9.151	0.246	41.09	1.86	9.39	64.85	2.36	14.56	17.33	1.22	6.36	84.31	1.93
7	70	4	8	5.570	4.372	0.275	26.39	2.18	5.14	41.80	2.74	8.44	10.99	1.40	4.17	45.74	1.86
		5		6.875	5.397	0.275	32.21	2.16	6.32	51.08	2.73	10.32	13.34	1.39	4.96	57.21	1.91
		6		8.160	6.406	0.275	37.77	2.15	7.48	59.93	2.71	12.11	15.61	1.38	5.67	68.73	1.95
		7		9.424	7.398	0.275	43.09	2.14	8.59	68.35	2.69	13.81	17.82	1.38	6.34	80.29	1.99
		8		10.667	8.373	0.274	48.17	2.12	9.68	76.37	2.68	15.43	19.98	1.37	6.98	91.92	2.03
(7.5)	75	5	9	7.367	5.818	0.295	39.97	2.33	7.32	63.30	2.92	11.94	16.63	1.50	5.77	70.56	2.04
		6		8.797	6.905	0.294	46.95	2.31	8.64	74.38	2.90	14.02	19.51	1.49	6.67	84.55	2.07
		7		10.160	7.976	0.294	53.57	2.30	9.93	84.96	2.89	16.02	22.18	1.48	7.44	98.71	2.11
		8		11.503	9.030	0.294	59.96	2.28	11.20	95.07	2.88	17.93	24.86	1.47	8.19	112.97	2.15
		10		14.126	11.089	0.293	71.98	2.26	13.64	113.92	2.84	21.48	30.05	1.46	9.56	141.71	2.22
8	80	5	9	7.912	6.211	0.315	48.79	2.48	8.34	77.33	3.13	13.67	20.25	1.60	6.66	85.36	2.15
		6		9.397	7.376	0.314	57.35	2.47	9.87	90.98	3.11	16.08	23.72	1.59	7.65	102.50	2.19
		7		10.860	8.525	0.314	65.58	2.46	11.37	104.07	3.10	18.40	27.09	1.58	8.58	119.70	2.23
		8		12.303	9.658	0.314	73.49	2.44	12.83	116.60	3.08	20.61	30.39	1.57	9.46	136.97	2.27
		10		15.126	11.874	0.313	88.43	2.42	15.64	140.09	3.04	24.76	36.77	1.56	11.08	171.74	2.35
9	90	6	10	10.637	8.350	0.354	82.77	2.79	12.61	131.26	3.51	20.63	34.28	1.80	9.95	145.87	2.44
		7		12.301	9.656	0.354	94.83	2.78	14.54	150.47	3.50	23.64	39.18	1.78	11.19	170.30	2.48
		8		13.944	10.946	0.353	106.47	2.76	16.42	168.97	3.48	26.55	43.97	1.78	12.35	194.80	2.52
		10		17.167	13.476	0.353	128.58	2.74	20.07	203.90	3.45	32.04	53.26	1.76	14.52	244.07	2.59
		12		20.306	15.940	0.352	149.22	2.71	23.57	236.21	3.41	37.12	62.22	1.75	16.49	293.76	2.67

尺寸/mm　　参　考　数　值

（续）

角钢号数	尺寸/mm b	d	r	截面面积/cm²	理论重量/(kg/m)	外表面积/(m²/m)	x−x I_x/cm⁴	i_x/cm	W_x/cm³	x₀−x₀ I_{x_0}/cm⁴	i_{x_0}/cm	W_{x_0}/cm³	y₀−y₀ I_{y_0}/cm⁴	i_{y_0}/cm	W_{y_0}/cm³	x₁−x₁ I_{x_1}/cm⁴	Z_0/cm
10	100	6	12	11.932	9.366	0.393	114.95	3.01	15.68	181.98	3.90	25.74	47.92	2.00	12.69	200.07	2.67
		7		13.796	10.830	0.393	131.86	3.09	18.10	208.97	3.89	29.55	54.74	1.99	14.26	233.54	2.71
		8		15.638	12.276	0.393	148.24	3.08	20.47	235.07	3.88	33.24	61.41	1.98	15.75	267.09	2.76
		10		19.261	15.120	0.392	179.51	3.05	25.06	284.68	3.84	40.26	74.35	1.96	18.54	334.48	2.84
		12		22.800	17.898	0.391	208.90	3.03	29.48	330.95	3.81	46.80	86.84	1.95	21.08	402.34	2.91
		14		26.256	20.611	0.391	236.53	3.00	33.73	374.06	3.77	52.90	99.00	1.94	23.44	470.75	2.99
		16		29.627	23.257	0.390	262.53	2.98	37.82	414.16	3.74	58.57	110.89	1.94	25.63	539.80	3.06
11	110	7	12	15.196	11.928	0.433	177.16	3.41	22.05	280.94	4.30	36.12	73.38	2.20	17.51	310.64	2.96
		8		17.238	13.532	0.433	199.46	3.40	24.95	316.49	4.28	40.69	82.42	2.19	19.39	355.20	3.01
		10		21.261	16.690	0.432	242.19	3.38	30.60	384.39	4.25	49.42	99.98	2.17	22.91	444.65	3.09
		12		25.200	19.782	0.431	282.55	3.35	36.05	448.17	4.22	57.62	116.93	2.15	26.15	534.60	3.16
		14		29.056	22.809	0.431	320.71	3.32	41.31	508.01	4.18	65.31	133.40	2.14	29.14	625.16	3.24
12.5	125	8	14	19.750	15.504	0.492	297.03	3.88	32.52	470.89	4.88	43.28	123.16	2.50	25.86	521.01	3.37
		10		24.373	19.133	0.491	361.67	3.85	39.97	573.89	4.85	64.93	149.46	2.48	30.62	651.93	3.45
		12		28.912	22.696	0.491	423.16	3.83	41.17	671.44	4.82	75.96	174.88	2.46	35.03	783.42	3.53
		14		33.367	26.193	0.490	481.65	3.80	54.16	763.73	4.78	86.41	199.57	2.45	39.13	915.61	3.61
14	140	10	14	27.373	21.488	0.551	514.64	4.34	50.58	817.27	5.46	82.56	212.04	2.78	39.20	915.11	3.82
		12		32.512	25.522	0.551	603.68	4.31	59.80	958.79	5.43	96.85	248.57	2.76	45.02	1099.28	3.90
		14		37.567	29.490	0.550	688.81	4.28	68.75	1093.56	5.40	110.47	284.06	2.75	50.45	1284.22	3.98
		16		42.539	33.393	0.549	770.24	4.26	77.46	1221.81	5.36	123.42	318.67	2.74	55.55	1470.07	4.06

参 考 数 值

（续）

角钢号数	尺寸/mm b	尺寸/mm d	尺寸/mm r	截面面积/cm²	理论重量/(kg/m)	外表面积/(m²/m)	x-x I_x/cm⁴	x-x i_x/cm	x-x W_x/cm³	x_0-x_0 I_{x_0}/cm⁴	x_0-x_0 i_{x_0}/cm	x_0-x_0 W_{x_0}/cm³	y_0-y_0 I_{y_0}/cm⁴	y_0-y_0 i_{y_0}/cm	y_0-y_0 W_{y_0}/cm³	x_1-x_1 I_{x_1}/cm⁴	Z_0/cm
16	160	10	16	31.502	24.729	0.630	779.53	4.98	66.70	1237.30	6.27	109.36	321.76	3.20	52.76	1365.33	4.31
		12		37.441	29.391	0.630	916.58	4.95	78.98	1455.68	6.24	128.67	377.49	3.18	60.74	1639.57	4.39
		14		43.296	33.987	0.629	1048.36	4.92	90.95	1665.02	6.20	147.17	431.70	3.16	68.244	1914.68	4.47
		16		49.067	38.518	0.629	1175.08	4.89	102.63	1865.57	6.17	164.89	484.59	3.14	75.31	2190.82	4.55
18	180	12	16	42.241	33.159	0.710	1321.35	5.59	100.82	2100.10	7.05	165.00	542.61	3.58	78.41	2332.80	4.89
		14		48.896	38.388	0.709	1514.48	5.56	116.25	2407.42	7.02	189.14	625.53	3.56	88.38	2723.48	4.97
		16		55.467	43.542	0.709	1700.99	5.54	131.13	2703.37	6.98	212.40	698.60	3.55	97.83	3115.29	5.05
		18		61.955	48.634	0.708	1875.12	5.50	145.64	2988.24	6.94	234.78	762.01	3.51	105.14	3502.43	5.13
20	200	14	18	54.642	42.894	0.788	2103.55	6.20	144.70	3343.26	7.82	236.40	863.83	3.98	111.82	3734.10	5.46
		16		62.013	48.680	0.788	2366.15	6.18	163.65	3760.89	7.79	265.93	971.41	3.96	123.96	4270.39	5.54
		18		69.301	54.401	0.787	2620.64	6.15	182.22	4164.54	7.75	294.48	1076.74	3.94	135.52	4808.13	5.62
		20		76.505	60.056	0.787	2867.30	6.12	200.42	4554.55	7.72	322.06	1180.04	3.93	146.55	5347.51	5.69
		24		90.661	71.168	0.785	3338.25	6.07	236.17	5294.97	7.64	374.41	1381.53	3.90	166.55	6457.16	5.87

注：截面图中的 $r_1 = \frac{1}{3}d$ 及表中 r 值的数据用于孔型设计，不做交货条件。

表 A-2 热轧不等边角钢

符号意义：

B——长边宽度；　　　b——短边宽度；
d——边厚度；　　　　r——内圆弧半径；
r₁——边端圆弧半径；　I——惯性矩；
i——惯性半径；　　　W——截面系数；
X₀——重心距离；　　　Y₀——重心距离。

角钢号数	尺寸/mm				截面面积/cm²	理论重量/(kg/m)	外表面积/(m²/m)	参考数值												
								$x-x$			$y-y$			x_1-x_1		y_1-y_1		$u-u$			
	B	b	d	r				I_x/cm⁴	i_x/cm	W_x/cm³	I_y/cm⁴	i_y/cm	W_y/cm³	I_{x_1}/cm⁴	Y_0/cm	I_{y_1}/cm⁴	X_0/cm	I_u/cm⁴	i_u/cm	W_u/cm³	$\tan\alpha$
2.5/1.6	25	16	3	3.5	1.162	0.912	0.080	0.70	0.78	0.43	0.22	0.44	0.19	1.56	0.86	0.43	0.42	0.14	0.34	0.16	0.392
			4		1.499	1.176	0.079	0.88	0.77	0.55	0.27	0.43	0.24	2.09	0.90	0.59	0.46	0.17	0.34	0.20	0.381
3.2/2	32	20	3		1.492	1.171	0.102	1.53	1.01	0.72	0.46	0.55	0.30	3.27	1.08	0.82	0.49	0.28	0.43	0.25	0.382
			4	4	1.939	1.522	0.101	1.93	1.00	0.93	0.57	0.54	0.39	4.37	1.12	1.12	0.53	0.35	0.42	0.32	0.374
4/2.5	40	25	3		1.890	1.484	0.127	3.08	1.28	1.15	0.93	0.70	0.49	6.39	1.32	1.59	0.59	0.56	0.54	0.40	0.386
			4		2.467	1.936	0.127	3.93	1.26	1.49	1.18	0.69	0.63	8.53	1.37	2.14	0.63	0.71	0.54	0.52	0.381
4.5/2.8	45	28	3	5	2.149	1.687	0.143	4.45	1.44	1.47	1.34	0.79	0.62	9.10	1.47	2.23	0.64	0.80	0.61	0.51	0.383
			4		2.806	2.203	0.143	5.69	1.42	1.91	1.70	0.78	0.80	12.13	1.51	3.00	0.68	1.02	0.60	0.66	0.380
5/3.2	50	32	3	5.5	2.431	1.908	0.161	6.24	1.60	1.84	2.02	0.91	0.82	12.49	1.60	3.31	0.73	1.20	0.70	0.68	0.404
			4		3.177	2.494	0.160	8.02	1.59	2.39	2.58	0.90	1.06	16.65	1.65	4.45	0.77	1.53	0.69	0.87	0.402
5.6/3.6	56	36	3	6	2.743	2.153	0.181	8.88	1.80	2.32	2.92	1.03	1.05	17.54	1.78	4.70	0.80	1.73	0.79	0.87	0.408
			4		3.590	2.818	0.180	11.45	1.79	3.03	3.76	1.02	1.37	23.39	1.82	6.33	0.85	2.23	0.79	1.13	0.408
			5		4.415	3.466	0.180	13.86	1.77	3.71	4.49	1.01	1.65	29.25	1.87	7.94	0.88	2.67	0.78	1.36	0.404

（续）

角钢号数	尺寸/mm				截面面积/cm²	理论重量/(kg/m)	外表面积/(m²/m)	参考数值													
	B	b	d	r				x-x			y-y			x1-x1		y1-y1		u-u			
								I_x/cm⁴	i_x/cm	W_x/cm³	I_y/cm⁴	i_y/cm	W_y/cm³	I_{x_1}/cm⁴	Y_0/cm	I_{y_1}/cm⁴	X_0/cm	I_u/cm⁴	i_u/cm	W_u/cm³	tanα
6.3/4	63	40	4	7	4.058	3.185	0.202	16.49	2.02	3.87	5.23	1.14	1.70	33.30	2.04	8.63	0.92	3.12	0.88	1.40	0.398
			5		4.993	3.920	0.202	20.02	2.00	4.74	6.31	1.12	2.71	41.63	2.08	10.86	0.95	3.76	0.87	1.71	0.396
			6		5.908	4.638	0.201	23.36	1.96	5.59	7.29	1.11	2.43	49.98	2.12	13.12	0.99	4.34	0.86	1.99	0.393
			7		6.802	5.339	0.201	26.53	1.98	6.40	8.24	1.10	2.78	58.07	2.15	15.47	1.03	4.97	0.86	2.29	0.389
7/4.5	70	45	4	7.5	4.547	3.570	0.226	23.17	2.26	4.86	7.55	1.29	2.17	45.92	2.24	12.26	1.02	4.40	0.98	1.77	0.410
			5		5.609	4.403	0.225	27.95	2.23	5.92	9.13	1.28	2.65	57.10	2.28	15.39	1.06	5.40	0.98	2.19	0.407
			6		6.647	5.218	0.225	32.54	2.21	6.95	10.62	1.26	3.12	68.35	2.32	18.58	1.09	6.35	0.98	2.59	0.404
			7		7.657	6.011	0.225	37.22	2.20	8.03	12.01	1.25	3.57	79.99	2.36	21.84	1.13	7.16	0.97	2.94	0.402
(7.5/5)	75	50	5	8	6.125	4.808	0.245	34.86	2.39	6.83	12.61	1.44	3.30	70.00	2.40	21.04	1.17	7.41	1.10	2.74	0.435
			6		7.260	5.699	0.245	41.12	2.38	8.12	14.70	1.42	3.88	84.30	2.44	25.37	1.21	8.54	1.08	3.19	0.435
			8		9.467	7.431	0.244	52.39	2.35	10.52	18.53	1.40	4.99	112.50	2.52	34.23	1.29	10.87	1.07	4.10	0.429
			10		11.590	9.098	0.244	62.71	2.33	12.79	21.96	1.38	6.04	140.80	2.60	43.43	1.36	13.10	1.06	4.99	0.423
8/5	80	50	5	8	6.375	5.005	0.255	41.96	2.56	7.78	12.82	1.42	3.32	85.21	2.60	21.06	1.14	7.66	1.10	2.74	0.388
			6		7.560	5.935	0.255	49.49	2.56	9.25	14.95	1.41	3.91	102.53	2.65	25.41	1.18	8.85	1.08	3.20	0.387
			7		8.724	6.848	0.255	56.16	2.54	10.58	16.96	1.39	4.48	119.33	2.69	29.82	1.21	10.18	1.08	3.70	0.384
			8		9.867	7.745	0.254	62.83	2.52	11.92	18.85	1.38	5.03	136.41	2.73	34.32	1.25	11.38	1.07	4.16	0.381
9/5.6	90	56	5	9	7.212	5.661	0.287	60.45	2.90	9.92	18.32	1.59	4.21	121.32	2.91	29.53	1.25	10.98	1.23	3.49	0.385
			6		8.557	6.717	0.286	71.03	2.88	11.74	21.42	1.58	4.96	145.59	2.95	35.58	1.29	12.90	1.23	4.18	0.384
			7		9.880	7.756	0.286	81.01	2.86	13.49	24.36	1.57	5.70	169.66	3.00	41.71	1.33	14.67	1.22	4.72	0.382
			8		11.183	8.779	0.286	91.03	2.85	15.27	27.15	1.56	6.41	194.17	3.04	47.93	1.36	16.34	1.21	5.29	0.380

（续）

角钢号数	尺寸/mm B	b	d	r	截面面积/cm²	理论重量/(kg/m)	外表面积/(m²/m)	x-x Ix/cm⁴	ix/cm	Wx/cm³	y-y Iy/cm⁴	iy/cm	Wy/cm³	x₁-x₁ Ix₁/cm⁴	Y₀/cm	y₁-y₁ Iy₁/cm⁴	X₀/cm	u-u Iu/cm⁴	iu/cm	Wu/cm³	tanα
10/6.3	100	63	6	10	9.617	7.550	0.320	99.06	3.21	14.64	30.94	1.79	6.35	199.71	3.24	50.50	1.43	18.42	1.38	5.25	0.394
			7		11.111	8.722	0.320	113.45	3.29	16.88	35.26	1.78	7.29	233.00	3.28	59.14	1.47	21.00	1.38	6.02	0.393
			8		12.584	9.878	0.319	127.37	3.18	19.08	39.39	1.77	8.21	266.32	3.32	67.88	1.50	23.50	1.37	6.78	0.391
			10		15.467	12.142	0.319	153.81	3.15	23.32	47.12	1.74	9.98	333.06	3.40	85.73	1.58	28.33	1.35	8.24	0.387
10/8	100	80	6	10	10.637	8.350	0.354	107.04	3.17	15.19	61.24	2.40	10.16	199.83	2.95	102.68	1.97	31.65	1.72	8.37	0.627
			7		12.301	9.656	0.354	122.73	3.16	17.52	70.08	2.39	11.71	233.20	3.00	119.98	2.01	36.17	1.72	9.60	0.626
			8		13.944	10.946	0.353	137.92	3.14	19.81	78.58	2.37	13.21	266.61	3.04	137.37	2.05	40.58	1.71	10.80	0.625
			10		17.167	13.476	0.353	166.87	3.12	24.24	94.65	2.35	16.12	333.63	3.12	172.48	2.13	49.10	1.69	13.12	0.622
11/7	110	70	6	10	10.673	8.350	0.354	133.37	3.54	17.85	42.92	2.01	7.90	265.78	3.53	69.08	1.57	25.36	1.54	6.53	0.403
			7		12.301	9.656	0.354	153.00	3.53	20.60	49.01	2.00	9.09	310.07	3.57	80.82	1.61	28.95	1.53	7.50	0.402
			8		13.944	10.946	0.353	172.04	3.51	23.30	54.87	1.98	10.25	354.39	3.62	92.70	1.65	32.45	1.53	8.45	0.401
			10		17.167	13.476	0.353	208.39	3.48	28.54	65.88	1.96	12.48	443.13	3.70	116.83	1.72	39.20	1.51	10.29	0.397
12.5/8	125	80	7	11	14.096	11.066	0.403	277.98	4.02	26.86	74.42	2.30	12.01	454.99	4.01	120.32	1.80	43.81	1.76	9.92	0.408
			8		15.989	12.551	0.403	256.77	4.01	30.41	83.49	2.28	13.56	519.99	4.06	137.85	1.84	49.15	1.75	11.18	0.407
			10		19.712	15.474	0.402	312.04	3.98	37.33	100.67	2.26	16.56	650.09	4.14	173.40	1.92	59.45	1.74	13.64	0.404
			12		23.351	18.330	0.402	364.41	3.95	44.01	116.67	2.24	19.43	780.39	4.22	209.67	2.00	69.35	1.72	16.01	0.400
14/9	140	90	8	12	18.038	14.160	0.453	365.64	4.50	38.48	120.69	2.59	17.34	730.53	4.50	195.79	2.04	70.83	1.98	14.31	0.411
			10		22.261	17.475	0.452	445.50	4.47	47.31	146.03	2.56	21.22	913.20	4.58	245.92	2.12	85.82	1.96	17.48	0.409
			12		26.400	20.724	0.451	521.59	4.44	55.87	169.79	2.54	24.95	1096.09	4.66	296.89	2.19	100.21	1.95	20.54	0.406
			14		30.456	23.908	0.451	594.10	4.42	64.18	192.10	2.51	28.54	1279.26	4.74	348.82	2.27	114.13	1.94	23.52	0.403

参 考 数 值

（续）

角钢号数	尺寸/mm				截面面积 /cm²	理论重量 /(kg/m)	外表面积 /(m²/m)	参考数值														
	B	b	d	r				x-x			y-y			x₁-x₁		y₁-y₁		u-u			
								I_x/cm⁴	i_x/cm	W_x/cm³	I_y/cm⁴	i_y/cm	W_y/cm³	I_{x_1}/cm⁴	Y_0/cm	I_{y_1}/cm⁴	X_0/cm	I_u/cm⁴	i_u/cm	W_u/cm³	$\tan\alpha$
16/10	160	100	10	13	25.315	19.872	0.512	668.69	5.14	62.13	205.03	2.85	26.56	1362.89	5.24	336.59	2.28	121.74	2.19	21.92	0.390
			12		30.054	23.592	0.511	784.91	5.11	73.49	239.06	2.82	31.28	1635.56	5.32	405.94	2.36	142.33	2.17	25.79	0.388
			14		34.709	27.247	0.510	896.30	5.08	84.56	271.20	2.80	35.83	1908.50	5.40	476.42	2.43	162.2	2.16	29.56	0.385
			16		39.281	30.835	0.510	1003.04	5.05	95.33	301.60	2.77	40.24	2181.79	5.48	548.22	2.51	182.57	2.16	33.44	0.382
18/11	180	110	10	14	28.373	22.273	0.571	956.25	5.80	78.96	278.11	3.13	32.49	1940.40	5.89	447.22	2.44	166.50	2.42	26.88	0.376
			12		33.712	26.464	0.571	1124.72	5.78	93.53	325.03	3.10	38.32	2328.38	5.98	538.94	2.52	194.87	2.40	31.66	0.374
			14		38.967	30.589	0.570	1286.91	5.75	107.76	369.55	3.08	43.97	2716.60	6.06	631.92	2.59	222.30	2.39	36.32	0.372
			16		44.139	34.649	0.569	1443.06	5.72	121.64	411.85	3.06	49.44	3105.15	6.14	726.46	2.67	248.94	2.38	40.87	0.369
20/12.5	200	125	12	14	37.912	29.761	0.641	1570.90	6.44	116.73	483.16	3.57	49.99	3193.85	6.54	787.74	2.83	285.79	2.74	41.23	0.392
			14		43.867	34.436	0.640	1800.97	6.41	134.65	550.83	3.54	57.44	3726.17	6.02	922.47	2.91	326.58	2.73	47.34	0.390
			16		49.739	39.045	0.639	2023.35	6.38	152.18	615.44	3.52	64.69	4258.86	6.70	1058.86	2.99	366.21	2.71	53.32	0.388
			18		55.526	43.588	0.639	2238.30	6.35	169.33	677.19	3.49	71.74	4792.00	6.78	1197.13	3.06	404.83	2.70	59.18	0.385

注：1. 括号内型号不推荐使用。

2. 截面图中的 $r_1 = \dfrac{1}{3}d$ 及表中 r 的数据用于孔型设计，不做交货条件。

表 A-3 热轧槽钢

符号意义：

h——高度；
b——腿宽度；
d——腰厚度；
t——平均腿厚度；
r——内圆弧半径；
r_1——腿端圆弧半径；
I——惯性矩；
W——截面系数；
i——惯性半径；
Z_0——y-y轴与y_1-y_1轴间距。

型号	尺寸/mm						截面面积 /cm²	理论重量 /(kg/m)	参考数值							
	h	b	d	t	r	r_1			x-x			y-y			y_0-y_0	Z_0/cm
									W_x/cm³	I_x/cm⁴	i_x/cm	W_y/cm³	I_y/cm⁴	i_y/cm	I_{y_0}/cm⁴	
5	50	37	4.5	7	7	3.5	6.93	5.44	10.4	26	1.94	3.55	8.3	1.1	20.9	1.35
6.3	63	40	4.8	7.5	7.5	3.75	8.444	6.63	16.123	50.786	2.453	4.50	11.872	1.185	28.38	1.36
8	80	43	5	8	8	4	10.24	8.04	25.3	101.3	3.15	5.79	16.6	1.27	37.4	1.43
10	100	48	5.3	8.5	8.5	4.25	12.74	10	39.7	198.3	3.95	7.8	25.6	1.41	54.9	1.52
12.6	126	53	5.5	9	9	4.5	15.69	12.37	62.137	391.466	4.953	10.242	37.99	1.567	77.09	1.59
14a	140	58	6	9.5	9.5	4.75	18.51	14.53	80.5	563.7	5.52	13.01	53.2	1.7	107.1	1.71
14	140	60	8	9.5	9.5	4.75	21.31	16.73	87.1	609.4	5.35	14.12	61.1	1.69	120.6	1.67
16a	160	63	6.5	10	10	5	21.95	17.23	108.3	866.2	6.28	16.3	73.3	1.83	144.1	1.8
16	160	65	8.5	10	10	5	25.15	19.74	116.8	934.5	6.1	17.55	83.4	1.82	160.8	1.75
18a	180	68	7	10.5	10.5	5.25	25.69	20.17	141.4	1272.7	7.04	20.03	98.6	1.96	189.7	1.88
18	180	70	9	10.5	10.5	5.25	29.29	22.99	152.2	1369.9	6.84	21.52	111	1.95	210.1	1.84
20a	200	73	7	11	11	5.5	28.83	22.63	178	1780.4	7.86	24.2	128	2.11	244	2.01
20	200	75	9	11	11	5.5	32.83	25.77	191.4	1913.7	7.64	25.88	143.6	2.09	268.4	1.95

（续）

型号	尺寸/mm						截面面积/cm²	理论重量/(kg/m)	参考数值							
									x—x			y—y			y₀—y₀	
	h	b	d	t	r	r₁			W_x/cm³	I_x/cm⁴	i_x/cm	W_y/cm³	I_y/cm⁴	i_y/cm	I_{y_0}/cm⁴	Z_0/cm
22a	220	77	7	11.5	11.5	5.75	31.84	24.99	217.6	2393.9	8.67	28.17	157.8	2.23	298.2	2.1
22	220	79	9	11.5	11.5	5.75	36.24	28.45	233.8	2571.4	8.42	30.05	176.4	2.21	326.3	2.03
a	250	78	7	12	12	6	34.91	27.47	269.597	3369.62	9.823	30.607	175.529	2.243	322.256	2.065
25b	250	80	9	12	12	6	39.91	31.39	282.402	3530.04	9.405	32.657	196.421	2.218	353.187	1.982
c	250	82	11	12	12	6	44.91	35.32	295.236	3690.45	9.065	35.926	218.415	2.206	384.133	1.921
a	280	82	7.5	12.5	12.5	6.25	40.02	31.42	340.328	4764.59	10.91	35.718	217.989	2.333	387.566	2.097
28b	280	84	9.5	12.5	12.5	6.25	45.62	35.81	366.46	5130.45	10.6	37.929	242.144	2.304	427.589	2.016
c	280	86	11.5	12.5	12.5	6.25	51.22	40.21	392.594	5496.32	10.35	40.301	267.602	2.286	426.597	1.951
a	320	88	8	14	14	7	48.7	38.22	474.879	7598.06	12.49	46.473	304.787	2.502	552.31	2.242
32b	320	90	10	14	14	7	55.1	43.25	509.012	8144.2	12.15	49.157	336.332	2.471	592.933	2.158
c	320	92	12	14	14	7	61.5	48.28	543.145	8690.33	11.88	52.642	374.175	2.467	643.299	2.092
a	360	96	9	16	16	8	60.89	47.8	659.7	11874.2	13.97	63.54	455	2.73	818.4	2.44
36b	360	98	11	16	16	8	68.09	53.45	702.9	12651.8	13.63	66.85	496.7	2.7	880.4	2.37
c	360	100	13	16	16	8	75.29	50.1	746.1	13429.4	13.36	70.02	536.4	2.67	947.9	2.34
a	400	100	10.5	18	18	9	75.05	58.91	878.9	17577.9	15.30	78.83	592	2.81	1067.6	2.49
40b	400	102	12.5	18	18	9	83.05	65.19	932.2	18644.5	14.98	82.52	640	2.78	1135.6	2.44
c	400	104	14.5	18	18	9	91.05	71.47	985.6	19711.2	14.71	86.19	687.8	2.75	1220.7	2.42

注：截面图和表中标注的圆弧半径 r，r_1 的数据用于孔型设计，不做交货条件。

表 A-4 热轧工字钢

符号意义:
h——高度;
b——腿宽度;
d——腰厚度;
t——平均腿厚度;
r——内圆弧半径;
r_1——腿端圆弧半径;
I——惯性矩;
W——截面系数;
i——惯性半径;
S——半截面的静矩。

| 型号 | 尺寸/mm | | | | | | 截面面积 /cm² | 理论重量 /kg·m⁻¹ | 参 考 数 值 | | | | | | |
| | h | b | d | t | r | r_1 | | | x-x | | | | y-y | | |
									I_x/cm⁴	W_x/cm³	i_x/cm	$I_x:S_x$/cm	I_y/cm⁴	W_y/cm³	i_y/cm
10	100	68	4.5	7.6	6.5	3.3	14.3	11.2	245	49	4.14	8.59	33	9.72	1.52
12.6	126	74	5	8.4	7	3.5	18.1	14.2	488.43	77.529	5.195	10.85	46.906	12.677	1.609
14	140	80	5.5	9.1	7.5	3.8	21.5	16.9	712	102	5.76	12	64.4	16.1	1.73
16	160	88	6	9.9	8	4	26.1	20.5	1130	141	6.58	13.8	93.1	21.2	1.89
18	180	94	6.5	10.7	8.5	4.3	30.6	24.1	1660	185	7.36	15.4	122	26	2
20a	200	100	7	11.4	9	4.5	35.5	27.9	2370	237	8.15	17.2	158	31.5	2.12
20b	200	102	9	11.4	9	4.5	39.5	31.1	2500	250	7.96	16.9	169	33.1	2.06
22a	220	110	7.5	12.3	9.5	4.8	42	33	3400	309	8.99	18.9	225	40.9	2.31
22b	220	112	9.5	12.3	9.5	4.8	46.4	36.4	3570	325	8.78	18.7	239	42.7	2.27
25a	250	116	8	13	10	5	48.5	38.1	5023.54	401.88	10.8	21.58	280.046	48.283	2.403
25b	250	118	10	13	10	5	53.5	42	5283.96	422.72	9.938	21.27	309.297	52.423	2.404
28a	280	122	8.5	13.7	10.5	5.3	55.45	43.4	7114.14	508.15	11.32	24.62	345.051	56.565	2.495
28b	280	124	10.5	13.7	10.5	5.3	61.05	47.9	7480	534.29	11.08	24.24	379.496	61.209	2.493
32a	320	130	9.5	15	11.5	5.8	67.05	52.7	11075.5	692.2	12.84	27.46	459.93	70.758	2.619
32b	320	132	11.5	15	11.5	5.8	73.45	57.7	11621.4	726.33	12.58	27.09	501.53	75.989	2.614
32c	320	134	13.5	15	11.5	5.8	79.95	62.8	12167.5	760.47	12.34	26.77	543.81	81.166	2.608

（续）

| 型号 | 尺寸/mm | | | | | | 截面面积/cm² | 理论重量/(kg/m) | 参考数值 | | | | | | |
| | h | b | d | t | r | r₁ | | | x-x | | | | y-y | | |
									I_x/cm⁴	W_x/cm³	i_x/cm	$I_x:S_x$/cm	I_y/cm⁴	W_y/cm³	i_y/cm
36a	360	136	10	15.8	12	6	76.3	59.9	15760	875	14.4	30.7	552	81.2	2.69
36b	360	138	12	15.8	12	6	83.5	65.6	16530	919	14.1	30.3	582	84.3	2.64
36c	360	140	14	15.8	12	6	90.7	71.2	17310	962	13.8	29.9	612	87.4	2.6
40a	400	142	10.5	16.5	12.5	6.3	86.1	67.6	21720	1090	15.9	34.1	660	93.2	2.77
40b	400	144	12.5	16.5	12.5	6.3	94.1	73.8	22780	1140	15.6	33.6	692	96.2	2.71
40c	400	146	14.5	16.5	12.5	6.3	102	80.1	23850	1190	15.2	33.2	727	99.6	2.65
45a	450	150	11.5	18	13.5	6.8	102	80.4	32240	1430	17.7	38.6	855	114	2.89
45b	450	152	13.5	18	13.5	6.8	111	87.4	33760	1500	17.4	38	894	118	2.84
45c	450	154	15.5	18	13.5	6.8	120	94.5	35280	1570	17.1	37.6	938	122	2.79
50a	500	158	12	20	14	7	119	93.6	46470	1860	19.7	42.8	1120	142	3.07
50b	500	160	14	20	14	7	129	101	48560	1940	19.4	42.4	1170	146	3.01
50c	500	162	16	20	14	7	139	109	50640	2080	19	41.8	1220	151	2.96
56a	560	166	12.5	21	14.5	7.3	135.25	106.2	65585.6	2342.31	22.02	47.73	1370.16	165.08	3.182
56b	560	168	14.5	21	14.5	7.3	146.45	115	68512.5	2446.69	21.63	47.17	1486.75	174.25	3.162
56c	560	170	16.5	21	14.5	7.3	157.85	123.9	71439.4	2551.41	21.27	46.66	1558.39	183.34	3.158
63a	630	176	13	22	15	7.5	154.9	121.6	93916.2	2981.47	24.62	54.17	1700.55	193.24	3.314
63b	630	178	15	22	15	7.5	167.5	131.5	98083.6	3163.98	24.2	53.51	1812.07	203.6	3.289
63c	630	180	17	22	15	7.5	180.1	141	102251.1	3298.42	23.82	52.92	1924.91	213.88	3.268

注：截面图和表中标注的圆弧半径 r、r_1 的数据用于孔型设计，不做交货条件。

附录B 常见结构及其力学模型（简图）

序号	名称	工程实物图	计算简图
1	简支梁	楼面 楼面梁	
2	悬臂梁	阳台板 挑梁	
3	外伸梁	*A* *B* *C*	*A* *B* *C*
4	多跨静定梁	企口	*A* *B* *C* *D* *A* *B* *C* *D*
5	楼梯斜梁	斜梁(锯齿形) 平台板 平台梁 平台梁 *α*	*α*
6	连续梁	板 梁	

（续）

序号	名称	工程实物图	计算简图
7	刚架		
8	桁架		

附录 C 力 学 试 验

试验一 轴向拉伸试验

1. 试验目的

1）测定低碳钢在拉伸时的比例极限 σ_p、屈服极限 σ_s、强度极限 σ_b、延伸率 δ 和断面收缩率 ψ。

2）测定铸铁在拉伸时的强度极限 σ_b。

3）观察试验现象，绘出荷载-伸长曲线。

4）比较低碳钢和铸铁拉伸时的力学性能和特点。

2. 试验设备、器材及试样

1）液压式万能试验机。

2）游标卡尺和直尺。

3）试样。

试样的尺寸和形状对试验结果有一定影响。为了避免这种影响和便于对各种材料的力学性能进行比较，国家标准《金属拉伸试验试样》GB 6397—1986 中规定，拉伸试样分为标准试样和非标准试样两种。标准试样是指试样的标距与横截面面积之间具有一定的关系。即

长试样：

圆形截面　　　$L_0 = 10d_0$

矩形截面　　　$L_0 = 11.3\sqrt{A_0}$

短试样：

圆形截面　　　$L_0 = 5d_0$

矩形截面　　　$L_0 = 5.65\sqrt{A_0}$

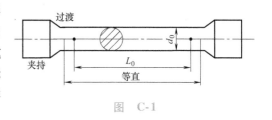

图　C-1

式中　L_0——试样原始标距（mm）；

　　　d_0——试样原始直径（mm）；

　　　A_0——试样原始横截面面积（mm^2）。

通常采用其中的圆形截面长试样，$d_0 = 10$mm，$L_0 = 10d_0 = 100$mm，试样的形状如图 C-1 所示。

3. 试验原理

材料的力学性能指标：比例极限 σ_p、屈服极限 σ_s、强度极限 σ_b、延伸率 δ 和断面收缩率 ψ 都是由拉伸试验来确定的。

拉伸试验是把试样安装在试验机上，通过试验机对试样加载直至把试样拉断为止，根据试验机上的自动绘图装置所绘出的拉伸曲线及试样拉断前后的尺寸，来确定材料的力学性能。

低碳钢拉伸时，必须注意试验机绘图装置所绘出的拉伸曲线，是整个试样（不仅是标距部分）的伸长，同时还包括试验机有关部分的弹性变形以及试样端部在夹具内的滑动等因素。在电子万能试验机上使用引伸仪测量应变，可以消除这些影响，得到材料真实的应力-应变曲线。试样开始受力时，端头部在夹具内的滑动较大，故绘出的拉伸图最初的一段是曲线，如图 C-2a 所示。拉伸图与试样的尺寸有关。为了消除试样尺寸的影响，将试验中的 F 和 ΔL 的数值分别除以试样原横截面面积 A_0 和标距 L_0，得出应力 σ 和应变 ε 的值，绘出低碳钢拉伸时的应力-应变曲线（σ-ε 曲线），如图 C-2b 所示。

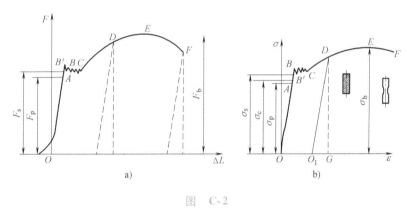

图　C-2

铸铁拉伸时的应力-应变曲线如图 C-3 所示。铸铁试样拉伸断口如图 C-4 所示，低碳钢试样拉伸断口如图 C-5 所示。

4. 试验方法和步骤

测定一种材料的力学性质，一般用一组试样（3~6 根），取有效试验数据的平均值，试验步骤如下：

1）确定中点，从中点分别向两侧各量取 $L_0/2$，将两个端点定为标距，用划线机在标距内平均分成 10 个格，如图 C-6 所示，以便当试样拉断后断口不在中间部分时进行换算，从而求得比较准确的延伸率，也可用来观察变形的分布情况。应注意，划线时尽量轻微，以免损伤试样，影响试验结果。

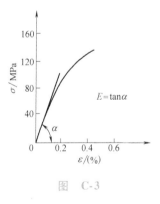

图　C-3

2）在标距内分别取三个截面，对每个截面用游标卡尺按互相垂直方向各测量两次直径，如图 C-7 所示。取这三个截面直径平均值中的最小值，来计算试样的初始截面面积 A_0。

3）铸铁试样只需测出三个截面直径，方法同上。

4）选择加载范围：根据试样的横截面面积 A_0 估算试样被拉断时所需的最大载荷 F_b，在试验机上选择适当的加载范围。

5）安装试样：将试样安装在试验机夹具内，使试样在夹具内有些缝隙，以保证试样初始不受力。

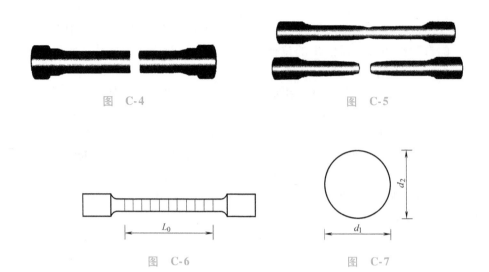

图 C-4   图 C-5

图 C-6   图 C-7

6）开始加载：按照试验机的操作方法进行加载。

7）观察试验现象：在拉伸过程中，要注意观察试样的变形、拉伸图的变化及测力指针走动等情况，及时记录有关数据。

8）测量低碳钢试样拉断后的尺寸：用游标卡尺测出缩颈处的最小截面直径 d_1。按互相垂直的两个方向各测量一次直径，取其平均值作为试样缩颈处（断口处）的最小直径。

9）测量试样拉断后的标距长度 L_1，其方法如下：

① 若试样拉断后断口在标距长度的中间 1/3 区域内时，可以把断裂试样拼合起来，直接测量试样拉断后的标距之间的长度 L_1。

② 若试样拉断后断口不在标距长度的中间 1/3 区域内时，计算出的延伸率数值偏小。为使测量的结果正确反映材料的延伸率，需采取"断口移中"的方法，推算出试样断后的标距长度 L_1。

设定拉断前试样原标距的两个标点 cc_1 之间等分 10 个格，把断后试样拼合在一起，在试样较长一段距断口较近的第一个刻线 d 起，向长试样端部 c_1 点移取 $10/2 = 5$ 格，记为 a，再看 a 点到 c_1 点间剩有几个格，就由 a 点向相反方向移取相同的格数，记为 b 点，如图 C-8 所示。令 cb 之间的长度为 L'，ba 之间的长度为 L''，则 $L'+2L''$ 的长

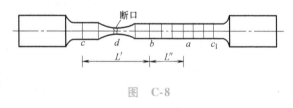

图 C-8

度中所包含的格数，等于原标距长度内的格数 10，这就相当于把断口摆在标距中间，即 $L_1 = L'+2L''$。

③ 若试样拉断后断口与端部距离小于或等于试样直径的两倍，则试验结果无效，需重做试验。

5. 试验数据处理

1）根据原始记录和在拉伸图上测出的 F_p、F_s 和 F_b 值，计算如下：

低碳钢：

比例极限 $\qquad$ $\sigma_{\mathrm{p}} = \dfrac{F_{\mathrm{p}}}{A_0}$

屈服极限 $\qquad$ $\sigma_{\mathrm{s}} = \dfrac{F_{\mathrm{s}}}{A_0}$

强度极限 $\qquad$ $\sigma_{\mathrm{b}} = \dfrac{F_{\mathrm{b}}}{A_0}$

铸铁:

强度极限 $\qquad$ $\sigma_{\mathrm{b}} = \dfrac{F_{\mathrm{b}}}{A_0}$

式中 A_0——试样原始横截面面积（mm^2）。

2）根据低碳钢试样拉断前后的尺寸计算

延伸率 $\qquad$ $\delta = \dfrac{L_1 - L_0}{L_0} \times 100\%$

断面收缩率 $\qquad$ $\psi = \dfrac{A_0 - A_1}{A_0} \times 100\%$

式中 L_0、L_1——试样拉断前和拉断后的标距（mm）；

A_0、A_1——试样拉断前的原始横截面面积和试样拉断后断口处的最小横截面面积（mm^2）。

试验二 轴向压缩试验

1. 试验目的

1）测定低碳钢在压缩时的屈服极限 σ_{s}。

2）测定铸铁在压缩时的强度极限 σ_{b}。

3）观察上述材料在压缩时的变形及破坏形式，并分析其破坏原因。

4）比较塑性材料与脆性材料的力学性能及特点。

2. 试验设备、器材及试样

1）液压式万能试验机。

2）游标卡尺和直尺。

3）试样。

金属材料压缩破坏试验所用的试样一般规定为 $1.5 \leqslant h_0/d_0 \leqslant 3$，试验时常用的试样尺寸如下：

低碳钢试样尺寸为： $d_0 = 10\,\mathrm{mm}$，$h_0 = 15\,\mathrm{mm}$

铸铁试样尺寸为： $d_0 = 10\,\mathrm{mm}$，$h_0 = 20\,\mathrm{mm}$

为了使试样尽量承受轴向压力，试样两端面必须完全平行，并且与试样轴线保持垂直。其端面应加工光滑，以减小摩擦力的影响。

3. 试验原理

试验时，利用自动绘图装置，绘出低碳钢压缩曲线和铸铁压缩曲线。图 C-9 为低碳钢 $\sigma\text{-}\varepsilon$ 曲线图。低碳钢为塑性材料，压缩时不会断裂，同时屈服现象也不明显，只有较短的屈服阶段，即当指针由匀速转动而突然减慢、停转或回摆，同时绘制的压缩曲线出现转折，此时的载荷 F_{s} 所对应的应力为低碳钢的屈服极限 σ_{s}。因此，在压缩试验中测定 F_{s} 时要特别小心观察，常要借助绘图装置绘出的压缩图来判断 F_s 到达的时刻。由于低碳钢为塑性材料，所以载荷虽然不断增加，但试样并不发生破坏，只是被压扁，由圆柱形变成鼓形，因此无法求出强度极限。

图 C-10 为铸铁压缩时的 σ-ε 曲线图。铸铁为脆性材料，试样在较小的变形情况下突然破坏，破坏后试样的断面与轴线大约成 45°～55° 的夹角。这表明铸铁试样沿斜截面因剪切而破坏。因此，铸铁没有屈服极限，只有在最大载荷 F_b 下测出的强度极限 σ_b。铸铁的抗压强度极限比它的抗拉强度极限高 3～4 倍。

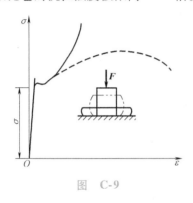

图 C-9

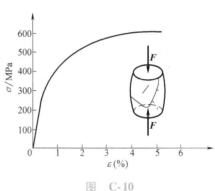

图 C-10

脆性材料抗拉强度低，塑性性能差，但抗压能力强，而且价格低廉，宜于作为抗压构件的材料。铸铁坚硬耐磨，易于浇铸成形状复杂的零部件，广泛地用于铸造机床床身、机座、缸体及轴承等受压零部件。因此，铸铁的压缩试验比拉伸试验更为重要。

4. 试验方法和步骤

1）测量试样尺寸：用游标卡尺按互相垂直方向，两次测量金属材料试样的直径，取其平均值为 d_0，用于计算试样原始截面面积 A_0。同时测量试样高度 h_0。

2）选择加载范围：根据不同材料选择不同的测力范围，配置相应的摆铊（或设置相应的量程）。

3）安装试样：把试样放在机器的压板上（注意试样中心应对准压板轴心），开启机器，调节横梁，使试样上升到与机器上压板间距离约为 2～3mm。

4）开始加载：按试验机的操作方法进行加载。

5）观察试验：记录有关数据。当低碳钢试样过了屈服点后，开始变成鼓形即可停止试验，因为它是塑性材料，没有最大载荷值，只测屈服载荷即可。

6）铸铁试样压碎后会突然飞出，要注意防护，避免受伤。

5. 试验数据处理

根据原始记录和试验所测出数据计算：

低碳钢的屈服极限 $\qquad\qquad\qquad \sigma_s = \dfrac{F_s}{A_0}$

铸铁的强度极限 $\qquad\qquad\qquad \sigma_b = \dfrac{F_b}{A_0}$

式中　F_s、F_b——屈服极限载荷和强度极限载荷（kN）；

$\qquad A_0$——试样的原始截面面积（mm^2）。

参 考 文 献

［1］吕令毅，吕子华. 建筑力学［M］. 3 版. 北京：中国建筑工业出版社，2018.

［2］周国瑾，施美丽，张景良. 建筑力学［M］. 5 版. 上海：同济大学出版社，2016.

［3］于英. 建筑力学［M］. 4 版. 北京：中国建筑工业出版社，2017.

［4］吴承霞，宋贵彩. 建筑力学与结构［M］. 3 版. 北京：北京大学出版社，2018.

［5］朱慈勉，张伟平. 结构力学（上、下册）［M］. 3 版. 北京：高等教育出版社，2016.

［6］潘旦光. 结构力学（上、下册）［M］. 北京：清华大学出版社，2016.

［7］哈尔滨工业大学理论力学教研室. 理论力学［M］. 8 版. 北京：高等教育出版社，2016.

［8］洪嘉振，刘铸永，杨长俊. 理论力学［M］. 4 版. 北京：高等教育出版社，2015.

［9］刘可定，谭敏. 建筑力学［M］. 长沙：中南大学出版社，2018.

建筑力学试验报告与习题

班级: _____

姓名: _____

学号: _____

附录 D 试 验 报 告

试验报告一 低碳钢和铸铁的轴向拉伸试验

班级		姓名		学号		组别	
试验时间		试验温度		指导教师		成绩	

1. 试验目的

2. 试验设备、器材和试样

3. 试验记录及数据处理

（1）试样原始尺寸

材　料	标距 L_0/mm	原始直径 d_0/mm							原始横截面面积 A_0/mm^2
		截面 I		截面 II		截面 III		平均值	
		1	2	1	2	1	2		
低碳钢									
铸铁									

（2）荷载及试样断后尺寸

材　　料	比例极限荷载 F_p/N	屈服极限荷载 F_s/N	强度极限荷载 F_b/N	断后标距 L_1/mm	缩颈处最小直径 d_1/mm			缩颈处最小横截面面积 A_1/mm^2
					1	2	平均值	
低碳钢								
铸铁	—	—	—	—	—			—

（3）绘出低碳钢和铸铁拉伸时的力-伸长曲线

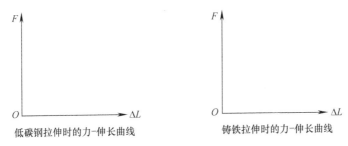

低碳钢拉伸时的力-伸长曲线　　　　铸铁拉伸时的力-伸长曲线

（4）计算试验结果

1）低碳钢：

比例极限 $\qquad \sigma_p = \dfrac{F_p}{A_0} =$

屈服极限 $\qquad \sigma_s = \dfrac{F_s}{A_0} =$

强度极限 $\qquad \sigma_b = \dfrac{F_b}{A_0} =$

延伸率 $\qquad \delta = \dfrac{L_1 - L_0}{L_0} \times 100\% =$

断面收缩率 $\qquad \psi = \dfrac{A_0 - A_1}{A_0} \times 100\% =$

2）铸铁：

强度极限 $\qquad \sigma_b = \dfrac{F_b}{A_0} =$

4. 试验结果分析

（1）低碳钢和铸铁在拉伸破坏时的特点有什么不同？试分别说明其破坏的原因。

（2）低碳钢和铸铁这两种材料在拉伸时的力学性能有何区别？

（3）低碳钢和铸铁这两种材料，拉伸破坏时的标志分别是哪一个极限应力？

试验报告二　低碳钢和铸铁的轴向压缩试验

班级		姓名		学号		组别	
试验时间		试验温度		指导教师		成绩	

1. 试验目的

2. 试验设备、器材和试样

3. 试验记录及数据处理

（1）试样原始尺寸

材　料	原始直径 d_0/mm			原始横截面面积 A_0/mm^2	比例极限荷载 F_p/N	屈服极限荷载 F_s/N	强度极限荷载 F_b/N
	1	2	平均值				
低碳钢							
铸铁							

（2）绘出低碳钢和铸铁压缩时的力-伸长曲线

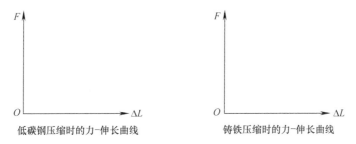

低碳钢压缩时的力-伸长曲线   铸铁压缩时的力-伸长曲线

（3）计算试验结果

1）低碳钢：

比例极限 $\qquad\qquad\qquad\qquad \sigma_p = \dfrac{F_p}{A_0} =$

屈服极限 $\qquad\qquad\qquad\qquad \sigma_s = \dfrac{F_s}{A_0} =$

2）铸铁：

强度极限 $\qquad\qquad\qquad\qquad \sigma_b = \dfrac{F_b}{A_0} =$

4. 试验结果分析

（1）低碳钢和铸铁试样在压缩过程中及破坏后有哪些区别？试分别说明其破坏的原因。

（2）低碳钢和铸铁这两种材料在压缩时的破坏标志分别是哪一个极限应力？为什么说低碳钢的抗拉强度和抗压强度相同？

（3）铸铁压缩时沿大约 $45°$ 斜截面破坏，拉伸时沿横截面破坏，为什么？

附录E 习 题

习题1

1.1-1 力是物体间相互的_____作用，这种作用将使物体的_____发生改变或使物体产生_____。

1.1-2 力的三要素是_____、_____和_____。

1.1-3 刚体是指_____。

1.2-1 平面力系的分类有_____、_____、_____和_____。

1.2-2 平衡是指_____；匀速圆周运动_____（选填"是"或"不是"）平衡状态。

1.3-1 两个物体间的作用力和反作用力，总是大小相等，方向相反，沿同一直线，并分别作用在这两个物体上。此公理称为_____公理。

1.3-2 作用在同一刚体上的两个力，使刚体平衡的充分必要条件是_____。

1.3-3 在作用于刚体上的已知力系中，_____一个平衡力系，并不会改变原力系对刚体的作用效应。

1.3-4 作用在刚体上的力可沿_____移动到刚体内任意一点，而不改变原力对刚体的作用效应。

1.3-5 作用于刚体上_____的两个力，可以合成为作用于该点的一个合力。合力的大小和方向，由以这两个力为邻边构成的平行四边形的对角线确定，合力的作用点为_____。

1.3-6 一个刚体受_____的三个力作用而平衡时，这三个力的作用线必汇交于一点。

1.4-1 柔性约束的约束力是沿着柔索的_____，方向是_____被约束的物体，为拉力，通常用符号 F_T 表示。

1.4-2 光滑接触表面的约束力沿着过接触点的_____，方向为_____被约束物体，为压力，通常用符号 F_N 表示。

1.4-3 光滑圆柱铰链的约束力存在于垂直销钉轴线的平面内，通过销钉_____，而方向_____，通常用两个互相垂直的分力 F_{Rx} 和 F_{Ry} 来表示。

1.4-4 链杆约束只能限制物体离开或靠近_____的运动和运动趋势，而不能限制其他方向的运动，故其约束力必然沿着链杆_____而指向未定。

1.4-5 固定铰支座与_____的约束性能相同，所以它的支座约束力与_____的约束力也相同，通过销钉处铰心而方向不定，也可以用两个互相垂直的分力表示。

1.4-6　可动铰支座对物体的约束力通过销钉_____并垂直于_____，指向不定。

1.4-7　固定端支座的支座约束力除了水平和竖向的约束力外，还有一个起限制转动的_____。

1.5-1　画受力图的步骤为_____、_____、_____。

1.5-2　试作图 E-1 中各指定物体受力图（假设各接触面为光滑接触）。

1.5-3　试作图 E-2 中各指定物体受力图（未注明者，均不计自重，所有接触面均为光滑）。

1.6-1　结构计算简图的确定，通常要进行_____、_____、_____、_____简化。

1.6-2　铰结点是指_____；刚结点是指_____。

1.6-3　平面杆件结构可以分为_____、_____、_____、_____。

1.6-4　根据《建筑结构荷载规范》（GB 50009—2012），荷载可分为_____、_____和_____。根据分布情况，荷载可分为_____和_____。根据作用的性质，荷载可分为_____和_____。

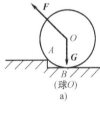

（球 O）

a)

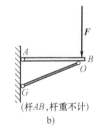

（杆 AB，杆重不计）

b)

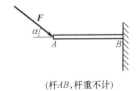

（杆 AB，杆重不计）

c)

图　E-1

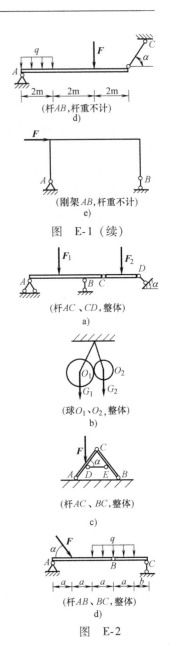

(杆AB,杆重不计)

d)

(刚架AB,杆重不计)

e)

图 E-1（续）

(杆AC、CD,整体)

a)

(球O_1、O_2,整体)

b)

(杆AC、BC,整体)

c)

(杆AB、BC,整体)

d)

图 E-2

习题 2

2.1-1 平面汇交力系合成的结果是一个_____，其大小和方向等于原力系各力的_____，其合力作用点在原力系的_____。

2.1-2 平面汇交力系平衡的几何条件是_____。

2.1-3 力的投影是一个标量，只有_____没有_____；其正负符号规定为：_____。

2.1-4　合力投影定理是_____。

2.1-5　平面汇交力系平衡的解析条件是_____。

2.1-6　一个固定圆环受到三个力作用如图 E-3 所示，已知 $F_1 = 2kN$，$F_2 = 4kN$，$F_3 = 5kN$，试分别用几何法和解析法求三个力的合力。

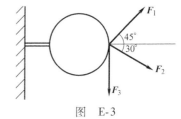

图　E-3

2.1-7　梁 AB 如图 E-4 所示，梁上作用一个力 $F = 10kN$，梁自重不计，试分别用几何法和解析法求 A、B 支座约束力。

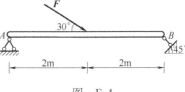

图　E-4

2.1-8　如图 E-5 所示，已知 $F_1 = 50N$，$F_2 = 70N$，$F_3 = 25N$，$F_4 = 100N$，求各力分别在 x 轴、y 轴上的投影。

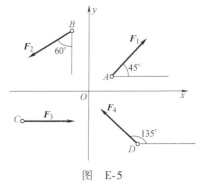

图　E-5

2.1-9　如图 E-6 所示，支架 A、B、C 三处为铰链，通过支架在 A 点吊起重物 G，求支杆 AB、AC 所受的力（杆自重不计）。

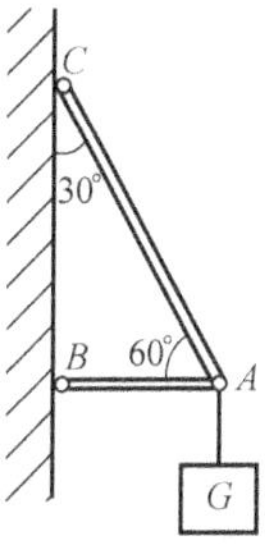

a)

图　E-6

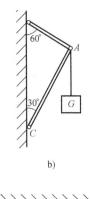

b)

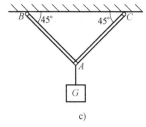

c)

图　E-6（续）

2.1-10　如图 E-7 所示，求各绳的拉力（绳自重不计）。

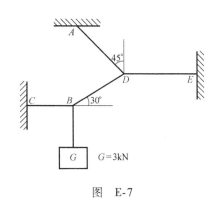

图　E-7

2.2-1　当力使物体绕矩心逆时针转动时，力矩_____；反之，力矩_____。

2.2-2　力矩的大小与_____的选择有关，对不同的转动中心，力矩不同。

2.2-3　力矩在以下情况为零：一是_____；二是_____。

2.2-4　力矩、力偶常用的单位是_____或_____。

2.2-5　力偶三要素是_____、_____、_____。

2.2-6　力不但能使物体产生_____效应，也可产生_____效应；而力偶只能使物体产生_____效应。

2.2-7　平面汇交力系的合力对该平面内任意一点的力矩，等于组成该力系的各分力对同一点力矩的_____。

2.2-8　力偶是指一对 _____ 、_____ 、_____ 的力。

2.2-9　力偶不能用 _____ 来代替，即力偶不能与 _____ 相互平衡，力偶只能与 _____ 平衡。

2.2-10　力偶在任意一个坐标轴上的投影为 _____ 。

2.2-11　组成力偶的两个力对其作用面内任意一点之矩恒等于 _____ ，而与所选矩心的位置 ____ 。

2.2-12　当保持 _____ 不变时，力偶可在其作用平面内任意移动，而不改变它对物体的转动效应；保持 _____ 不变时，可同时改变力偶中力的大小和力偶臂的长度，而不影响力偶对刚体的转动效应。

2.2-13　同一平面内两个力偶等效的条件是 _____ 。

2.2-14　平面力偶系可以合成为一个合力偶，该合力偶矩等于原力偶系中各力偶矩的 _____ 。

2.2-15　平面力偶系平衡的必要充分条件是：_____ 。

2.2-16　求图 E-8 中各力 F 对点 O 之力矩。

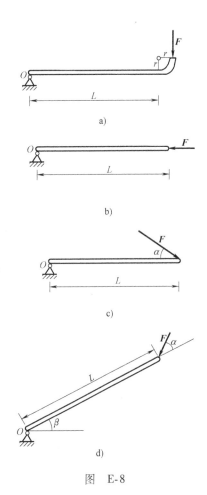

图　E-8

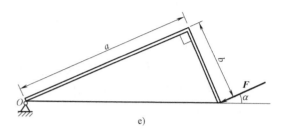

e)

图 E-8（续）

2.2-17 已知挡土墙自重 $G_1 = 50$kN，垂直土压力 $G_2 = 100$kN，水平土压力 $F = 75$kN，见图 E-9，试分别求这三个力对 A 点的力矩，并验算此挡土墙会不会倾覆？

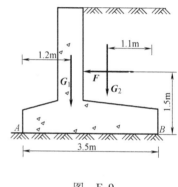

图 E-9

2.2-18 压路机碾子重 20kN，半径 $r = 400$mm，如用一通过其中心的水平力 F 碾子越过高 $h = 80$mm 的台阶，见图 E-10，求此水平力的大小。如果要使作用的力为最小，问应该沿哪个方向用力？并求此最小力的值。

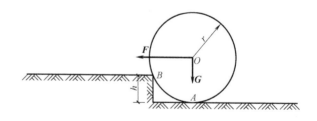

图 E-10

2.2-19 一块木板上装有直径为 10mm 的四小滑轮 A、B、C、D，在滑轮上绕以绳索，并加拉力如图 E-11 所示，已知 $F_1 = 200$N，$F_2 = 350$N，求作用在木板上四个力的合成结果（单位：mm）。

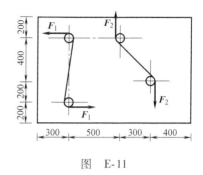

2.2-20 求如图 E-12 所示梁上分布荷载对 B 点之矩。

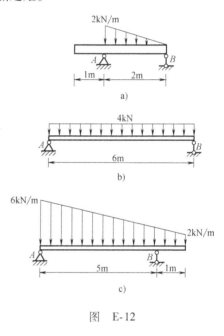

a)

b)

c)

图 E-12

2.2-21 梁受荷载如图 E-13a、b 所示，试分别求其支座 A、B 的约束力。

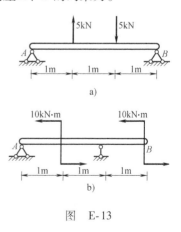

a)

b)

图 E-13

2.3-1　力的平移定理是指：_____。

2.3-2　平面一般力系简化的最后结果是一个_____和一个_____，分别称为_____和_____。

2.3-3　平面一般力系的合力矩定理：_____。

2.3-4　平面一般力系平衡的充分必要条件是：_____
_____。

2.3-5　某厂房柱，高9m，柱上段重 $F_1 = 8$kN，下段重 $F_2 = 37$kN，柱顶水平力 $F_3 = 6$kN，各力作用位置如图 E-14 所示，以柱底中心 O 为简化中心，求这三个力的主矢和主矩。

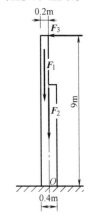

图　E-14

2.3-6　求如图 E-15 所示各梁支座约束力。

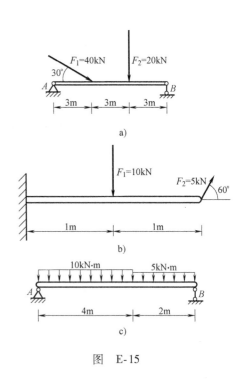

图　E-15

204

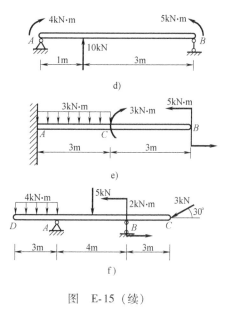

图　E-15（续）

2.3-7　求图 E-16 所示各结构支座约束力。

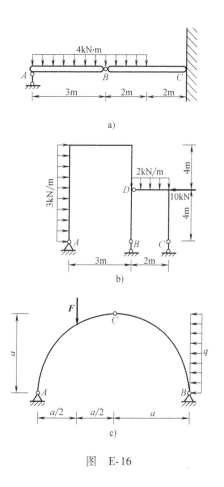

图　E-16

习题 3

3.1-1 变形固体是指＿＿＿＿＿＿＿＿＿＿；变形固体的变形包括＿＿＿＿＿＿和＿＿＿＿＿。

3.1-2 弹性变形是指＿＿＿＿＿＿＿＿＿；塑性变形是指＿＿＿＿＿＿＿＿。小变形是指＿＿＿＿＿＿＿＿＿。

3.1-3 材料力学对变形固体的基本假设包括＿＿＿＿、＿＿＿＿、＿＿＿＿。

3.1-4 构件抵抗破坏的能力叫＿＿＿＿，抵抗变形的能力叫＿＿＿＿，保持原来平衡状态的能力叫＿＿＿＿。

3.1-5 在材料力学中把实际材料看作是＿＿＿＿、＿＿＿＿的理想弹性体，且限于＿＿＿＿。

3.2-1 杆件是指＿＿＿＿＿＿＿＿，杆件的几何特点可由＿＿＿＿和＿＿＿＿来描述。

3.2-2 材料力学的主要研究对象是＿＿＿＿。工程中常见的杆件有＿＿＿＿、＿＿＿＿等。

3.2-3 杆件的四种基本变形形式是＿＿＿＿、＿＿＿＿、＿＿＿＿和＿＿＿＿。

3.3-1 由于外力的作用，杆件相连两部分之间的相互作用力叫＿＿＿＿。

3.3-2 求解杆件内力最基本的方法是＿＿＿＿。截面法可归纳为如下四个步骤：
(1) ＿＿＿＿＿＿；(2) ＿＿＿＿＿＿；(3) ＿＿＿＿＿＿；
(4) ＿＿＿＿＿＿。

3.3-3 内力在一点处的分布集度叫＿＿＿＿。与截面垂直的应力叫＿＿＿＿，与截面相切的应力叫＿＿＿＿。

3.3-4 应力的单位为＿＿＿＿，1MPa = ＿＿＿＿Pa = ＿＿＿＿N/mm^2。

习题 4

4.1-1 轴向拉压时，作用线与杆件轴线相重合的内力称＿＿＿＿。

4.1-2 一根钢杆、一根铜杆，它们的截面面积不同，承受相同的轴向拉力，它们的内力＿＿＿＿。

4.1-3 轴力的正负符号规定是＿＿＿＿＿＿＿＿，轴力的单位为＿＿＿＿或＿＿＿＿。

4.1-4 求轴力的基本方法是＿＿＿＿。

4.1-5 在计算杆件的内力时，不能随意使用＿＿＿＿和＿＿＿＿原理，这些原理只有在研究力和力偶对物体的运动效果时才适用，而在研究物体的变形时就不适用。

4.1-6 求如图 E-17 所示各杆指定截面上的轴力。

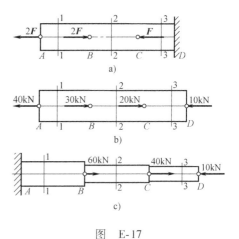

图　E-17

4.1-7　试作如图 E-18 所示各杆的轴力图。

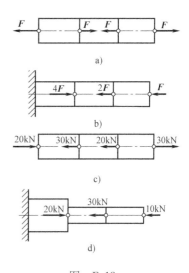

图　E-18

4.2-1　以弯曲变形为主要变形的杆件称为_____。

4.2-2　工程中对于单跨静定梁，按其支座情况分为_____、_____和_____三种形式。

4.2-3　梁平面弯曲时，横截面的内力是_____和_____。与横截面相切的内力称_____，用_____表示；作用面与梁横截面垂直的内力偶称_____，用_____。

4.2-4　梁的内力正负符号规定是：截面上的剪力 F_V 使_____为正，反之为负；截面上的弯矩 M 使_____为正，反之为负。

4.2-5　土建工程中，习惯上把弯矩图画在梁_____的一侧。

4.2-6　在无荷载梁段，其剪力图为_____线，弯矩图为_____线。

4.2-7　在均布荷载梁段，其剪力图为_____线，弯矩图为_____线。

4.2-8　在集中力作用处，梁的_____图发生突变，突变值等于_____的大小。

4.2-9　在集中力偶作用处，梁的＿＿＿＿图发生突变，突变值等于＿＿＿＿的大小。

4.2-10　在＿＿＿＿＿＿＿处，弯矩存在极值（最大值或最小值）。

4.2-11　用截面法求如图 E-19 所示各梁指定截面的剪力和弯矩（要求画出研究对象的受力图，列出平衡方程求解）。

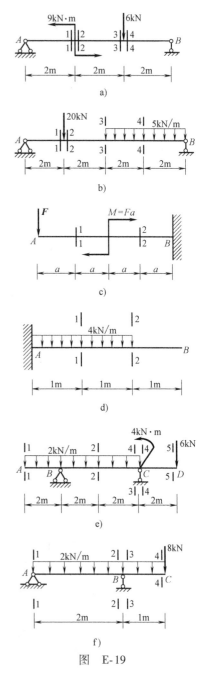

a)

b)

c)

d)

e)

f)

图　E-19

4.2-12　用计算剪力和弯矩的规律，求如图 E-20 所示各梁指定截面的剪力和弯矩。

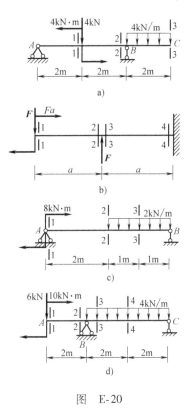

图　E-20

4.2-13　试用内力方程法，画如图 E-21 所示梁的内力图。

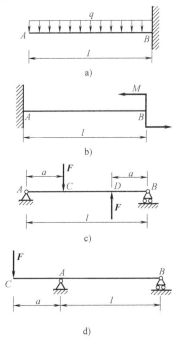

图　E-21

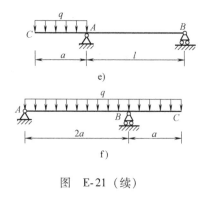

图　E-21（续）

4.2-14 试利用 M，F_V，F_N 三者的关系，画出图 E-22 所示各梁的内力图。

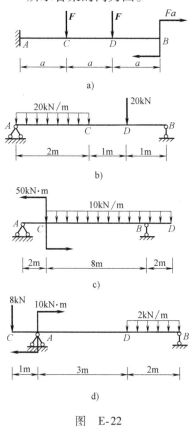

图　E-22

4.2-15 试用叠加法画出如图 E-23 所示各梁的内力图。

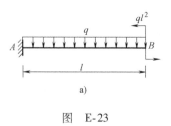

图　E-23

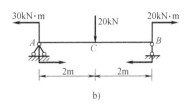

b)

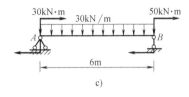

c)

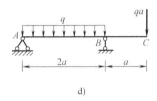

d)

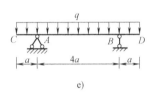

e)

图　E-23（续）

习题 5

5.1-1　圆的形心在_____；矩形的形心在_____；三角形的形心在_____。

5.1-2　求组合图形形心的方法有_____、_____和_____三种。

5.1-3　静矩的量纲是_____，其值_____；当坐标轴通过平面图形的形心时，其静矩_____；反之，若平面图形对某轴的静矩_____，则该轴定通过平面图形的形心。

5.1-4　组合图形对某轴的静矩等于各简单图形对同一轴静矩的_____。

5.1-5　惯性矩的量纲为_____，其数值_____。

5.1-6　矩形截面对其形心轴的惯性矩 $I_z = $ _____、$I_y = $ _____，实心圆形截面对其形心轴的惯性矩 $I_z = I_y = $ _____（参考本书图 5-4）。

5.1-7　平面图形对任意轴的惯性矩，等于平面图形对_____的惯性矩，加上图形_____。在所有平行于形心轴的平行轴中，平面图形对_____的惯性矩最小。

5.1-8　试计算如图 E-24 所示各平面图形对 z_1 轴的静矩和形心坐标，以及对形心轴的惯性矩（单位：mm）。

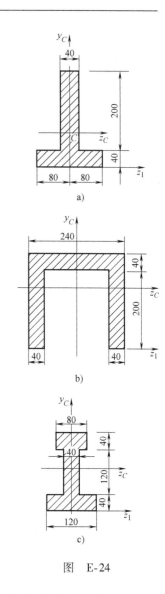

图 E-24

5.2-1　当杆件受到轴向拉伸（或压缩）时，杆件横截面上各点处只产生_____，且大小_____（即正应力在横截面上_____分布）；对正应力的正负符号规定为：拉应力为_____，压应力为_____。

5.2-2　轴向拉（压）杆横截面上正应力计算公式的适用条件是：（1）_____；（2）_____。

5.2-3　当杆件受到轴向拉伸（或压缩）时，杆件斜截面上将产生两种应力，即：_____和_____；且最大正应力发生在_____，其值为_____，而最大切应力发生在_____，其值为_____。

5.2-4　如图 E-25 所示等截面直杆，已知横截面面积为 $A = 100\text{mm}^2$，试求各段横截面上的应力。

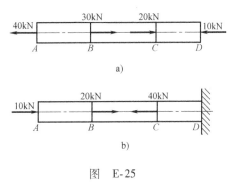

图　E-25

5.2-5　一个钢筋混凝土桥墩如图 E-26 所示，已知轴向压力 $F = 800\text{kN}$，材料的容重 $\gamma = 25\text{kN/m}^3$，试求桥墩底面压应力的大小。

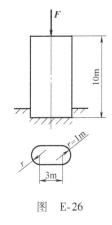

图　E-26

5.2-6　求图 E-27 所示阶梯状直杆各横截面上的应力，已知 $A_1 = 200\text{mm}^2$、$A_2 = 300\text{mm}^2$、$A_3 = 400\text{mm}^2$。

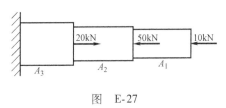

图　E-27

5.2-7　如图 E-28 所示为一根承受轴向拉力 $F = 10\text{kN}$ 的等截面直杆，已知杆的横截面面积 $A = 100\text{mm}^2$，试分别求 $\alpha = 0°$、$30°$、$45°$、$60°$、$90°$时，各斜截面上的正应力和切应力。

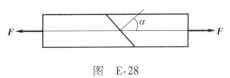

图　E-28

5.3-1 低碳钢在拉伸时经历了_____、_____、_____、_____四个阶段。

5.3-2 材料的塑性可以用_____、_____两个指标来衡量。

5.4-1 对塑性材料取_____作为其强度极限；而对脆性材料取_____作为其强度极限。

5.4-2 利用轴向拉（压）杆的强度条件，可求解_____、_____、_____三类问题。

5.4-3 如图 E-29 所示，起重机用绳索吊起 $G = 100$kN 的重物，绳索的直径 $d = 40$mm，容许应力 $[\sigma] = 100$MPa，试校核绳索的强度。

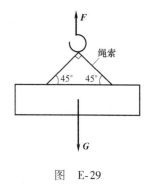

图 E-29

5.4-4 如图 E-30 所示支架，杆①为 $d = 16$mm 圆形钢杆，容许应力 $[\sigma]_1 = 140$MPa，杆②为 $a = 100$mm 方形截面木杆，容许应力 $[\sigma]_2 = 4.5$MPa，重物 $G = 40$kN，试校核两杆的强度。

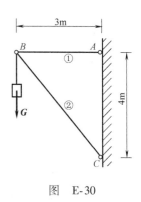

图 E-30

5.4-5 图 E-31 为一个三角形支架，已知：杆 AC 为圆形钢杆，容许应力 $[\sigma] = 170$MPa，杆 BC 为方形木杆，容许应力 $[\sigma] = 12$MPa，荷载 $F = 60$kN，试设计钢杆的直径 d 和木杆的边长 a。

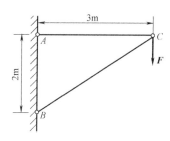

图　E-31

5.4-6　图 E-32 为一个雨篷计算简图。水平梁 AB 受到均布荷载 $q=10\mathrm{kN/m}$ 的作用，B 端用圆钢杆 BC 拉住，钢杆的容许应力 $[\sigma]=160\mathrm{MPa}$，试设计此钢杆的直径。

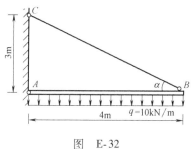

图　E-32

5.4-7　如图 E-33 所示结构中，杆①的横截面面积为 $A_1=600\mathrm{mm}^2$，容许应力 $[\sigma]_1=160\mathrm{MPa}$，杆②的横截面面积为 $A_2=900\mathrm{mm}^2$，容许应力 $[\sigma]_2=100\mathrm{MPa}$。试求容许荷载 F。

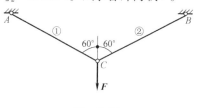

图　E-33

5.4-8　如图 E-34 所示吊架中拉杆 AB 用直径 $d=6\mathrm{mm}$ 钢筋制成，已知容许应力 $[\sigma]=170\mathrm{MPa}$，试求容许荷载 q 为多少？

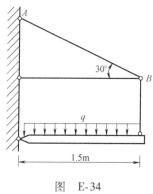

图　E-34

5.5-1 中性轴通过横截面_____，且与竖向对称轴 y _____，并将梁横截面分为_____和_____两个区域。

5.5-2 由公式 $\sigma = \dfrac{My}{I_z}$ 知，梁弯曲时横截面上任意一点的正应力 σ 与弯矩 M 和该点到中性轴距离 y 成_____，与截面对中性轴的惯性矩 I_z 成_____，正应力沿截面高度呈_____分布；中性轴上（$y=0$）各点处的正应力为_____；在上、下边缘处（$y=y_{max}$）正应力的绝对值_____。用上式计算正应力时，M 和 y 均用绝对值代入。当截面上是正弯矩时，中性轴以下部分为_____应力，以上部分为_____应力；当截面有负弯矩时，则相反。

5.5-3 矩形截面梁中的切应力沿截面高度按_____规律分布，在截面上下边缘处 $\left(y = \pm \dfrac{h}{2} \right)$，切应力为_____，在中性轴处（$y=0$），切应力_____，为截面平均切应力的_____倍。

5.5-4 在进行梁的强度计算时，必须同时满足_____和_____强度条件，但在一般情况下，梁的强度计算大多是由_____强度条件控制的。因此，在选择截面时，一般都是先按_____强度条件来设计截面，然后再用_____强度条件进行校核。

5.5-5 某矩形截面梁，在纵向对称平面内受弯矩 $M = 10\text{kN} \cdot \text{m}$ 作用，试分别计算将矩形截面立放（见图 E-35a）和平放（见图 E-35b）时，截面上 A、B、C、D 四点的正应力（图中截面尺寸的单位是 cm）。

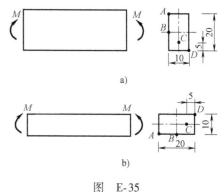

图 E-35

5.5-6 一个对称 T 形截面外伸梁如图 E-36 所示，已知 $l = 1.5\text{m}$，$q = 8\text{kN/m}$，试求梁中横截面上的最大拉应力和最大压应力。

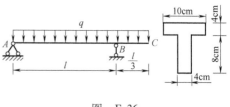

图 E-36

5.5-7 一根 20a 工字型钢梁如图 E-37 所示，已知 $l = 6\text{m}$，$F = 20\text{kN}$，试求梁中横

截面上的最大正应力和最大切应力。

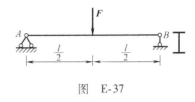

图　E-37

5.5-8　一个矩形截面简支木梁如图 E-38 所示，已知 $q=1.6\text{kN/m}$，$F=1\text{kN}$，木材的容许正应力 $[\sigma]=10\text{MPa}$，容许切应力 $[\tau]=2\text{MPa}$。试校核该梁的正应力和切应力强度。

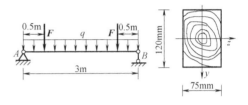

图　E-38

5.5-9　一个由 22a 工字钢制成的外伸梁如图 E-39 所示，已知 $l=6\text{m}$，$F=30\text{kN}$，$q=6\text{kN/m}$，材料的容许正应力 $[\sigma]=170\text{MPa}$，容许切应力 $[\tau]=100\text{MPa}$，试校核该梁的正应力和切应力强度。

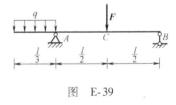

图　E-39

5.5-10　由两根槽钢组成的外伸梁如图 E-40 所示，已知 $F=20\text{kN}$，材料的容许正应力 $[\sigma]=170\text{MPa}$，试选择槽钢的型号。

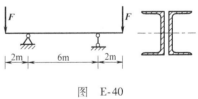

图　E-40

5.5-11　一个圆形截面木梁受力如图 E-41 所示，已知木材的容许正应力 $[\sigma]=10\text{MPa}$，试选择木梁的直径。

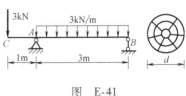

图　E-41

5.5-12 一个矩形截面简支木梁受力如图 E-42 所示，已知 $l = 4\text{m}$，$bh = 120\text{mm} \times 180\text{mm}$，木材的容许正应力 $[\sigma] = 10\text{MPa}$，试求该梁所能承受的荷载 F。

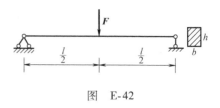

图 E-42

5.5-13 一个由 25a 工字钢制成的简支梁如图 E-43 所示，已知 $l = 6\text{m}$，$F = \dfrac{1}{2}ql$，材料的容许正应力 $[\sigma] = 170\text{MPa}$，容许切应力 $[\tau] = 100\text{MPa}$，试求该梁所能承受的荷载 q。

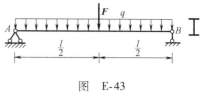

图 E-43

5.6-1 解决组合变形强度问题的基本方法是_____。分析问题的基本思路为：首先将杆件的组合变形分解为_____；然后计算杆件在每一种_____情况下所发生的应力；最后再将同一点的应力_____，便可得到杆件在组合变形下的应力。

5.6-2 当外界压力作用在截面形心周围的一个区域内时，截面上只有压应力而无拉应力，这个荷载作用的区域就称为_____。

5.6-3 矩形截面杆受力如图 E-44 所示，F_1 的作用线与杆的轴线重合，F_2 的作用点位于截面的 y 轴上，已知 $F_1 = 20\text{kN}$，$F_2 = 10\text{kN}$，$b \times h = 120\text{mm} \times 200\text{mm}$，$e = 40\text{mm}$，试求杆中的最大压应力。

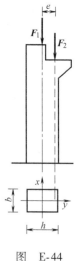

图 E-44

5.6-4 一个边长为 a 的方形截面柱如图 E-45 所示,顶端受一个轴向压力 $\boldsymbol{F}$ 作用,在右侧中部挖一条深为 $a/4$ 的槽,试求:

（1）开槽前后柱内最大压应力值及所在位置;

（2）若在开槽位置左侧对称的再挖一个相同的槽,则最大压应力有何变化?

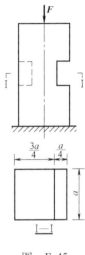

图 E-45

习题 6

6.1-1 当杆件受轴向拉力时,纵向变形 Δl、纵向应变 ε 均为_____值,而受轴向压力时,纵向变形 Δl、纵向应变 ε 均为_____值。当杆件受轴向拉力时,横向变形 Δa、横向应变 ε' 均为_____值,而受轴向压力时,横向变形 Δa、横向应变 ε' 均为_____值。纵向变形 Δl 与横向变形 Δa、纵向应变 ε 与横向应变 ε' 的正负符号刚好_____。

6.1-2 轴向拉（压）杆的纵向变形 Δl 与_____成反比,其值越大,纵向变形 Δl _____;胡克定律的第二种表达式表明:当杆件的应力不超过材料的比例极限时,_____成正比。

6.1-3 一根正方形截面柱受力如图 E-46 所示,已知其横截面边长 $a = 200\mathrm{mm}$,材料的弹性模量 $E = 10\mathrm{GPa}$,不计自重,试计算:

（1）各段柱的纵向线应变;

（2）柱的总变形。

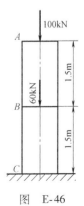

图 E-46

6.1-4 一根阶梯形杆受力情况如图 E-47 所示，已知各段的横截面面积分别为 $A_1 = 800\text{mm}^2$，$A_2 = 400\text{mm}^2$，材料的弹性模量 $E = 200\text{GPa}$，试求杆的总伸长。

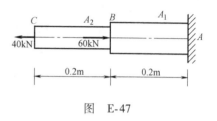

图 E-47

6.2-1 梁任意一个横截面的形心沿垂直于原杆轴方向的线位移，称为该截面的 _____，通常用 y 表示，并以向下为 _____，它的单位与 _____单位一致，用 m 或 mm。

6.2-2 梁任意一个横截面相对于原来位置所转动的角度，称为该截面的 _____，用 θ 表示，并以顺时针转动为 _____，转角的单位是 _____。

6.2-3 用叠加法计算梁变形的基本思路是：_____。

6.2-4 提高梁刚度的措施有：（1）_____；（2）_____；（3）_____。

6.2-5 一根 28a 工字型钢梁如图 E-48 所示，已知 $l = 6\text{m}$，$q = 8\text{kN/m}$，$F_1 = F_2 = 50\text{kN}$，$E = 200\text{GPa}$，试求跨正中挠度 y_C 和截面转角 θ_A。

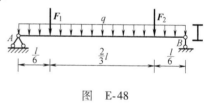

图 E-48

6.2-6 一根 28b 工字型钢梁如图 E-49 所示，已知 $l = 9\text{m}$，$F = 20\text{kN}$，$E = 210\text{GPa}$，$[\sigma] = 170\text{MPa}$，$\left[\dfrac{f}{l}\right] = \dfrac{1}{500}$，试校核其强度和刚度。

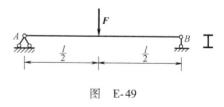

图 E-49

*习题 7

7.1-1 当 $F < F_{cr}$ 时，压杆的直线形式平衡是 _____；当 $F = F_{cr}$ 时，压杆的

直线形式平衡处于＿＿＿＿＿＿＿；当 $F > F_{cr}$ 时，压杆的直线形式平衡是＿＿＿＿＿＿。

7.1-2 压杆直线形式的平衡由稳定转为不稳定时，称为压杆＿＿＿＿＿＿＿＿＿。

7.1-3 两端铰支的 22a 工字钢压杆如图 E-50 所示，已知 $l = 5\text{m}$，材料的弹性模量 $E = 2 \times 10^5 \text{MPa}$，试求此压杆的临界力。

图 E-50

7.2-1 由欧拉公式可以看出，细长压杆临界力 F_{cr} 与压杆的＿＿＿＿＿＿成正比，而与＿＿＿＿成反比，还与压杆＿＿＿＿＿＿情况有关。

7.2-2 压杆长细比的计算式为＿＿＿＿＿＿，它综合反映了压杆的＿＿＿＿＿＿、＿＿＿＿＿＿以及压杆＿＿＿＿＿＿对临界应力的影响。

7.2-3 欧拉公式的适用范围是压杆的＿＿＿＿＿＿＿＿＿＿＿＿＿＿。

7.2-4 当＿＿＿＿时，压杆为细长杆（大柔度杆）；当＿＿＿＿＿＿＿＿时，压杆为中长杆（中柔度杆）；当＿＿＿＿时，压杆为短粗杆（小柔度杆），其临界应力等于杆受压时的极限应力。

7.2-5 如图 E-51 所示矩形截面木压杆，已知 $l = 4\text{m}$，$b \times h = 100\text{mm} \times 150\text{mm}$，材料的弹性模量 $E = 10\text{GPa}$，$\lambda_p = 110$，试求此压杆的临界力。

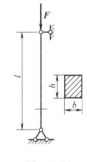

图 E-51

7.2-6 如图 E-52 所示压杆，截面形状都为圆形，直径 $d = 160\text{mm}$，材料为 Q235

钢，弹性模量 $E = 200\text{GPa}$。试按欧拉公式分别计算各杆的临界力和临界应力。

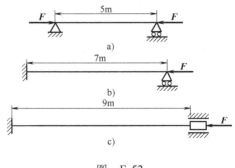

图 E-52

7.2-7 如图 E-53 所示某链杆，材料为 Q235 钢，弹性模量 $E = 200\text{GPa}$，横截面面积 $A = 44\text{cm}^2$，惯性矩 $I_y = 1.2 \times 10^6 \text{mm}^4$，$I_z = 7.97 \times 10^6 \text{mm}^4$，在 xy 平面内，长度系数 $\mu_z = 1$，在 xz 平面内，长度系数 $\mu_y = 1$。试计算其临界力和临界应力。

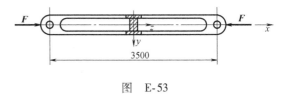

图 E-53

7.4-1 提高压杆稳定的措施有：_____、_____、_____。

*习题 8

8.2-1 平面内的一个点有_____个自由度，平面内的一个刚片有_____个自由度。

8.2-2 一根链杆相当于_____约束；一个单铰相当于_____约束；联接 n 个刚片的复铰相当于_____单铰约束；一个刚结点相当于_____约束。

8.3-1 三刚片用_____三个铰两两联接，则组成无多余约束的几何不变体系。

8.3-2 三刚片分别用_____也不_____的两根链杆两两联接，且所形成的三个虚铰不在同一条直线上，则组成无多余约束的几何不变体系。

8.3-3 两刚片用_____和不通过铰的_____联接，则组成无多余约束的几何不变体系。

8.3-4 两刚片用既不_____也不_____的三根链杆联接，则组成无多余约束的几何不变体系。

8.3-5 一个点与一个刚片用两根_____的链杆相连，则组成无多余约束的几何不变体系。

8.3-6 在一个体系上____或____若干个二元体，都不会改变原体系的几何组成性质。

8.4-1 分析图 E-54 所示结构的几何组成。

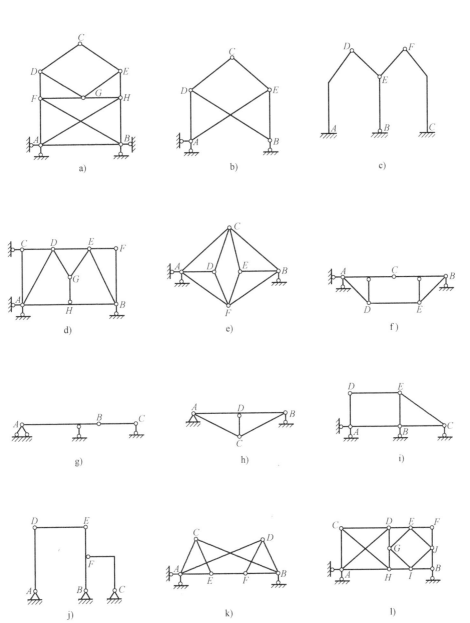

图 E-54

8.5-1 静定结构是_____的几何不变体系，超静定结构是_____的几何不变体系。结构的超静定次数就等于几何不变体系的_____。

习题 9

9.1-1 多跨静定梁由_____和_____组成。

9.1-2 多跨静定梁的组成方式有_____、_____、_____三种。

9.1-3 多跨静定梁是主从结构，内力计算时要先画出其_____，分清_____关系，然后先算_____，后算_____，且在计算基本部分时，应将附属部分的约束力_____作用在基本梁上再计算。力作用在基本梁上时_____不受力，力作用在附属梁上时_____都受力。

9.1-4 简支斜梁在竖向荷载作用下的支座约束力，等于相应水平简支梁_____；简支斜梁在竖向荷载作用下的弯矩值，等于相应水平简支梁_____。

9.1-5 斜梁上任意截面 K 的剪力和轴力，分别等于相应水平简支梁相应截面的剪力沿斜梁截面的_____和_____的投影。

9.1-6 试作如图 E-55a、b 所示多跨静定梁的弯矩图和剪力图。

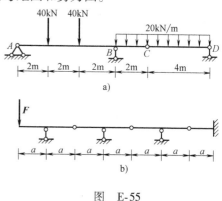

图　E-55

9.1-7 试作如图 E-56 所示多跨静定梁的弯矩图。

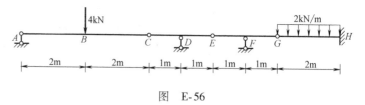

图　E-56

9.1-8 试作如图 E-57a、b 所示斜梁的弯矩图。

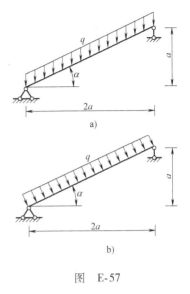

图 E-57

9.2-1 刚架的特点是：当受力而发生变形时，刚结点处各杆端间的_____始终保持不变。

9.2-2 常见的静定平面刚架有_____、_____、_____等。

9.2-3 刚架受荷载作用时，杆件内一般要产生_____、_____和_____三种内力。

9.2-4 计算刚架杆件的内力规律为：

（1）任意一个截面的弯矩数值等于该截面任意一侧所有外力（包括支座约束力）对该截面形心_____的代数和。

（2）任意一个截面的剪力数值等于该截面任意一侧所有外力（包括支座约束力）沿该截面_____投影的代数和。

（3）任意一个截面的轴力数值等于该截面任意一侧所有外力（包括支座约束力）在该截面_____投影的代数和。

9.2-5 对于刚架，弯矩图通常不标明正负号，而把它画在杆件_____，而剪力图和轴力图则应_____。

9.2-6 作出如图 E-58 所示刚架的弯矩图。

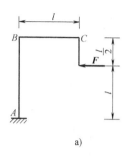

a)

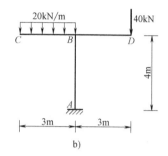

b)

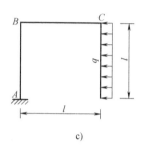

c)

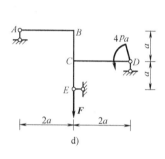

d)

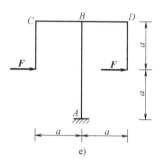

e)

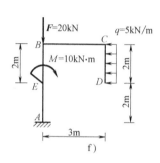

f)

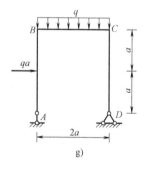

g)

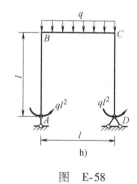

h)

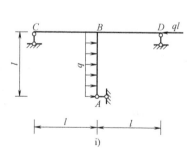

i)

图　E-58

9.2-7　作出如图 E-59 所示刚架的内力图。

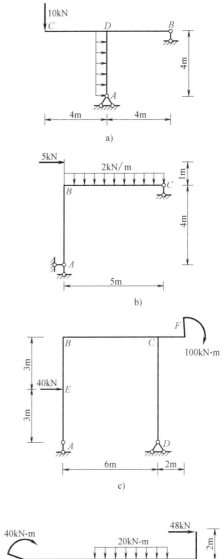

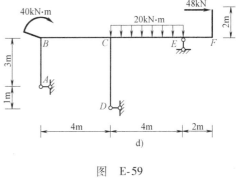

图　E-59

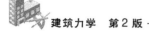

9.3-1 桁架按其几何组成可分为_____、_____、_____三类。

9.3-2 简单桁架是指在铰接三角形或基础上依次增加_____所组成的桁架。

9.3-3 联合桁架是指由几个简单桁架,按_____规则所组成的桁架。

9.3-4 结点法就是以桁架的结点为脱离体,由_____的平衡方程求解杆件内力的方法。

9.3-5 截面法是用一个截面截断若干根杆件将整个桁架分为两部分,并取其中一部分作为脱离体,建立_____求出所截断杆件内力的一种方法。

9.3-6 零杆判别方法有如下三种情况:

(1) 不共线的两根杆件的结点,无结点荷载作用时,则_____。

(2) 不共线的两根杆件的结点,当外力作用线与一根杆的轴线重合时,则该杆的轴力等于外力的大小,另一杆_____。

(3) 三根杆件的结点,两杆共线,且无结点荷载作用,则不共线的第三杆为_____,共线的两杆内力_____,符号_____。

9.3-7 如图 E-60a 所示桁架的零杆有_____;如图 E-60b 所示桁架的零杆有_____。

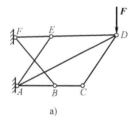

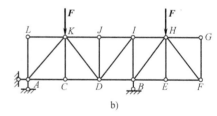

图 E-60

9.3-8 计算图 E-61 所示桁架各杆的轴力。

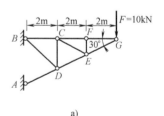

a)

图 E-61

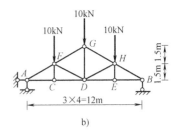

b)

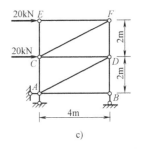

c)

图 E-61（续）

9.3-9 计算如图 E-62 所示桁架指定杆件的轴力。

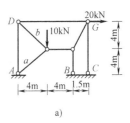

a)

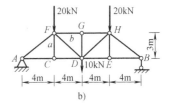

b)

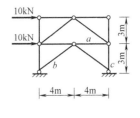

c)

图 E-62

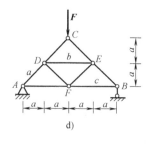

图 E-62（续）

*习题 10

10.2-1 计算超静定结构的基本方法可分为两大类：一类是_____，另一类是_____。两类方法的主要区别在于_____的选择不同。

10.2-2 在力法中，以_____作为基本未知量，_____的个数就是结构的超静定次数；在位移法中，常以结构的_____作为基本未知量，其未知量的个数与_____无关。

10.2-3 一个结构所含多余联系的数目，称为超静定结构的_____。

10.2-4 解除多余联系代以多余未知力后，所形成的静定结构称为原超静定结构的_____。

10.2-5 去掉多余联系的方法常有如下几种：

（1）去掉一根支座链杆或切断一根链杆，相当于去掉_____；

（2）去掉一个铰支座或去掉一个单铰，相当于去掉_____；

（3）切断一根受弯杆或去掉一个固定端支座，相当于去掉_____；

（4）将固定支座改成不动铰支座，或将联接两根杆件的刚结点改为铰结点，或将受弯杆切断改成铰结，各相当于去掉_____。

10.2-6 力法的基本原理就是以多余约束的_____作为基本未知量，取去掉多余约束的_____为研究对象，根据多余约束处的_____条件建立力法方程，求出多余约束力，然后求解出整个超静定结构的内力。

10.2-7 位移法的基本思路是取_____为基本未知量，在结点位移处假设相应的_____，把每段杆件视为独立的_____，然后根据其位移以及荷载写出各杆端弯矩的表达式，再利用静力平衡条件求解出位移未知量，进而求解出各杆端弯矩。

10.2-8 力矩分配法是以_____为基础的求解超静定结构的一种渐近法。

10.2-9 如图 E-63 所示单跨梁：图 E-63a 的转动刚度 S_{AB} 为_____、传递系数 C_{AB} 为_____；图 E-63b 的转动刚度 S_{AB} 为_____、传递系数 C_{AB} 为_____；图 E-63c 的转动刚度 S_{AB} 为_____、传递系数 C_{AB} 为_____；图 E-63d 的转动刚度 S_{AB} 为_____、传递系数 C_{AB} 为_____。

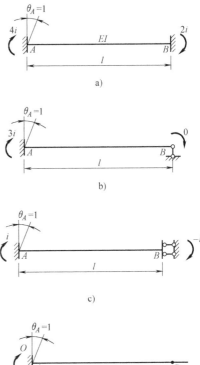

图　E-63

10.2-10　用力法求解图 E-64 所示超静定梁，并作弯矩图和剪力图。

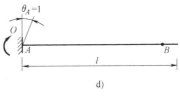

图　E-64

10.2-11　用位移法求解如图 E-65 所示超静定刚架，并作弯矩图、剪力图和轴力图。

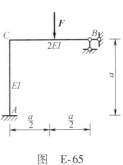

图　E-65

231

10.2-12　用力矩分配法求解如图 E-66 所示两跨连续梁，并作弯矩图和剪力图。

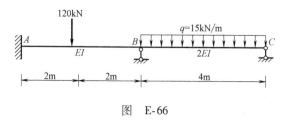

图　E-66